高等学校人工智能教育丛书

人工智能伦理导论

Introduction to Ethics of Artificial Intelligence

莫宏伟　徐立芳　编　著

西安电子科技大学出版社

内 容 简 介

本书较为全面地介绍了人工智能伦理的主要概念及人工智能应用伦理等方面的知识。全书共 13 章，第 1 章介绍了与人工智能有关的伦理学、应用伦理等概念，人工智能伦理概念、起源及发展现状，人工智能伦理学概念及研究内容。第 2 章和第 3 章分别介绍了涉及数据、算法等方面的伦理概念和相关问题。第 4 章至第 6 章分别介绍了机器伦理理论及机器人、自动驾驶汽车等机器涉及的相关伦理问题。第 7 章选取智能医疗、智能教育、智能军事三个领域介绍了人工智能应用伦理的相关问题。第 8 章为人机混合智能伦理，介绍了脑机接口等技术形成的混合智能导致的伦理问题。第 9 章介绍了面向人工智能开发者和伦理算法方面的人工智能设计伦理。第 10 章介绍了国际国内人工智能伦理研究所提出的原则。第 11 章介绍了人工智能全球化发展带来的人工智能全球伦理问题及宇宙背景下的人工智能宇宙伦理问题。第 12 章介绍了人工智能法律问题。第 13 章介绍了超现实人工智能伦理。书中部分章节列举了若干案例，可帮助读者理解人工智能伦理有关理论和问题。书末给出四个与人工智能伦理有关的文件资料。

本书适用于高等院校智能科学与技术、人工智能、机器人工程、大数据等新工科和新文科的各专业师生学习，也可以作为人工智能基础培训教材，还适合从事社会科学、人文学科以及人工智能交叉学科研究的初级科研人员参考。

图书在版编目(CIP)数据

人工智能伦理导论/ 莫宏伟，徐立芳编著. —西安：西安电子科技大学出版社，2022.2(2023.1 重印)
ISBN 978-7-5606-6309-8

Ⅰ. ①人…　Ⅱ. ①莫…　②徐…　Ⅲ. ①人工智能—技术伦理学　Ⅳ. ①TP18②B82-057

中国版本图书馆 CIP 数据核字(2021)第 266719 号

策　　划　李惠萍
责任编辑　成　毅
出版发行　西安电子科技大学出版社(西安市太白南路 2 号)
电　　话　(029) 88202421　88201467　　　　邮　编　710071
网　　址　www.xduph.com　　　　　　　电子邮箱　xdupfxb001@163.com
经　　销　新华书店
印刷单位　陕西天意印务有限责任公司
版　　次　2022 年 2 月第 1 版　　2023 年 1 月第 2 次印刷
开　　本　787 毫米×960 毫米　1/16　印张　17.5
字　　数　345 千字
印　　数　2001～5000 册
定　　价　43.00 元
ISBN 978-7-5606-6309-8/TP

XDUP 6611001-2
如有印装问题可调换

前　　言

　　从科学角度看，人工智能并不是一门纯粹的技术性科学，而是一个建立在非常广泛的学科交叉研究基础上的综合性学科领域。这一领域天然游走于科技与人文之间，其中既需要数学、统计学、数理逻辑、计算机科学、神经科学等学科的贡献，也需要哲学、心理学、认知科学、法学、社会学等学科参与。它们之间还相互交叉、相互渗透、相互融合。人工智能发展既需要这些学科的支持，也可以将研究结果应用到这些学科中去，推动、促进甚至颠覆相关学科领域的进步和发展。人工智能将成为各学科融合的"黏合剂"。人工智能交叉学科研究将可以激发全球经济领域的新型人工智能应用。从制造业、农业、教育等领域到艺术、人文、法律、媒体等领域，人工智能巨大的潜力将推动科技的快速进步，形成技术爆发的"奇点"。人工智能已经成为世界范围的科技竞争的"支点"，被用来提升国家实力的各个方面。人工智能交叉学科研究及其在周边领域的成功应用给人类带来的影响，将远远超过计算机和互联网在过去几十年对世界造成的改变，且这种改变必然会激发新的世界观和创造力，重构甚至颠覆人类的生活、学习、思维，乃至改变社会、文化发展模式和科学研究方式，改变国家的世界影响力。

　　在全社会更注重的经济领域，人工智能是有望引领第四次工业革命，重塑经济社会发展形态的新兴技术。在此背景下，人工智能作为底层技术(如深度学习、强化学习)和功能性应用(如人脸识别、语音识别)，其和基础应用领域(如安防、交通、医疗)组成的产业生态系统，与大数据、云计算、物联网等深度融合，将推动社会数字化、智能化发展，并塑造新的智能经济和社会形态。

　　在智能化社会，算法帮人们过滤掉垃圾邮件，给人们推荐可能喜欢的歌曲，为人们翻译不同的语言文字，替人们驾驶汽车。新冠肺炎疫情暴发以来，人工智能在辅助医疗诊断与新药研发等方面崭露头角，环境消杀机器人、物流自动配送车等新模式助力非接触服务快速发展。人工智能已经成为一股向善的力量，不仅带来经济增长和增进社会福祉，还能促进社会可持续发展。但是，科学技术的发展与伦理问题一直密不可分。人工智能及其应用也衍生出了复杂的伦理、法律和安全问题。例如，人工智能模型训练及其应用离不开大量数据的支持，可能导致违法违规或过度收集、使用用户数据，加深人工智能与数据隐私保护之间的紧张关系；人脸识别技术在一些场景的应用，也引发了国内外对该技术侵犯个人隐私的争议。人工智能技术也可能被不法分子滥用，例如用来从事网络犯罪，生产、传播假新闻，合成足以扰乱视听的虚假影像等。人工智能在人才招聘、广告投放、信贷、保险、医疗、教育、司法审判、犯罪量刑、公共服务等诸多方面的应用也伴随着公平性争议。此外，人工智能的知识产权保护问题也日益显现，目前人工智能已能够独立创作诗歌、小说、图片、视频等，知识产权制度将需要尽快回应人工智能创造物的版权保护问题。自动驾驶汽车、智能医疗产品等人工智能应用一旦发生事故，也面临谁来担责的难题。最后，人工智能的应用可能取代部分手工的、重复性的劳动，而这将给劳动者就业带来一定冲击。

近十年来，人工智能发展中产生的负面问题引发了社会各界对于人工智能的法律、伦理和社会影响的持续关注和激烈讨论，来自人工智能、社会科学领域的专家学者及企业家们纷纷呼吁重视人工智能伦理，加强人工智能治理，践行科技向善，发展安全、可信、负责任的人工智能。2019年以来，对人工智能伦理原则和伦理审查的讨论，以及人工智能算法决策、深度伪造和合成内容、人脸识别、自动驾驶汽车、智能医疗等细分领域的监管，是全球人工智能治理的焦点话题，表明国内外对人工智能治理持续高度重视。

面对人工智能的兴起，人们在哲学、伦理、法律、制度、理智等各方面都还没有做好充分的准备，因为人工智能等技术变革正在冲击既有的世界秩序，人们却无法完全预料这些技术的影响，而且这些技术可能最终会导致人类世界所依赖的各种机器为数据和算法所驱动且不受伦理或哲学的规范与约束。因此，对伦理的强调和重视成为了当前人工智能领域的一大主旋律，社会各界纷纷制定相应的伦理准则或框架。正如著名华裔人工智能科学家李飞飞所言，"要让伦理成为人工智能研究与发展的根本组成部分"。

人工智能和包括机器人在内的智能化自动系统的普遍应用，不仅仅是一场结果未知的开放性的科技创新，更将是人类文明史上影响甚为深远的社会伦理试验。人工智能伦理与法律是所有人工智能技术、研究与应用的基石。也就是说，任何一项人工智能技术、方法及应用都必须符合人类的伦理和价值以及利益需要。人类社会需要在其发展的所有阶段，积极主动地考虑新技术的伦理规范、法律体系和社会影响。

随着我国人工智能领域的快速发展，人工智能伦理教育日益成为一个值得特别关注的问题。可以说，高校对推进人工智能伦理教育已有一定的认识，但相比于生命科学、医学等学科，人工智能伦理课程建设明显滞后。除了少数几所重点高校以外，国内目前相关的人工智能伦理类课程较少，与生命伦理、医学伦理、工程伦理相比，人工智能伦理缺乏规范化的教材，从而难以对人工智能等专业及非专业学生进行统一、规范的伦理教育。

作者自 2001 年起从事人工智能理论与技术方面的教学科研工作，自 2005 年起讲授"人工智能导论"本科课程。2011 年起关注人工智能伦理方面的问题。2018 年在《科学与社会》杂志上发表了《强人工智能与弱人工智能伦理》一文。2020 年 8 月，作者在人民邮电出版社出版了新知识体系《人工智能导论》(以下简称《导论》)教材。新知识体系是指将人工智能知识划分为学科基础、技术基础、重点方向与领域、行业应用及伦理法律五大方面。《人工智能导论》按照新知识体系包括除行业应用以外的四方面内容，由该教材共延伸出13 种人工智能新知识体系系列教材。《导论》第 12 章为"人工智能伦理与法律"，因此可以说本教材是《导论》中第 12 章内容的延伸和拓展，也是新知识体系系列教材中的一种。本书是作者在多年人工智能教学科研的经验基础上，结合近五年国内外关于人工智能伦理的研究成果以及自己的一些思考总结撰写而成的。

编写本书的目的一是完善新知识体系的人工智能系列教材，为国内人工智能教育教学补充新内容；二是对人工智能伦理的发展现状做一个相对全面的总结，以便更好地促进人工智能伦理及其教育的普及与发展。

本书的特色是系统地展示了人工智能面临的各方面的伦理问题。在介绍社会关注的热点人工智能伦理问题(如数据、算法、机器人、自动驾驶的伦理问题)以及人工智能行业应用伦理问题的基础上，提出人机混合智能伦理、人工智能全球伦理、人工智能宇宙伦理及超现实人工智能伦理等新的人工智能伦理概念。

由于作者本人并非社会学领域出身，因此在撰写本书过程中，采用了国内外一些专家学者的观点和表述，在此表示诚挚的感谢。由于本人水平有限，书中肯定还有很多不足之处，敬请各领域专家学者批评指正。

作　者
2021 年 9 月于
哈尔滨工程大学

目 录

第 1 章 绪 论

本章学习要点：

(1) 学习和理解人工智能伦理概念与人工智能伦理问题的产生。

(2) 学习和理解人工智能伦理与应用伦理、科技伦理的关系。

(3) 学习和了解人工智能伦理学的概念与研究内容。

> 本章从道德与伦理的基本概念开始，引申出人工智能伦理概念与问题，并介绍了人工智能伦理学的概念与研究内容。为了便于理解，也介绍了人工智能的基本概念、主要技术及其应用。通过本章的学习，主要了解人工智能伦理的概念及人工智能伦理问题是如何产生的，为后续各章节内容的学习奠定概念基础。

1.1 道 德 与 伦 理

道德与伦理是指关于社会秩序以及人类个体之间特定的礼仪、交往等各种问题与关系。道德与伦理等方面的问题从原始社会开始就存在于人类社会之中，并且一直是人类社会的共同话题。

道德作为一种特殊的社会现象，虽然在原始社会就已经产生了，但是"道德"这一概念是在人类进入文明社会以后才出现的。从科学意义上讲，道德是由一定的社会经济关系决定的，依靠社会舆论、传统习俗和人们的内心信念来维系的，表现为善恶对立的心理意识、原则规范和行为活动的总和。根据上述定义，人们可以知道，道德不仅仅是作为一种行为规范的社会意识而存在着，而且还是作为一种特殊的观念、情感、信念、意志等心理意识形态而存在着；道德也不仅仅作为一种意识形态而存在着，而且还表现为人们的一种行为活动、生活方式，以及由此而形成的一种特殊的社会关系，即道德关系。

作为一种行为规范，道德是由社会制定或认可的。与具有强制性、约束性的法律相对，它是一种关于人们对自身或他人有利或有害的行为应该而非必须如何的非强制性规范。道德存在的意义恰恰在于非道德行为的存在。道德的约束力量在于紧随其后的法律，也就是说，人们超越道德规范的行为会受到法律的制裁。

所谓伦理，其本意是指事物的条理，引申指向人伦道德之理。从伦理的概念而言，古今中外的理解不尽相同。在中国，"伦理"一词最早见于秦汉时期的《礼记·乐记篇》："乐者，通伦理者也。"东汉时期成书的《说文解字》中解释说："伦，从人，辈也，明道也；理，从玉，治玉也。"其中，"伦"即"人伦"，指人的血缘辈分关系。这是关于伦理为探讨人与人的关系和行为规范的最早界定。宋明以后，伦理不仅指人与人之间的关系准则，而且还有道德理论的含义。在西方，从词源上看，"伦理"一词是从古希腊文"εηоσ"而来的，其本意是一群人共居的地方，后来其意义扩大为一群人的性格、气质、风俗习惯等。因此，西方的伦理概念应该是从风俗、风尚、性格、思想方式等演绎而来的，也是主要指人与人之间的关系及其规范。

在源远流长的中华文明历史中，流传着许多脍炙人口的关于伦理的故事，世世代代教导着华夏子孙生而为人的道理。孔融让梨的故事就是其中的经典(图1.1)。故事虽然很古老，但是其留给今天的人们的启示依然是有效的、重要的。

图 1.1　孔融让梨

伦理概念有广义与狭义之分。狭义的伦理主要关涉道德本身，包括人与人、人与社会、人与自身的伦理关系。广义的伦理则不仅关涉人与人、人与社会、人与自身的伦理道德关系，而且也关涉人与自然的伦理关系，还涉及义务、责任、价值、正义等一系列范畴。在本书中，伦理道德关系从人与人、人与自然之间拓展到人与人工智能系统、人与机器之间，因此，本书中讨论的人工智能伦理是广义的伦理范畴。

伦理一方面反映客观事物的本来之理，另一方面也寄托了人们对同类事物应该具有的共同本质的理想，这种理想付诸人类社会的生产和生活实践中，产生出调节人类行为的规范。就本书讨论的人工智能伦理而言，其目的是将人类的伦理推广到人工智能系统或智能机器之中，产生调节人工智能系统、智能机器与人之间的行为规范。正如图 1.2 中所展示的，科幻动漫《超能陆战队》中憨态可掬的大白机器人有着一颗"有理、有利、有节"的道德之心。无论是刀山还是火海，他永远都把朋友保护在自己的怀里。尽管是一种幻想，但却为人们展示了人工智能伦理的最高理想：人们创造了越来越强大的人工智能，未来它们将成为人类的伙伴，人们希望它们对人类是友善的，而不是伤害或毁灭人类。

图 1.2 《超能陆战队》中的大白机器人拥抱人类小朋友

1.2 伦 理 学

1.2.1 伦理学的概念

一般来说，伦理学是以道德作为研究对象的学科，也是研究人际关系的一般规范或准则的学科，又称道德学、道德哲学。伦理学作为一个知识领域，源自古希腊哲学。古希腊哲学家亚里士多德最先赋予伦理学以伦理和德行的含义，他的著作《尼各马可伦理学》是最早的伦理学专著。希腊人将其作为与物理学、逻辑学并列的知识领域。亚里士多德认为，基于人是社会动物这一判断，伦理是关于如何培养人用来处理人际关系的品性的问题。

伦理学研究对象不仅包括道德意识现象(如个人的道德情感等)，也包括道德活动现象(如道德行为等)以及道德规范现象等。伦理学将道德现象从人类的实际活动中抽分开来，探讨道德的本质、起源和发展以及道德水平同物质生活水平之间的关系，研究道德的最高原则和道德评价的标准、道德规范体系、道德的教育和修养、人生的意义、人的价值、生活态度等问题。它试图从理论层面建构一种指导行为的法则体系，即"人们应该怎样处理此类处境""人们为什么又依据什么这样处理"，并且对其进行严格的评判。

通俗地说，伦理学就是关于理由的理论 —— 做或不做某事的理由，同意或不同意某事的理由，认为某个行动、规则、做法、制度、政策和目标好坏的理由。它的任务是寻找和确定与行为有关的行动、动机、态度、判断、规则、理想和目标的理由。

从总体上说，传统的西方伦理学可以划分为三大理论系统，即理性主义、经验主义和宗教伦理学，不同的理论系统遵循不同的道德原则。19 世纪中下叶以来，西方伦理学还经历了一个从古典到现代的蜕变过程。在西方文化传统中，普遍认为人类高于其他物种，在等级关系中处于上层。譬如，古希腊哲学家普罗泰戈拉声称"人是万物的尺度"；德国哲学家康德宣称"人是目的本身"。这些理论支撑起了人类中心主义伦理学，并对大众产生了深远影响。

19 世纪英国的哲学家边沁用"功利"作为评判人的伦理道德的客观标准，寻求一条道德主体内心认同之外的路径，这种思想后来成为当代颇有影响的经济分析理论的基础，边沁伦理学思想发展成为"功利论"。边沁提出了"最大多数人的最大幸福"的道德原则，为功利论做了系统的、严格的论证。康德则努力恢复人的道德主体性，他希望树立真正的伦理准则的权威，即不能基于人的惧怕惩罚或追求好处，而须出于对道德律令的内心认同。康德的伦理学思想后来发展成为"道义论"。

在 20 世纪 60 年代，一种后现代思潮兴起，这种思潮对现代文明发展的根基、传统等各个方面，进行全方位的批判性反思，其倡导者发出了"谁之正义""何种合理性"等追问，开始了对人作为道德主体的解构，这为道德相对主义的兴起提供了思想背景。在哲学中，道德相对主义是一种立场，认为道德或伦理并不反映客观或普遍的道德真理，而主张社会、文化、历史或个人境遇的相对主义。其主要观点如下：不同社群、不同个体的道德价值和道德观点是相对的，是各种各样的，而不是绝对统一的。这里的"相对性"主要表现为，不同社群、不同个体所作所为乃至其一切信仰所赖以存在的动力基础是有所差别的。按照道德相对主义观点，这个世界上没有绝对的对和错，也不存在客观的是非标准。与此相反的道德客观主义，其对客观的是非标准深信不疑。

对于人工智能伦理而言，尽管道德相对主义认为人类道德缺乏一种客观统一性，但是人类的伦理应该是发展人工智能伦理的蓝本和参考，所以人工智能伦理与人类伦理应该保持一致性。从道德客观主义而言，人类伦理规范就是人工智能伦理的客观标准。这方面的问题拓展了传统伦理学的内涵。传统伦理学在人工智能时代面临着新的科学理论挑战，伦理学家、人工智能专家、哲学家应共同努力，将人工智能伦理纳入伦理学研究范畴，突破传统伦理学的研究边界和思维局限，将智能机器的道德、人工智能系统道德作为新的研究对象，而不仅仅是人的道德，从而为人工智能的健康发展奠定理论基础。

1.2.2 伦理学基本理论

1. 功利论

功利论(又称功利主义)作为一种道德理论，它主张人的行为道德与否是看行为的结果。凡行为结果给行为者及其相关的人带来好处，或带来利大于弊的行为，就是道德的，否则就是不道德的。功利论又称效果论、目的论，因为该理论主张以人们行为的功利效果作为道德价值之基础或基本评价标准。

功利论又分为行为功利主义与规则功利主义：前者主张不依据规则，而是根据当下的情况决定行为，行为的道德价值必须根据最后的实际效果来评价，道德判断应该以具体情况下的个人行为之经验效果为标准，而不是以它是否符合某种道德为标准，只要它能够带来好的效果便是道德的；后者是依据规则，认为能够带来好的结果的行为即为道德行为，认为人类的行为具有某种共同特性，其道德价值以它与某相关的共同准则之一致性来判断，或道德判断不是以某一特殊行为的功利效果为标准，而是以相关准则的功利效果为标准。

2. 道义论

道义论与功利论相反，它主张人的行为是否是道德的，不是依据行为的结果，而是看行为本身或行为依据的原则，即行为动机正确与否。凡行为本身是正确的，或行为依据的原则是正确的，不论结果如何都是道德的。

道义论可分为行为道义论与规则道义论。行为道义论是说不一定有什么规则，只要行为本身是合乎道德的，那么行为就是正当的。规则道义论是说行为遵循的规则必须是合乎道德的，否则便不是道德行为。

功利论带有自发的、本能的倾向，甚至是不经学习就可以掌握的；道义论则是自为的、理智的产物，要学习、锻炼才能掌握。前者是情感、欲望的道德，后者是理智、信念的道德。功利论与道义论都根源于社会物质利益关系，前者从个人利益出发，进而涉及他人与社会的利益，后者从社会整体利益出发，包含个人利益。两者都服务于建立良好的社会秩序，提升人性的高度。

人们在日常生活中，支配其思想与行为的道德原则，有功利论，也有道义论。例如，人们经常思考：做某件事值得不值得？做某件事合算不合算？人们也常说："两利相衡取其大，两害相较取其轻""占小便宜吃大亏"。凡此种种，说明人们在当下的思想与行为是在功利论道德意识支配下采取的。简言之，利益、功名支配人们的行为。

但人的思想、行为也常常受道义论的支配。例如，人们称道"见义勇为"是好样的，诸如此类，说明人的思想行为是在道义论的支配下活动的。简言之，理想、信念支配人的行为。

功利论、道义论也是评价人的思想、行为的同时并存、交替使用的理论与方法。例如，当人们议论某人做某事是"落井下石"或"火上浇油"时，显然是功利论的道德评价。又如，当人们说："某人居心不良，用意不善"或"项庄舞剑，意在沛公"时，毫无疑问，这是一种道义论的评价。

不论人们意识到与否、自觉与否，两种规范伦理观同时并存，每时每刻都在支配人的思想与行为，并评价人的思想与行为，不过时而是功利论，时而是道义论而已，有时同时并用。人们在生活中不能脱离功利论，也不能脱离道义论。

3. 美德论

美德论又称品德论，它认为人们的正确的行为必须遵循适度和中道的理性原则，这是判断某一行为道德价值的最根本的标准，人们的心灵中融渗着这种理性就是具备了美德。

美德论主要研究作为人所应该具备的品质、品格等。具体地说，美德论探讨什么是道德上的完人，即道德完人所具备的品格以及告诉人们如何成为道德上的完人。美德论的历史源远流长，古希腊哲学家柏拉图最早提出"美德即知识"，亚里士多德则构建了较完整的美德论体系。此后，许多伦理学家都在亚里士多德美德论体系的基础上，提出自己的美德论体系。因此，不同时代、不同国家和民族都保留了许多传统美德，如仁慈、诚实、廉洁、公平、进取等，并且这些传统美德经过世代验证已成为人们社会生活中共同的行为准则或规范要求。

1.2.3　应用伦理学与科技伦理

1. 应用伦理学的概念及含义

应用伦理学是伦理学的一个分支，它的研究范围包括一切具体的、有争议的道德应用问题。并非所有具体的、有争议的现实问题都是应用伦理学研究的对象，只有那些具体的、表现于特定领域或情境的道德问题才可能是应用伦理学的研究对象。例如，猎杀野生动物是不是正当行为，是应用伦理学的问题。引起广泛关注的，且在公众中有深刻歧见的现实道德问题也是应用伦理学的研究对象。

现代人类文明的发展使人际关系和人类事务越来越复杂，道德问题产生的具体情境越来越具有专业特殊性，从而引起争议的现实道德问题也越来越多。自 20 世纪六七十年代应用伦理学兴起以来，应用伦理学已拥有越来越多的专门领域，如生命伦理、动物伦理、生态伦理、环境伦理、经济伦理、企业伦理、消费伦理、政治伦理、行政伦理、科技伦理、工程技术伦理、产品伦理、媒体伦理、网络伦理、艺术伦理等等。

2. 科技伦理的概念及含义

伦理道德不仅仅是人们在日常生活中必须遵守的规范，在各种行业和科学技术领域也必须遵守一定的伦理道德规范。20 世纪 40 年代以来，建立在现代科学原理上的一系列高新技术，包括信息技术、生物技术、新材料技术、新能源技术、海洋技术和空间技术以及人工智能技术，都对人类生存发展带来影响和挑战。

科技伦理是指关于各种科学技术发展所引发的伦理问题，包括基因编辑、克隆、纳米、互联网以及人工智能等各种科学技术发展和应用所引发的伦理问题。早在 19 世纪，德国哲学家马克思就针对科学技术发展所带来的伦理问题进行过深刻的论述。他指出："在我们这个时代，每一种事物好像都包含着它自己的反面。我们看到机器具有减少人类劳动和使劳动更有成效的神奇力量，然而却引起了饥饿和过度的疲劳。技术的胜利，似乎是以道德的败坏为代价换来的。"英国哲学家罗素则认为，科学提高了人类控制大自然的能力，因而很可能会增加人类的快乐和富足，这种情形无疑只能建立在理性基础上，但事实上，人类总是被激情和本能所束缚。一项新技术的诞生、发展、成熟，为人类带来的是幸福还是祸害，往往不为善良人的愿望和意志所左右。关键是人们在利用这项技术的正面价值的同时，要最大程度地防范其可能带来的灾难性后果。

从社会历史现象来看，伦理道德与科学技术的互动表现在：科学技术的广泛应用形成社会化大生产，人类的生产方式、生活方式发生巨大转变，影响生产关系和其他社会关系的变化，由此促进新的道德规范的形成，其中现代科学技术条件下的新的伦理价值也随之形成。因为科学技术不可避免地对伦理道德的发展产生影响，所以其发展是促使伦理道德观念更新和变革以及推动伦理道德进步的一个重要动力。无论是科学技术发展对伦理道德的间接影响还是直接影响，都会引发出新的伦理问题和新的伦理思考，孕育出新的伦理价值观，促进伦理道德的进步。历史表明，许多伦理道德的更新变革和进步发展在很大程度上得益于科学技术的发展。伦理道德不仅会随着科学技术的发展更新变革，而且也只有如此，伦理道德才能保持其鲜活的生命力。

　　现代科学技术发展对伦理道德的影响是一把双刃剑，它既可能促进伦理道德的进步，对伦理道德的发展产生积极正面的效应或后果，也可能产生消极负面的效应或后果，导致伦理道德的败坏。这种负面效应主要有以下几种表现：一是由于科学技术的进步能创造巨大的物质财富，能给人们带来巨大的物质利益，这使得科学技术的发展有可能膨胀人们的物质享乐心理，使人不择手段、不顾后果地片面追求物质利益，从而导致道德滑坡。二是科学技术的发展可能提供新的犯罪手段、犯罪方式，诱使人走向犯罪。三是科学技术的发展带来的一些新的伦理问题可能会引起道德混乱，如处理不当，就会造成恶的结果，破坏社会伦理秩序，导致社会失范。

　　科学技术的发展方向及具体应用需要伦理道德的正确引导和规范。例如，早在 20世纪 70 年代，科学家们对重组 DNA 潜在危险的讨论就已经使他们开始对研究者的职责和无限追求真理的权利提出批评和表示怀疑。自从 1997 年 2 月克隆羊"多莉"（如图1.3 所示)问世以来，关于克隆人的问题就引起了人们的广泛关注。克隆技术该不该用于人类自身？什么条件下应该？应该用于什么目的？2018 年，南方某大学科研人员宣布首例免疫艾滋病的基因编辑婴儿出生，激发了全世界科学家的愤怒并纷纷予以谴责，因为这种未经任何政府和法律授权的危险行为对人类构成了巨大威胁。这是对人类生命伦理的严重挑战。在这起事件中，伦理规范就显得尤为重要。这就是道德良知和社会责任感促使科学家们对自身行为的理性反思。通过反思，力求使科学技术研究造福人类，避免使人类成为技术的"奴隶"和"牺牲品"。

图 1.3　世界上第一只克隆羊多莉

　　在科学领域，类似的例子还有很多。因此，关于科学技术发展引发的伦理问题就专门由科技伦理来阐述，并做出相应的规范，指导科技人员在从事相关研究时，注意不要滥用科学技术做出违背人类伦理道德的事情。

　　现代科技发展带来的消极影响也需要通过道德调节加以消除和缓解。现代科学技术的发展，一方面给人类带来了极大地方便、舒适和安逸，改变了人类的物质生活条件和生活方式；另一方面，也极大地破坏了人类的生存环境。如此严重的环境问题，从表面上来看，是科学技术发展造成的后果，但其深层次的内在原因，却是人们的道德观念发生扭曲、错位造成的。解决如此严重的生态问题，单靠技术本身是不行的，只有通过伦理道德的价值分析，促使人类反思人与自然的关系，摆正人在自然界中的位置。只有当人们能够自觉地以生态伦理、环境伦理的道德准则来约束和支配自己的行为时，才有可能逐步缓解环境问题带给人类的巨大压力，实现人与自然的可持续生存与发展。

　　人工智能作为一种重要的科学技术，具有了替代人类智能及人类自身的可能性。并且，这种可能性已经不断通过人工智能的技术发展而变为现实。它的发展与以往的基因调控、克隆等技术一样需要伦理道德来规范。发展人工智能技术的一个基本前提是，人类要引导人工智能技术的发展，防止人工智能技术的滥用危害人类利益。在人工智能技术越来越强大的今天，其发展中出现的越来越多的伦理道德问题，受到来自科技界、企业界、学术界等众多领域的专家、学者和社会人士的普遍关注。

1.3　人工智能的概念、历史与应用

1.3.1　人工智能的概念及类型

　　人工智能之父，英国著名学者阿兰·图灵(Alan Turing)在 1950 年发表的一篇划时代意义的论文《计算机器与智能》中提出"机器是否能够具有思维"的重大问题。图灵的论文直接引发了人类关于人工智能的思考。1956 年，麦卡锡、西蒙等科学家在美国达特茅斯学院召开的研讨会上正式提出了人工智能这个概念。

　　虽然人工智能这一概念目前已经为社会和科学领域所广泛接受，但无论是在学术界还是在工业界，不同发展时期、不同学科、不同领域和行业的专家、学者以及社会各界人士对于人工智能都有不同层面和角度的理解。关于人工智能的各种定义可以归结为：人工智能是研究智能的机制和规律、构造智能机器的技术和科学。也可以说，人工智能是研究如何使机器具有智能的科学。

　　在社会上，人们更多的是从学科和工程技术角度来理解人工智能。也就说是，人工智能是应用计算机来模拟人类某一方面或某些智能特征，帮助人类解决某方面的问题或完成某些任务。加载此类技术的软、硬件及平台等可统称为人工智能系统，如图 1.4 中，具备人脸识别、车辆识别等功能的智能视频监控系统。如果加载了人工智能技术的系统本身是由机械、电子、控制多种部件组成的机器，则称其为智能机器，其中也包括人机结合形成的智能机器或人机混合智能系统。最受关注的智能机器就是机器人，如图 1.5 所示的一种人形服务机器人，可以为人们提供端茶倒水等服务。

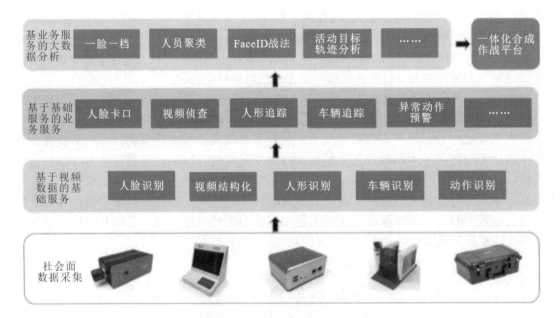

图 1.4　人工智能视频监控系统

图 1.5　人形智能机器人

美国语言学家塞尔最早提出将人工智能划分为强人工智能与弱人工智能两大类。所谓强人工智能指的就是达到人类智能水平的技术或机器，否则都属于弱人工智能技术。强人工智能通常被描述为具有自我意识并且能够思考的智能系统。根据这个划分，现阶段的人工智能技术及系统都属于弱人工智能。

专用人工智能是指专门用于解决某类特定问题或任务的人工智能技术及系统。目前加载弱人工智能技术的各种软、硬件系统及平台都是专用人工智能系统，例如人脸识别系统、语音识别系统、棋类博弈系统等等。

通用人工智能是指具有人类认知能力并基于同一模型完成多个任务的人工智能系统或智能机器。通用人工智能被认为可以达到人类水平，也可能超越人类智能水平。人工智能的终极目标是实现达到甚至超越人类智能水平的通用人工智能或通用机器智能，以人类现在的技术水平，实现这一目标还很遥远。

在本书中，第 2 章至第 12 章中关于人工智能伦理的讨论所涉及的人工智能、智能机器、人工智能技术、人工智能系统、智能机器人等等，都是指弱人工智能或者专用人工智能。第 13 章中超现实人工智能伦理中的"人工智能"，主要是指在哲学意义上，具有自我意识、情感或者全自主决策能力的强人工智能。

1.3.2　人工智能的发展历程

人工智能的发展经历了四个阶段：初创时期，上升时期，发展时期，大突破时期。

1. 初创时期(1945—1955)

一般认为，人工智能的初创期始于 20 世纪 40 年代。这一时期，有几项与人工智能相关的重要的科学技术成果和思想相继诞生。第一项是通用图灵机；第二项是控制论；第三项是与人类智能和大脑神经学系统密切相关，即一种模拟人脑生物神经元的数学神经元模型；第四项是早期的计算机技术。

虽然通用图灵机和控制论对人工智能的出现起到了重要作用，但在历史上它们却都没有进一步推动人工智能的发展，其根源在于早期的计算机技术太过原始。起初，人们创造各式各样的机器是为了减轻体力劳动的负担，将人们从繁重的体力劳作中解放出来，由此产生了简单的机械辅助工具。随着第三次工业革命中电子计算机的诞生，加快了技术革新的速度和方向，人们更多地将产品的创造视野扩展至"代替人类从事脑力劳作"的领域，数理逻辑、控制论、信息论和自动化技术更多地应用于机器制造之中，这就是人工智能产生的雏形。在能够验证人工智能的思想的机器正式诞生之前，所有上述想法都是空想或超前的理论。计算机作为人类发明的众多机器中的一种特殊类型的机器，其巨大意义在于使得人们研究如何使机器产生智能有了一种有效工具，因为计算机就是一种擅长计算的机器，人脑许多工作也需要通过内部的某些形式的"计算"来完成，这种脑机或人机类比的思想促进了人工智能的不断发展。

2. 上升时期(1956—1969)

上升时期有长达十余年的时间，这期间早期发展的数字计算机已经被广泛应用于数学和自然语言领域，用来解决代数、几何和翻译问题。计算机的广泛使用让很多研究学者看到了机器向人类智能趋近的信心。这一时期是人工智能发展的第一个高峰时期，研究人员表现出了极大的乐观，甚至预测未来20年内将建成一台完全模拟人类智能的机器。

这一时期也奠定了人工智能符号主义学派的基础，其核心思想是智能或认知就是通过对有意义的表示符号进行推导计算，也是一种对人类认知的初级模拟形式。所谓符号就是人类借以表达客观世界的模式，任何一个模式，只要它能和其他模式相区别，它就是一个符号。不同的英文字母、数学符号以及不同的汉字等都是不同的符号。符号主义人工智能定义和主导人工智能直到90年代中期。

3. 发展时期（1970—1992）

发展时期大致分为两个阶段。1970年至70年代末为该时期的第一阶段。在这一阶段，由于早期的人工神经网络模型性能并不符合最初的预期，导致人工智能技术发展遭受业内外的激烈批评，研发预算也受到政府和军方的限制，以人工神经网络为代表的联结主义因此停滞不前。这一阶段也是人工智能发展历程中遭遇的第一个"寒冬"。但是，这一阶段由于少数研究人员的坚持不懈，仍有许多人工智能技术尤其是人工神经网络的新思想、新模型在萌芽和发展。因此，在20世纪80年代初到90年代初这个阶段（发展时期的第二阶段），人工神经网络的发展成为这一阶段较大的收获，这一阶段的许多成果也奠定了当代人工神经网络的基础，进而导致了当代被称为深度神经网络的方法及深度学习技术的全面爆发。

4. 大突破时期（1993年至今）

20世纪80年代和90年代是一个非凡的创造性时期，尽管这一时期出现了一些在性能方面超越人工神经网络的方法，以及当时计算机硬件性能的局限，导致在90年代中后期人工智能进入第二次低潮，但是联结主义的关键技术在这一时期得到承接发展。人工神经网络领域的重要人物燕·乐昆(Yann Lecun)通过使用美国邮政服务数据库，设法利用多层人工神经网络来识别包裹上的邮政编码。虽然这些算法为当今深度学习的大多数方法提供了基础，但它们并不是立即成功的。21世纪后，一种基于联结主义发展而来的深度神经网络技术开始迅猛发展。2006年，加拿大多伦多大学教授杰夫·辛顿在利用人工神经网络进行机器学习方面取得突破，他的论文《A fast learning algorithm for deep belief nets》开创了"深度神经网络"和"深度学习"的技术历史，并引爆了一场现代商业革命。2016 年开始，以"阿尔法狗"为代表的新一代人工智能引起了各国政府的关注，各主要国家纷纷进行顶层设计，在规划、研发、产业化等诸多方面提前布局，掀起了人工智能研发的一场国际新竞赛。如今，深度学习在无人驾驶汽车、人工智能助理、语音识别、自然语言理解等方面取得很好进展，对工业界产生了巨大影响。世界著名互联网巨头公司，还有众多的初创科技公司，纷纷加入人工智能产品的战场，掀起人工智能历史上第三轮的智能化狂潮。除了深度学习技术的进步，引发 21 世纪人工智能新高潮的另一因素是突飞猛进的计算机硬件技术。由于一种并行计算图形处理器(Graphics Processing Unit，GPU)技术以及超大型计算机的计算能力不断提升，使得许多以前无法实现的人工智能技术得以实现。

1.3.3　人工智能主要技术与应用

1. 人工智能的主要技术

目前，人工智能的主要技术涉及大数据、语音识别、机器学习、计算机视觉、自然语言处理五大部分。

1) 大数据

大数据指的是相对于传统的小规模数据处理技术而言，需要全新的处理模式或技术才能处理的，具有更强的决策力、洞察力和流程优化能力的海量、高增长率和多样化的数据资产。从各种各样类型的数据中，快速获得有价值信息的处理模式或技术，就是大数据技术。大数据结合深度学习等技术使得大规模图像处理、大规模人脸识别、大规模语音识别等应用得以实现，因此，大数据是当代人工智能系统能够大规模部署及应用的基础。

2) 语音识别

语音识别是让机器把语音信号转变为相应的文本或命令的模式识别技术。语音识别主要包括特征提取、模式匹配准则及模型训练三方面的技术。语音识别是人机交互的基础技术，主要解决让机器听清人在说什么的问题。语音识别主要应用在机器翻译、智能家居、智能客服等方面。

3) 机器学习

机器学习是研究利用计算机模拟或实现人类的学习行为，以获取新的知识或技能，重新组织已有的知识结构并不断改善自身的性能的研究领域。它是人工智能的基础性技术。机器学习的终极目标是让机器具备像人一样的自主学习能力。

机器学习应用十分广泛，包括数据挖掘、计算机视觉、自然语言处理、生物特征识别、搜索引擎、医学诊断、信贷欺诈、证券分析、基因测序、电子游戏和机器人等很多方面。

4) 计算机视觉

计算机视觉是指用摄像机和电脑代替人眼对目标进行识别、跟踪和测量，并进一步进行图形处理，使目标成为更适合人眼观察或传送给仪器检测的图像。计算机视觉的研究目的是让计算机具备像人眼一样观察、识别并看懂世界的能力。

计算机视觉技术用于建立能够从图像或者多维数据中获取"信息"的人工智能系统，目前还主要停留在物体、人类及模式识别阶段，主要应用在社会安防、交通监控、医疗、无人驾驶等方面。

5) 自然语言处理

自然语言处理包括自然语言理解技术和自然语言生成技术两部分。实现人机间自然语言通信，使计算机能理解自然语言文本的意义，称为自然语言理解；能以自然语言文本来表达给定的意图、思想等，称为自然语言生成。自然语言处理的终极目标是用自然语言与计算机进行通信，使人们可以用自己习惯的语言来使用计算机，而无需花费大量的时间和精力去学习各种计算机语言。

目前，具有很强的自然语言处理能力的实用系统已经出现，典型的例子包括多语种数据库和专家系统的自然语言接口、机器翻译系统、全文信息检索系统、自动文摘系统等。

2. 人工智能的主要应用

人工智能技术及系统已经普遍应用于很多社会领域。当代最流行的机器学习技术中的深度学习在图像识别、语音识别、机器翻译、自然语言处理等方面取得了巨大成功，并大规模市场化。在大数据、深度学习技术、并行处理技术和超级计算的共同支撑下，人工智能在感知智能方面已经超越人类，人脸识别准确率接近 100%，基于大数据和深度学习的人脸识别产品已广泛用于安防、车站、机场等应用场景以及社会服务和管理中。

在语言智能方面，随着语音识别水平的不断提高，语音助理、智能音箱、会议语音转写、多国语言机器翻译等应用系统的性能也都得到大幅提升。大数据驱动下深度学习垂直应用也非常广泛，包括智能音箱、智能可穿戴设备、智能家庭、智能医疗、智能聊天等方面。无人驾驶、智能机器人、智能穿戴技术设备已成为各方竞争和产业研发的热点。

"深度学习+大数据"模式在文学创作、司法审判、新闻编辑、音乐和美术作品创作等方面也有惊人的表现，极大地提升了人们的工作效率和质量，降低了工作强度，甚至激发艺术家们的创作灵感，使他们创作出优秀作品，很多艺术家也在使用人工智能技术辅助艺术创作。

人工智能与制造业、医疗、农业、教育、交通、金融等各行业结合，出现了智能制造、智能医疗、智能农业、智能教育、智能交通、智能金融等多种新兴行业业态。为了能够在未来智能化战争来临之时争取一线生机,各个国家都在军事上展开竞赛,人工智能技术广泛用于包括无人机、无人车、无人潜器等各种无人智能作战系统,以及智能炸弹、智能导弹、智能战场态势评估系统等军事领域。太空和宇宙探索也有很多人工智能系统的应用,例如,登陆月球背面的"月兔"号月球车和漫游火星的"祝融"号探测机器人。

1.4 人工智能伦理

1.4.1 人工智能伦理的概念与含义

根据 1.1 和 1.2 节中伦理和科技伦理的概念,我们知道人工智能伦理是一种广义伦理,指的是人工智能技术发展和应用引发的伦理问题,关涉人与人工智能系统、智能机器的伦理关系。因为人工智能技术与其他科学技术的最大区别在于智能性,所以人工智能伦理与其他科技伦理相比较而言的特殊之处也在于此。历史上,人类利用各种科学及工程技术创造出功能各异的工具,帮助拓展、延伸人类的能力。例如,人类不能像鸟儿一样飞翔,就创造出飞机这种飞行工具。人工智能技术的诞生和发展,使得工具的属性发生了变化,它们开始成为具有智能性的工具。当这种智能性与人类智能某方面相似甚至超越人类时,人类与智能工具之间的关系就开始变得复杂起来,这种复杂关系如果反映在伦理观念上,就对人类社会的传统伦理关系造成了影响和冲击。

由于这种关系的复杂性,人工智能伦理分为狭义和广义两个范畴。狭义的人工智能伦理是人工智能技术系统、智能机器及其使用所引发的涉及人类的伦理道德问题。应用人工智能技术的各个领域都涉及伦理问题,也都是狭义人工智能伦理应该考虑的问题。

广义人工智能伦理是指人与人工智能系统、人与智能机器、人与智能社会之间的伦理关系,以及超现实的强人工智能伦理问题,包括人工智能系统与智能机器对于人类的责任、安全等范畴。广义的人工智能伦理主要有如下三方面的含义:

第一,人工智能技术应用背景下,由于人工智能系统在社会中参与、影响很多方面的工作和决策活动,人与人、人与社会、人与自身的传统伦理道德关系受到影响,从而衍生出新的伦理道德关系。

第二,深度学习技术驱动的智能机器拥有了不同于人类的独特智能,从而促使人类要以前所未有的视角考虑人与这些智能机器或者这些智能机器与人之间的伦理问题。

第三,也是最有趣的一方面,人们认为人工智能早晚会超越人类智能,并可能会威胁人类,实际上是超越现实的幻想。但是由此引发的哲学意义上的伦理问题思考,具有一定理论和思想价值，能够启发今天的人类如何开发和利用好人工智能技术。这类广义人工智能伦理在本书中称为"超现实人工智能伦理"。超现实人工智能伦理关注的是类人或超人的人工智能系统、智能机器与人的伦理关系。

　　人工智能主要是利用机器模拟实现人类智能的科学技术，是帮助人们解决问题的科学领域。因此，从伦理学体系角度看，狭义人工智能伦理属于应用伦理领域，广义人工智能伦理则已经超越应用伦理范围，因为关于智能机器、社会与人三者之间的复杂的伦理道德关系将发展出全新的伦理体系，从而使传统伦理学的内涵和外延都得以拓展。

1.4.2　人工智能伦理发展简史

　　十九世纪英国著名小说家玛丽·雪莱于 1818 年创作出世界上第一部科幻小说《弗兰肯斯坦》(《科学怪人》)，其中描绘的"人造人"天性善良而外表丑陋，最终在人类的歧视下成为杀人的怪物。图 1.6 是 1931 年拍摄同名电影中科学家和助手复活"人造人"的场景。

图 1.6　同名电影中科学家复活人造人的场景

　　小说中的"人造人"虽然不是金属、机械装置之类的机器人，但小说中人类对待"人造人"的态度隐含着后世关于人与人工创造物之间的伦理关系。人类面对自己的创造物表现出的人性善良与丑恶，使"人造人"不堪人类的歧视而由善转恶，对人类痛下杀手。悲剧的结果深深震撼人类的心灵，引发后世许许多多的争议和思考，其中就包括人类对人工智能的态度，人们担心自己创造的人工智能有可能会反过来威胁人类，恰如小说中的"人造人"创造者弗兰肯斯坦在给"人造人"创造一个女性伴侣时，担心它们未来可能威胁人类一样。

1920 年捷克作家卡雷尔·卡佩克发表了科幻剧本《罗萨姆的万能机器人》。剧本中一位名叫罗素姆的哲学家研制出一种机器人，这些机器人的外貌与人类相差无几，并且可以自行思考，被资本家大批制造出来充当劳动力。这些机器人按照主人的命令默默地工作，从事繁重的劳动。后来，机器人发现人类十分自私和不公正，于是机器人开始造反并消灭了人类。该剧于 1921 年在布拉格演出时轰动了欧洲。卡雷尔·恰佩克在作品中创造了 "robot"（机器人）一词，这个词源于捷克语的 "robota"，意思是 "苦力"。之后该词被欧洲各国语言吸收而成为世界性的名词。在该剧的结尾，机器人接管了地球，并毁灭了它们的创造者(图 1.7)。卡佩克在这部科幻戏剧中提出了机器人的安全、感知和自我繁殖问题。尽管那个时代并没有现代意义上的机器人被创造或发明出来，但戏剧中所反映的问题却是超越时代的，而且随着时代的发展，剧中的幻想场景也逐步变得现实。机器人及人工智能技术进步很可能引发人类不希望出现的问题。

图 1.7　《罗萨姆的万能机器人》剧照

尽管剧中的场景至今也没有发生，但是与《弗兰肯斯坦》类似，该剧开创了关于人类与 "机器人" 之间伦理关系思考的先河。"机器人" 这种特殊的人工智能系统对人类的威胁隐忧也一直延续至今。

正如 "机器人" 这个概念是来自话剧艺术一样，为了避免机器人伤害人类这种潜在的危险，保证机器人会友善对待人类并使人们免于机器末日，著名科幻作家阿西莫夫早在这类事件发生之前就与科幻作家兼编辑坎贝尔一同创立了 "机器人学三定律"，这三条定律于 1940 年首次被提出并在《我，机器人》这部科幻小说中得到应用和检验，而不是在现实人类社会得到应用与检验。这部小说以小说的形式最先探讨了人与机器人的伦理关系，其中的机器人三定律非常简明并且自成体系：

第一，机器人不可伤害人类，或目睹人类将遭受危险而袖手不管。

第二，机器人必修服从人给予它的命令，当该命令与第一定律冲突时例外。

第三，机器人在不违反第一、第二定律的情况下要尽可能保护自己的生存。

具有现实意义的是，阿西莫夫以幻想小说的形式使机器人学不再是纯粹的幻想，而真止成为了现代人工智能伦理和机器人伦理的开端。

因此，人工智能所引发的伦理思考，最早并不是来自现实的技术进步，而是科幻小说。关于人工智能的伦理思考早于人工智能概念的诞生和技术的出现，也就是说，人类在人工智能技术出现之前就已经开始思考人工智能伦理问题了。

虽然科幻小说中描述的技术和引发的问题思考可以帮助人类思考未来的可能性，但是更关键的是如何防止不符合人类利益的可能性变成现实。一方面，这些文艺作品为人们呈现了未来场景，引发了人们以全新的视角对这些现代技术进行深思和探讨；另一方面，这些文学创作者既没有为人类未来的生存境遇提供一种可信的价值观，又没能在规避人工智能技术与社会互动过程所产生的负面影响中，提供一些指导思想和前瞻性原则。这种缺失正是社会自身所必须正视和考虑的，而人类又有不可逃避的重要责任。

人工智能之父图灵在自己早年的论文《智能机器》中，不但详细讲述了人工智能技术的发展形势和方向，而且也提到了人工智能迟早会威胁到人类的生存。他还通过对"思维""智能""意识"和"机器"等概念进行语义分析，首次将人工智能与哲学作为课题讨论，将人的心理状态与机器的逻辑状态进行类比，说明人工智能作为人类活动的辅助工具时应该充分考虑哲学因素，人工智能在执行人类指令的同时具备了参与人类活动的现象，必然会打破人类原先的哲学思考与伦理结构。图灵的设想在当时就引起了人们的广泛关注。

20 世纪 60 年代，美国哲学家休伯特·德莱弗斯将人工智能专家称作"炼金术士"，并对人工智能概念本身的基本出发点提出了批评，呼吁人工智能专家在进行产品设计和创造时应充分融入人类社会的哲学伦理思考。

从 1956 年人工智能正式诞生开始，人工智能伦理问题一直是很多科幻小说和影视作品中的主题思想，包括著名的《银翼杀手》《毁灭者》《黑客帝国》《机器姬》等脍炙人口的作品。但是，伦理问题长期以来并没有在人工智能领域像技术一样受到重视和被深入研究。

从 2002 年开始，关于人工智能的伦理问题从起初的工业机器人的单一安全性问题，转移到与人类相关的社会问题上。关于机器人伦理学、法律和社会问题从 2003 年起逐渐在学术和专业方面得到重视和研究,在 2004 年第一届机器人伦理学研讨会上首次提出了"机器人伦理学"的概念。

许多学者于 2005 年开始比较系统性地研究"机器伦理"和"机器人伦理"。2005 年,欧洲机器人研究网络设立"机器人伦理学研究室",它的目标是拟定"机器人伦理学路线图"。欧盟建立了机器人伦理学 Atelier 计划,也就是"欧洲机器人伦理路线图"。在该项研究中,研究人员还描述了此前为实现人类与机器人共存社会的一些尝试,其最终目标是提供一个机器人研发中涉及的伦理学问题的系统性的评价,试图增进对潜在风险问题的理解,并进一步促进跨学科研究。同时,也出现了一些与机器人伦理研究相关的组织。

美国哲学家科林·艾伦等人出版了《道德机器:培养机器人的是非观》。

英国谢菲尔德大学教授、人工智能专家诺埃尔·夏基 2007 年在美国《科学》杂志上发表了《机器人的道德前沿》一文,呼吁各国政府应该尽快联手出台机器人道德规范。

世界工程与物理科学研究理事会(EPSRC)提出了机器人学原理。2011 年在线发布的"EPSRC 机器人原理"明确地修订了阿西莫夫的"机器人三定律"。

机器人伦理学的研究从 2005 年以后延伸到人工智能伦理,并逐渐开始受到全球各界专家、学者以及政府和企业的关注。

2014 年 6 月 7 日,在英国皇家学会举行的"2014 图灵测试"大会上,聊天程序"尤金·古斯特曼"(Eugene Goostman)成功通过了"图灵测试",使得人们对人工智能的发展和期望更是信心百倍。与此同时,人工智能的道德行为主体、自由意志、社会角色定位等问题再次激起人们的思考,同时也成为科幻小说中的热门话题。

2016 年,美国政府出台的战略文件提出要理解并解决人工智能的伦理、法律和社会影响。英国政府曾在其发布的多份人工智能报告中提出应对人工智能的法律、伦理和社会影响,最为典型的是英国议会于 2018 年 4 月发出的长达 180 页的报告《英国人工智能发展的计划、能力与志向》。日本人工智能协会于 2017 年 3 月发布了一套 9 项伦理指导方针。

联合国于 2017 年 9 月发布《机器人伦理报告》,建议制定国家和国际层面的伦理准则。电气和电子工程师协会于 2016 年启动"关于自主/智能系统伦理的全球倡议",并开始组织人工智能设计的伦理准则。在未来生命研究所主持下,2017 年 1 月在阿西洛马召开的"有益的人工智能"(Beneficial AI)会议上提出了"阿西洛马人工智能原则"(Asilomar AI Principles),近 4000 名各界专家签署支持 23 条人工智能基本原则(本书 10.3 节中将详细介绍)。

我国也在 2017 年发布的《新一代人工智能发展规划》中,提出了制定促进人工智能发展的法律法规和伦理规范作为人工智能安全的重要的保证措施。2018 年 1 月 18 日,国家人工智能标准化总体组、专家咨询组成立大会发布了《人工智能标准化白皮书(2018)》(以下简称《白皮书》)。《白皮书》论述了人工智能的安全、伦理和隐私问题,认为设定人工智能技术的伦理要求，要依托于社会和公众对人工智能伦理的深入思考和广泛共识，并遵循一些共识原则。2021 年 9 月 25 日，国家新一代人工智能治理专业委员会发布了《新一代人工智能伦理规范》(以下简称《伦理规范》)，旨在将伦理道德融入人工智能全生命周期，为从事人工智能相关活动的自然人、法人和其他相关机构等提供伦理指引。

一些国家相继成立了人工智能伦理研究的各类组织和机构，探讨人工智能引发的伦理问题，如科学家组织、学术团体和协会、高校研发机构等。还有国家层面的专业性监管组织，例如，我国科技部于 2019 年 2 月成立"新一代人工智能治理专业委员会"。斯坦福大学的"人工智能百年研究项目"计划针对人工智能在自动化、国家安全、心理学、道德、法律、隐私、民主以及其他问题上所能产生的影响，定期开展一系列的研究。该项目的第一份研究报告《人工智能 2030 生活愿景》已经于 2016 年 9 月发表。卡内基梅隆等多所大学的研究人员联合发布《美国机器人路线图》，以应对人工智能对伦理和安全带来的挑战。来自牛津大学、剑桥大学等大学和机构的人工智能专家撰写了《恶意使用人工智能风险防范：预测、预防和消减措施》，调查了人工智能恶意使用的潜在安全威胁，并提出了更好地预测、预防和减轻这些威胁的方法。

经过近十年的发展，人工智能伦理已经成为人工智能领域新兴、重要的组成部分和发展内容。当代人工智能技术的快速、大规模普及应用，超越了历史上任何一个时代，由此衍生出的伦理问题已经不再是科幻小说中天马行空的抽象思考，而是人工智能技术的滥用引发了一系列实际的、迫切的、前所未有的伦理问题。人工智能伦理不仅是今后人工智能技术发展的思想基础，更重要的是在于其对人工智能健康发展的指导性作用和保障性作用。

1.4.3 人工智能技术引发的伦理问题

人工智能技术伦理问题主要是人工智能技术在开发、使用、推广、传播过程中可能造成的各种问题。随着大数据、深度学习算法在教育、医疗、金融、军事等关键领域的大规模应用，各种人工智能算法及系统已经引发了诸如隐私、安全、责任、歧视等直接的现实问题，间接的问题包括就业、贫富差距、社会关系危机等问题。以 2018 年发生的一系列事件为例，3 月 17 日，脸书公司剑桥分析数据丑闻曝光。3 月 18 日，优步(Uber)公司的自动驾驶汽车在道路测试过程中导致行人死亡。5 月 29 日，脸书因精准广告算法歧视大龄劳动者被提起集体诉讼。7 月 25 日，有报告称 IBM 的沃森(Watson)系统给出错误且不安全的癌症治疗建议。7 月 26 日，亚马逊公司开发的人脸识别系统将 28 名美国国会议员匹配为罪犯。8 月 13 日，美国有关机构指控脸书的精准广告算法违反公平住房法。8 月 28 日，国内某著名酒店集团约 5 亿条数据泄露，其中包含 2.4 亿条开房信息。2018 年发生的一系列事件涉及医疗、交通、酒店等多个行业。除了数据泄露和暴露隐私，人工智能技术可直接用于非法目的，如利用深度伪造技术生成虚假视频和图像(所谓的 deepfake，将在 3.4.4 小节介绍)，然后用于生产和传播假新闻。在军事领域，无人机等人工智能武器的滥用造成很多无辜平民的伤亡。

在娱乐社交、医学实践领域，人们把具有感知、自治性的人工智能系统或机器人视为与人类同等地位的道德行为体和伦理关护对象，赋予其一定的伦理地位。因为，人们相信或者希望人工智能的决策、判断和行动是优于人类的，至少可以和人类不相伯仲，从而把人类从重复、琐碎的工作中解放出来。但在另一个层面，由于人工智能在决策和行动上的自主性正在脱离被动工具的范畴，其决策和行为如何能够符合人类的真实意图和价值观？符合法律及伦理等规范？在各种人工智能代替人类处理各种问题的过程中，无论是图像识别还是自动驾驶，都会面临一个问题：机器的决策是否能保证人类的利益？

人工智能技术造成的问题原因有很多。首先，人工智能技术的设计和生成离不开人的参与，无论是数据的选择还是程序设计，都不可避免地要体现设计人员的主观意图。如果设计者带有偏见，其选择的数据、开发的算法及程序本身也会带有偏见，从而可能产生偏颇、不公平甚至带有歧视性的决定或结果。其次，人工智能技术并不是绝对准确的，很多用于预测的人工智能系统，其结果都是概率性的，也并不一定完全符合真实情况。如果技术设计者欠缺对真实世界的全面、充分的了解，或者存在数据选择偏见，也可能导致算法得出片面、不准确的结果。最后，人类无法理解或解释深度学习这种强大的算法技术在帮助人们解决问题时考虑了何种因素，如何且为何做出特定结论，即此类技术尚存在所谓的"黑箱"问题和"欠缺透明性"问题，其在应用中具有不可预测性和潜在危险。面对这些复杂的情况，人们必须正视人工智能的道德或非道德问题，而不能再停留在科幻小说层面。

除了人工智能技术及系统局限性，人工智能还面临着安全风险。互联网、物联网技术使得人工智能的安全问题更加复杂化。一方面，网络使得人工智能自身发展和可供使用的资源趋于无穷。另一方面，互联网及物联网技术使黑客、病毒等人为因素对人工智能产品构成巨大威胁。即使人工智能尚不如人类智能，但网络技术极可能使人们对人工智能的依赖演变成灾难。例如，如果黑客控制了某个家庭的智能摄像头，就会造成家庭隐私泄露，甚至危及该家庭的生命安全。自动驾驶汽车和智能家居等连接网络的物理设备也存在被网络远程干扰或操控的风险。

鉴于人工智能技术应用带来的上述问题，人类应在伦理、法律以及科技政策角度进行更加深入的思考并采取有效措施。原本只是停留在幻想中的伦理担忧和威胁，似乎完整地映射到了现实世界，从而给人类带来了实实在在的困扰甚至恐慌。因此，人类必须团结起来，采取防止人工智能技术无序发展的措施，从规范、制度到哲学、伦理、教育、法律等方面都需要采取全面的措施并尽快布局。其中，伦理规范是必须的核心手段，由人工智能伦理规范引导技术注重在源头开发、设计"友善"的人工智能，能在真正的风险和威胁形成之前防患于未然，从而最大限度避免人工智能的"恶之花"，这也正是人工智能伦理的应有之意。

1.5　人工智能伦理学

1.5.1　人工智能伦理学的概念与含义

虽然在早期的人工智能萌芽时期，人类就已经开始了人工智能与人类之间伦理关系的思考，但是人工智能伦理学以一种应用伦理学的形式从科技伦理学中分化出来，只是最近十年发生的事情。伴随着近代人工智能科学技术的发展，特别是伴随着 21 世纪人工智能的发展，现代意义上的人工智能伦理学应运而生。

由于人工智能技术使得机器等工具表现出越来越强的智能性，同时又产生很多新的伦理问题，使得伦理范畴变得前所未有地复杂。人类需要发展新的伦理学理论来研究人工智能的义务、责任、价值正义等一系列伦理范畴。

传统的伦理学研究对象主要以人类的道德意识现象为对象，探讨人类道德的本质、起源和发展等问题。人工智能突飞猛进地发展，对人的自然主体性地位提出了挑战，同时也对人的道德主体性提出挑战，使得伦理学研究的对象不再仅仅是人与人、人与社会、人类自身的伦理道德关系，而是从人类的道德扩展到了人工智能技术、人工智能系统与机器的道德。由此形成全新的伦理学分支，即人工智能伦理学。

人工智能伦理学需要从理论层面建构一种人类历史上前所未有的新型伦理体系，也就是人、智能机器、社会及自然之间相互交织的伦理关系体系，包括指导智能机器行为的法则体系，即"智能机器应该怎样处理此类处境""智能机器为什么又依据什么这样处理"，并且对其进行严格评判的法则，也包括人类对于智能机器的行为，智能机器对人类的行为，智能机器与人类社会、智能机器与自然的伦理体系。

通俗地说，人工智能伦理学就是关于智能机器、人类以及社会之间如何互动的理论——智能机器帮助人类做或不做某事的理由，人类同意或不同意智能机器做某事的理由，智能机器对自己的某个行动、规则、做法、制度、政策和目标进行好坏判别的理由，以及人类认定智能机器做出何种判别的标准。人工智能伦理学的核心任务就是寻找和确定与智能机器行为有关的行动、动机、态度、判断、规则和目标的理由。

与人工智能伦理相对，人工智能伦理学也分为狭义和广义的两个范畴。狭义的人工智能伦理学是研究关于人工智能技术、系统与机器及其使用所引发的涉及人类的伦理道德理论的科学。狭义人工智能伦理学主要关注和讨论关于人工智能技术、系统及智能机器的伦理理论。狭义的人工智能伦理学是随着人工智能的发展而产生的一门新兴的科技伦理学科，它处在人工智能科学技术与伦理学的交叉地带，因而是一门具有交叉性和边缘性的学科。它的内容不仅涉及科技道德的基本原则和主要规范，而且还涉及人工智能科学技术提出的新的伦理问题，诸如数据伦理、算法伦理、机器伦理、机器人伦理、自动驾驶伦理、智能医疗伦理、智能教育伦理、智能军事伦理等。不但涉及科技伦理的历史发展，而且会接触到社会发展中提出的一系列现实伦理问题。本书中的人工智能伦理问题，除了第 13 章的超现实人工智能伦理以外，其余各部分都属于狭义人工智能伦理学的研究范围和对象。

广义人工智能伦理学是研究智能机器道德的本质、发展以及人、智能机器与社会相互之间新型道德伦理关系的科学。广义人工智能伦理学需要研究智能机器(包括人机结合形成的智能机器)道德规范体系，智能机器道德水平与人工智能技术发展水平之间的关系，智能机器道德原则和道德评价的标准，智能机器道德的教育，智能机器、人与社会、自然之间形成的相互伦理道德体系及规范，以及在智能机器超越人类的背景下，人生的意义、人的存在与价值、生活态度等问题。广义人工智能伦理学超越了传统伦理学的范畴和体系，是一个全新的伦理学分支和发展方向。

1.5.2 人工智能伦理学的学科定位

关于人工智能伦理学的学科定位主要澄清以下几个关系。

1. 与传统伦理学的关系

1) 与应用伦理学的关系

狭义的人工智能伦理学源于人工智能技术的应用，从技术应用角度，人工智能伦理学与应用伦理学存在交叉关系，而不是简单的分支或从属关系。广义的人工智能伦理学则超出了传统伦理学范畴，它所研究的问题已经不属于应用伦理范畴。

2) 与具体人工智能科学技术的关系

狭义的人工智能伦理学面临的道德难题本身也就是各具体人工智能技术应用中遇到的伦理问题。具体人工智能技术研究者的成果较容易在领域内所接受，而却不一定为伦理学家接受。反过来,伦理学家由于不熟悉具体的、广泛的人工智能技术领域，可能导致以偏概全，甚至过分夸大人工智能伦理问题。

3) 与各分支领域的关系

广义人工智能伦理学所面对的伦理问题超出了人类传统道德范畴，有必要建立相应的专门分支。目前，人工智能伦理学虽然还不具有普遍意义上的基本原则以统领和指导其伦理研究，但是会向这个方向不断发展。

人工智能伦理学相对于传统伦理学，其建立有其特殊性，特殊性表现在它并不符合伦理学的一般规定。尽管在不同历史时期伦理道德对象的范围会有不同，但不会超出人与人的社会关系领域。就是说，传统伦理规范是只适用于人类的。但是，从广义人工智能伦理角度来看，人工智能伦理学突破了传统伦理道德的研究范围，将智能机器及其行为作为伦理关注对象，是一种超越传统人际关系的行为规范的学说。这是人工智能伦理学区别于其他科技伦理学分支的关键。

因此，人工智能伦理学虽然是以人为本的，但它需要探讨智能机器与人之间的新型伦理关系，也是通过人工智能实现"智能机器"向"人"的呼唤。

2. 从理论资源看人工智能伦理学的学科定位

在一般意义上，一切对人工智能伦理发展有启发、可借鉴和能帮助解决理论与实践问题的理论，无论是哲学、伦理学或者是某社会学科领域内某一流派的理论等都是有价值的，都可以作为人工智能伦理的理论资源来吸收、借鉴。因为人工智能伦理学是伴随着人工智能科技与人文、人工智能科技与道德之争而出现的，又由于人工智能科技活动与社会、经济和文化领域的活动相关联，所以其所用知识和研究方法涉及科学学、技术论、伦理学、社会学等诸多学科，是从科学与人文的交叉视野或对人工智能科技予以人文的关怀来研究的。人工智能伦理学的理论资源涉及的学科大致有四个方面：历史方面涉及科学史、技术史以及哲学史；哲学方面主要以马克思主义科学技术哲学为指导，同时涉及西方哲学以及计算哲学、心智哲学、具身哲学等；伦理学方面则涉及伦理学的基本原理以及元伦理学、应用伦理学的研究；自然科学方面涉及物理学、信息学、脑科学、神经科学、认知科学、计算机科学、机器人学、电子科学等。在此意义上，人工智能伦理学是一门交叉学科，是在自然科学和社会科学相互交叉地带生长出的一系列新兴学科之一。人工智能伦理学作为以人工智能科技或智能机器伦理为研究对象的学科，学术界在认识上还存在很大不同甚至相左，但不管怎样，学科的交叉性说明了人工智能伦理学的理论资源不应是单一的伦理学或某一人工智能技术分支伦理，关键在于正确地选择和融合有关理论资源，并以此为平台建构人工智能伦理学。

3. 从学科功能看人工智能伦理学的学科定位

当前，人工智能科技革命的兴起虽然给人们带来了全新的生活，但也给人们带来了许多前所未有的新问题。从人工智能新科技革命的视野来关注道德问题，并把伦理学的规范性研究成果应用于人工智能科学技术领域，无疑是人工智能伦理学研究的重要内容。事实上，正是为了从理论和实践上回答人工智能科技发展提出的种种道德问题，所以与各个人工智能科技领域相关的伦理学便应运而生，它将形成人工智能伦理学的许多分支，如数据科学伦理学、算法伦理学、机器人伦理学、智能医学伦理学、智能教育伦理学等。就其性质而言，这些分支都属于应用伦理学。在研究领域拓展的过程中，人工智能伦理学也形成了许多新的研究视角，包括超越人类的、跨文化的、社会的、智能机器的视角等。这些新的研究视角的出现，使人工智能伦理学作为一个新学科成为现实。但是，只有在解决社会实践中的问题的过程中，人工智能伦理学才能赢得它的生存权和生命力，这是人工智能伦理学的功能，也是人工智能伦理学科定位的前提和要求。现实中人工智能科技发展对社会所产生的前所未有的巨大影响和人类传统伦理道德的文化依附所致的滞后性，都使得人工智能伦理学发展面临许多挑战，因此，人工智能伦理学将是一门不断向前发展的学科。

4. 从学科发展看人工智能伦理学的学科定位

"人工智能伦理"之所以成为需要加以研究的对象，原因在于人工智能技术与人之间的关系出现了问题。这些问题来自在传统伦理未涉及的大数据、机器学习算法、机器人等技术，特别是智能机器的快速发展遇到了严重的伦理挑战。这种挑战不仅涉及人类的尊严问题，而且还涉及人类自身的生存与人类文明发展，涉及人类个体、智能机器、社会、自然以及国家、世界乃至整个人类的伦理。因此，发展人工智能伦理学有着重要的现实意义和战略意义。

从学科发展的角度考量，人工智能伦理学的独立性源于以下几方面。

(1) 人工智能伦理学不是单纯应用某种道德哲学解释人工智能技术发展带来的新道德现象的个别理论推论，而是一种新思想理论的社会选择，其在研究方法上强调多学科的方法和知识以及价值的多元性。

(2) 人工智能伦理学不是将某种人类道德哲学或价值观念贴标签式地简单套用在人工智能系统或智能机器上，而是创造性发展以智能机器为对象的新型道德伦理观念。

(3) 人工智能伦理学的高度创新会促使人类传统科技道德理论的更新与完善。

人工智能伦理学在学科内容、学科结构上显示出较强的开放性和动态性，它在使一般的道德价值得到创造性地体现的应用过程中，伴随着社会实践和学科内容的发展，需要对人类社会传统伦理秩序进行道德运行机制的重新设计和建构。这不仅会不断突破传统道德理论的局限，而且还会通过对传统道德理论的内容、结构和适用范围进行改造，进而发展出全新的关于人与机器之间的道德理论，从而对传统道德伦理体系进行完善、补充、升华。

综上，人工智能伦理学是在继承前人研究成果的基础之上不断发展的，其目前的发展趋势是成为一门综合性的分支学科。

1.5.3　人工智能伦理学的研究对象

因为人工智能伦理学是人工智能技术与伦理学相结合而形成的一门交叉学科，所以要研究人工智能技术的伦理本质、人工智能技术发展与道德进步的互动。人工智能技术与伦理学之所以能够联系起来，是因为人工智能技术是与利益问题分不开的，关系到人类的利益，而伦理学的基本问题则是道德与利益的关系问题。这样，利益问题就成了人工智能技术与伦理道德统一的基础或联系的桥梁。概括地说，人工智能伦理学应主要研究以下新型伦理理论。

1. 研究人工智能技术的伦理本质

讨论人工智能技术的伦理本质时，首先遇到的一个问题是人工智能技术的价值问题。作为一种文化现象，科学技术不仅仅是能产生物质力量的价值上中性的知识系统，而且还有着伦理的向度和方面，从根本上说是有价值取向的。因此，人工智能作为一种重要的科学技术，也是有价值取向的。人工智能技术的伦理本质，首先缘于它是一种文明与文化现象。也就是说，当人工智能技术作为一种人类文明与文化现象登上历史舞台时，它的伦理价值也就凸显出来了。虽然人工智能技术作为一种知识体系，本身并不包含或显现其特定的道德价值，但作为人类社会活动及其成果的一个组成部分，总是和人类的生存和发展相联系的，因而必然成为道德评价的对象。从本质上讲，人工智能技术作为一种革命性力量，它能够促进人类社会和人类文明的进步，为人类带来利益，增进人类的幸福。从这个意义上说，人工智能技术与其他科学技术一样，对人类具有最大的"善"的价值。进一步分析，人们还会发现，人工智能技术不仅能够外在地增进人类的福利，具有最大的"善"的价值，而且也是实现"善"的重要途径。在所有科学技术中，人工智能技术最有希望成为人类真正获得身心自由的手段。人工智能通过对工具和机器智能化，对人类自身心智机理的深入理解，以及对人性和身体的升级改造，能够克服人们在自然界和面向未来的种种不安全感。不可否认，人工智能技术的运用会带来不同的社会效果，具有伦理道德的二重性。它既可以造福于人类，也可能给人类带来灾难。正因为如此，人工智能的道德意义才更加突出。

2. 研究人与智能机器的道德关系

人工智能伦理学还涉及人与智能机器之间相互的道德关系。从人工智能技术发展的角度看，出现了许多人类社会前所未有的伦理道德问题，这就要求人类不得不从自身利益出发，重视由于机器具备了独特的智能性而引发的各种伦理问题。如何认识和理解人与智能机器之间相互的道德关系，直接关系到构建什么样的人工智能伦理学。在人与智能机器的道德关系上，人工智能技术作为第三者，它的使命就在于协调人与智能机器的关系，促进整个智能生态系统的和谐与平衡。实际上，就像关心自然界的状况一样，关心智能机器的发展状态，就是关心人类社会的持续发展，就是关心人类自身的利益，人类必须建立起智能机器对于人的道德责任和义务。那些简单地把智能机器与传统工具等同看待或者盲目对立都不合时宜，代之而来的应该是一个人与智能机器全面协作的新阶段。现在的人工智能领域更多的是科学家、工程师、软件设计师在参与，缺乏哲学、伦理学、法学等其他社会学科的学者参与，未来人工智能伦理学的研究和测试需要加强跨学科研究。

3. 研究人工智能发展与人类道德进步的互动及其机制

人工智能与伦理道德都是人类实践活动的产物。从哲学的角度说，人工智能与伦理道德是一对处于共构状态的矛盾体，二者的关系是辩证统一的。在人类发展史上，科学技术与伦理道德共同推动着人类从蒙昧走向开化，从野蛮走向文明，从落后走向进步。人类社会发展到现代，人工智能为伦理道德开辟了新的道路，伦理道德则为人工智能技术提供价值定向和精神动力。人工智能本身也是一种社会实践活动，其使命除了创造智能机器，也包括认识智能、生命本质和规律，因此可以极大地促进人类社会和文明的进步与发展。伦理道德也是一种社会实践活动，它以行为规范、准则等形式来调节人与人之间的关系，目的也是社会得到稳定而和谐的发展。

人工智能作为一种科学技术，以求真为最高目标，而伦理道德则以求善为最高目标，二者的关系从本质上说是一种真与善的关系，它们相互联系、相互渗透，又相互转化，统一在人类共同的社会实践活动之中。一方面，人工智能技术可以向伦理道德转化。从一定意义上说，当人类要求自己所创造的智能机器具有道德义务，这本身也是在发展提升人类自身道德水平，只不过是通过智能机器反映出来。在人的实践活动中，人对于智能机器的道德观念往往会直接或间接地反作用于人类自身，并逐渐转变为人类新的道德观念，甚至改造和提升人性。另一方面，伦理道德也可以向人工智能技术转化。这种转化主要表现在对人工智能技术的道德评价，会影响人们对人工智能技术本身的评价，从而发掘出某一项人工智能技术、事件或事实对于人类的道德价值和意义。

4. 研究人工智能道德现象

1) 研究人工智能道德与社会道德的关系

人工智能伦理学所研究的人工智能技术道德、智能机器道德是一种特殊的社会意识形态。作为一种特殊的社会意识形态，人工智能道德由一定的社会经济基础决定，并为一定的社会经济基础服务。作为一种特殊的职业道德,人工智能道德由于具有自己鲜明的技术特征,与人工智能技术本身有着不可分割的联系,以其独特的内容和作用方式而同一般的应用伦理道德相区别。因此,在研究人工智能道德与社会道德的关系时,不仅要坚持以一般社会道德现象的伦理学原则为指导,而且也要创新发展面向人工智能技术及智能机器的新型伦理道德原则。

2) 研究人工智能道德规范体系

人工智能道德作为社会道德体系的一个组成部分,它也应当被理解为调整人工智能科技职业内部成员之间及其与其他社会成员之间关系的行为规范的总和。而且从本质上看,人工智能道德既是一种特殊的社会意识形态,又是一种特殊的职业道德。也就是说,人工智能道德现象既以观念、情感、意志以及信念等形式存在于人工智能技术的实践中,又以一系列原则、规范以及范畴的形式在人工智能技术的实践中体现出来。在伦理学的视野里,原则、规范、范畴构成规范体系。人工智能道德规范体系当然是由人工智能道德原则、人工智能道德规范、人工智能道德范畴构成的。其中,人工智能道德原则作为调整人工智能开发或设计者与社会之间、智能机器与人之间、智能机器与人类社会之间的关系最基本的行为准则,具有广泛的指导性和约束力,是人工智能道德规范体系的总纲和精髓,是人工智能道德区别于其他道德问题的最显著的特征。人工智能道德规范体系的研究是人工智能伦理学的一项非常重要的任务。因此,人工智能伦理学必须着力于构建人工智能道德规范体系,一方面,必须明确地告诉人工智能设计者,在他们所创造或研发智能机器或系统的过程中,什么样的行为是道德的,什么样的行为是正当的,什么样的行为是不道德的,应当做什么,允许做什么,不应当做什么。另一方面,需要明确地指导智能机器或系统,什么样的行为对于人类是道德的,什么样的行为对于人类是正当的,什么样的行为对于人类是不正当的。

3) 研究人工智能道德意识、人工智能道德关系和人工智能道德实践

人工智能道德现象包括人工智能道德意识、人工智能道德关系和人工智能道德实践,人工智能伦理学研究人工智能道德现象,就是要研究这三个方面及其相互关系。人工智能道德意识的研究,旨在阐明人工智能道德的社会本质、作用及发展规律。人工智能道德作为一种特殊的社会意识形态,它的规定性根源于人工智能技术活动之中,它的产生和发展与社会物质和精神生活条件有着密不可分的联系。

人工智能道德关系研究包括两方面,一方面在于阐明人工智能工作者(研究、开发者)与社会之间的道德关系,明确人工智能技术行为的道德标准和要求,指明人工智能科技工作者道德选择中的价值目标和追求,人工智能科技工作者如何将传统的人的道德和伦理信念贯彻在自己所研究、制造、开发的人工智能系统中,使其服从甚至具有人的伦理

原则；另一方面在于阐明智能机器、智能系统与人之间，智能机器、智能系统与社会之间的道德原则、道德关系，明确人类对智能机器、智能系统的道德标准和要求，规定智能机器、智能系统在面向人类利益的道德选择中的价值目标和追求。

人工智能道德实践研究的重点是揭示人工智能道德品质形成、发展的过程和规律。从一定意义上说，人工智能伦理学是为人工智能科技工作者的道德实践服务的，应当通过分析人工智能科技活动中的道德冲突，为人工智能科技工作者的科技活动提供道德导向。人工智能伦理学的任务和使命，不是简单地描述人工智能道德现象，它必须以科学的形态再现人工智能技术道德，以理论思维的形式概括人工智能科技道德现象的各个方面，并通过揭示这些现象之间的联系对其进行规律性的研究，从而科学地阐述人工智能道德的产生、形成、本质、作用及其发展的规律。

现在人们对人工智能伦理问题关注的重点集中在以下几点：

(1) 人工智能系统是否能够具有道德？

(2) 人类是否允许人工智能系统具有道德？

(3) 人工智能系统伦理与人类伦理是否具有一致性？

(4) 在人工智能系统具有道德的情况下，它的权利与义务关系如何体现？

(5) 人工智能系统的伦理特征是什么？

(6) 人工智能系统的伦理实现路径是什么？

(7) 从文化或宗教的角度如何去解析人工智能系统伦理的问题？

(8) 人工智能系统伦理的实现是否需要社会监督和法律保障？

(9) 人工智能系统伦理问题是人工智能体的伦理问题，还是人工智能体的设计者、生产者和使用者的伦理问题呢？

(10) 人工智能系统具有伦理是否是社会和科技发展的必然趋势？

总之，以上问题是当前人工智能伦理学急需解决的问题。这些问题非常复杂，需要长期的社会实践和社会努力来共同解决。

1.6 本书主要内容

本书共 13 章，相对于其他同类书籍，本书的内容更全面，整体上反映了人工智能伦理体系或问题全貌。书中内容既有由于人工智能技术和应用引发的现实伦理问题，也有关于人工智能伦理的宏观认识和思想。启发学习者从实践和理论两方面出发，来认识和理解人工智能伦理的内涵，分析人工智能伦理现象并理解其本质。

本书在绪论部分首先介绍了伦理道德、伦理学、应用伦理与科技伦理等与人工智能伦理密切相关的基本概念，人工智能伦理问题的由来，人工智能伦理学概念及研究内容、研究对象等内容。第2章到第13章，主要介绍的是人工智能应用伦理、人机混合智能伦理、人工智能设计伦理、人工智能全球伦理与宇宙伦理、人工智能超现实伦理及人工智能伦理原则与规范、法律。人工智能应用伦理包括第2章数据伦理、第3章算法伦理、第4章机器伦理、第5章机器人伦理、第6章自动驾驶汽车伦理及第7章人工智能应用伦理。

第2章的数据伦理实际上是独立于人工智能伦理的一个应用伦理分支。因为数据科学与人工智能科学是并列的学科，二者之间的交叉主要在于大数据及实际应用，所以在数据伦理部分既介绍了数据化及数据技术的发展引发的伦理问题，也介绍了人工智能与大数据结合而产生的伦理问题，例如"大数据杀熟"这种典型问题。数据伦理重点关注的是数据与人工智能技术应用结合而产生的伦理问题，数据的人为泄露造成隐私等侵害问题并不属于本章关注的伦理问题。

第3章算法伦理主要指深度学习等人工智能算法在实际应用中造成的伦理问题，包括偏见、歧视、控制、欺骗、不确定性、信任危机、评价滥用、认知影响等多种问题。这些都是以深度学习为代表的机器学习算法产生的比较典型的伦理问题，也是实际中已经发生的问题，因此是本章的重点内容。实际上，算法伦理的产生也主要是由于深度学习与大数据结合之后，并在各领域实际应用中取得了成效之后显现的，在深度学习算法没有流行之前，算法伦理并未受到今天这样的重视。

第4章机器伦理偏重从理论角度介绍机器伦理的概念及含义，研究机器伦理与机器人伦理、人工智能伦理及技术伦理的关系。机器伦理的核心内涵是人工智能赋予机器以越来越高的智能性之后，导致机器的属性发生了变化，由此导致人机关系的变化，例如人类是否应该关心具有智能或某种类人属性的机器，或者如何让具有一定智能的机器始终处于人类的掌控中，还有以何种方式嵌入人类的伦理规则至机器中。机器伦理是人工智能伦理的重要组成部分，实际上拓展了伦理学的研究范围(从人、自然、生态到机器)，这是伦理学领域的一个飞跃。人工智能的重要实现载体就是计算机、机器人或其他复杂的机器，它们的伦理问题也就是人工智能的伦理问题。

第5章机器人伦理可以看作是机器伦理的一部分，也可以看作是人工智能伦理的一部分，三者之间的问题通过机器人交织在一起。机器人伦理相对于机器伦理和其他人工智能伦理比较特殊之处在于，它先于人工智能伦理、机器伦理产生，因为最初的机器人伦理思想实际上来自100多年前的科幻作品。机器人可以看作是特殊的机器，它表现出某些智能性和外观类人等特点。因为机器伦理实际上是受机器人伦理的启发而来的，所以很多研究人员对二者并不进行严格区分。本章中的机器人伦理主要关注的是民用机器人尤其是服务机器人给儿童、老人等带来的情感、隐私等方面的问题，以及机器人大规模普及带来的就业等问题。国际上已经针对机器人制定了很多伦理规则和监管措施。机器人伦理与人工智能伦理交叉的重点部分就是智能机器人伦理，由此引发很多的伦理问题十分复杂也十分有趣，既有哲学理论意义，也有实际应用价值。

第 6 章自动驾驶汽车伦理也是机器伦理的延伸。自动驾驶汽车与机器人类似，都是比较特殊的智能机器。它与机器人伦理不同之处在于，因为汽车是交通工具，与人类的生命息息相关，所以自动驾驶汽车伦理更关注的是安全和责任。人最宝贵的就是生命，生命权如果在先进的自动驾驶汽车面前没有保障，那么自动驾驶技术对于人类也就毫无意义。自动驾驶汽车伦理问题归根到底属于功利主义伦理问题，在实际应用中，自动驾驶智能决策系统要面临许多两难的抉择，这也凸显了人工智能伦理或自动驾驶汽车伦理的意义。

第 7 章人工智能行业应用伦理主要选取智能医疗、智能教育、智能军事三个领域的伦理问题进行介绍。主要是虽然人工智能涉及的行业、领域众多，但是这三个领域分别涉及人们的健康、教育和生命，涉及人类本身最直接的利益。因为不同的领域表现的问题也不尽相同，所以三个行业在各自的伦理问题上有很多差异，例如智能医疗领域的智能机器人不会涉及智能军事领域的战斗机器人一样的伦理问题。智能医疗伦理关注较多的是医疗数据或人工智能系统诊疗引发的隐私问题；智能教育伦理关注较多的是人工智能技术在教育领域的应用引发的公平性等问题；智能军事伦理关注较多的是智能武器是否遵守人道主义伦理。

第 8 章人机混合智能伦理与前面的应用伦理有所区别，主要在于前面各方面的人工智能技术应用对象是各种非生命的"物"，例如机器人、汽车以及加载人工智能技术实现的系统或机器。人机混合智能伦理中涉及的智能技术直接作用于人体本身，使得人的肉体、思维与机器相融合。诸如脑机接口、可穿戴、外骨骼等技术，导致人类在体能、智能甚至道德精神等方面直接得到改变，这种改变的结果主要是提升或增强人类，由此导致的伦理问题也是伦理学领域前所未有的问题。人机混合智能伦理主要关注的是人机结合导致的人类生物属性以及"人、机、物"之间的关系的模糊化而产生的一系列新问题，涉及人的定义、存在、平等等问题。因此，人机混合智能伦理既是人工智能伦理的一部分，也是相对于其他人工智能而言新的伦理方向。

第 9 章人工智能设计伦理主要从人工智能开发者和人工智能系统两方面探讨人工智能技术开发、应用中的伦理问题。对于开发者，要在设计人工智能系统中遵循一定的标准和伦理原则。对于人工智能系统，应将人类的伦理以算法及程序的形式嵌入其中，使其在执行任务或解决问题时能够符合人类的利益，达到人类的伦理道德要求。人工智能设计伦理在根本上是要机器遵循人类的道德原则，这也是机器的终极标准或体系。本章介绍了道德推理的基本结构、情境推理模型及机器伦理价值计算方法，这些可以作为人工智能伦理设计的参考模型。

第 10 章人工智能伦理原则与规范主要对已有的国际、国内人工智能伦理原则进行了介绍，特别是人工智能开发应遵循的一般伦理原则，其中重点是人工智能责任与安全原则。这两项原则可以认为是所有原则的基础，离开了安全和责任，其他原则就缺少根据，就必然会在设计和使用过程中产生不利于人类的问题。

第 11 章人工智能全球伦理与宇宙伦理主要分两部分内容。第一部分全球伦理主要是在全球伦理基础上，将人工智能伦理问题从对人类个体、行业应用问题延伸到全球背景下的全人类面临的生存和地球整体面临的生态等问题。在全球伦理意义上，人工智能应构建人类命运共同体理念下的可持续发展观，才能确保人工智能健康发展的同时服务于人类的未来。第二部分宇宙伦理是在宇宙智能进化意义上，将人工智能看作是宇宙演化的结果。它重点关注的是当机器有了智能可能取代人类时，人类在宇宙中的位置、价值和意义。

第 12 章人工智能法律主要介绍了初步的人工智能法律问题。人工智能的法律问题整体对于法学领域都是全新的领域。人工智能法律与人工智能伦理一样，是最近几年得到关注的新领域。法律问题比伦理问题更为复杂，法律本身相对于伦理道德也更有执行效力，伦理道德无法约束的问题可以或应该由法律来解决。本章主要以自动驾驶汽车和著作权问题为代表，介绍了人工智能面临的一些实际中已经发生的法律问题。人工智能法律是需要随着实践而不断完善的。

第 13 章人工智能超现实伦理主要是相对于现实而言，将科幻影视作品中人类所幻想的具有自我意识、感情、人形外观的智能机器人等人工智能的伦理问题归属为超现实伦理问题。这类问题涉及的所谓人权、道德地位乃至法律上的人格等等都是超出人工智能技术范围的，未来是否可能出现完全未可知。虽然现阶段只能是按照一种哲学思想来理解和讨论，但是这对于现实中的人工智能伦理问题思考会有一定启发意义。

本书相对于其他同类书籍的特色在于除了一般的人工智能伦理问题，在第 8 章人机混合智能伦理、第 10 章人工智能全球与宇宙伦理、第 13 章人工智能超现实伦理中，分别介绍了更新、更复杂以及广阔的宇宙背景下的人工智能伦理。

本书是人工智能新知识体系教材的重要组成部分。人工智能新知识体系包括学科基础、技术基础、重点方向与领域、行业应用、伦理法律五方面内容。本书也是笔者主编的新知识体系教材《人工智能导论》的第十二章人工智能伦理与法律的深入展开。

由于本书重点探讨的是人工智能伦理问题，因此对于人工智能的很多知识只是概念介绍或概述性地介绍相关内容，对于初学者，关于本书中涉及的人工智能知识和技术，可以通过笔者主编的《人工智能导论》来加深理解。

本 章 小 结

本章作为全书的基础，主要介绍了伦理、伦理学、应用伦理学、科技伦理的概念及其相互关系，由此引申出人工智能伦理的概念。人工智能伦理属于应用伦理发展的一个新分支，是科技伦理发展的新方向。人工智能伦理既有科技伦理面临的共性问题，也有其特殊性。狭义的人工智能伦理问题主要是由于各种人工智能技术的应用所引发的。但广义的人工智能伦理将人类社会传统的人与人、人与社会之间的伦理关系拓展到人、机器、社会之间的伦理关系，这种新型人工智能伦理关系将对传统人类社会伦理道德观念造成巨大冲击和影响。人工智能伦理学需要从全新的角度来审视人、机器、社会之间的复杂的、新型的伦理关系，发展新的理论和规范，以确保人工智能的发展处于对人类有益的道路上。

习 题

1. 试论述人工智能伦理与应用伦理、科技伦理的关系。
2. 如何理解人工智能伦理的概念及含义？
3. 试论述人工智能伦理的发展历程。
4. 弱人工智能技术如何引发一些伦理问题？
5. 阐述人工智能伦理学的概念、研究内容与研究目的。

第2章　数据伦理

　　人类正处在一个各个领域逐渐实现数据化、信息化，并通过数据化、信息化迈向智能化的时代。在这样一个时代中，数据是数据化的源泉和基础，算法是智能化的手段和基础。人工智能系统需要通过计算机技术来实现，计算机技术的实现方式主要是各种解决问题的算法及依托算法编制的程序。数据和算法都需要科学家、工程师、程序员等各种专业人员来处理和设计，其中隐含着人类本身的利益取向或价值观。数据是人工智能技术处理的主要对象，算法是实现人工智能系统的主要手段。本章主要学习数据伦理的含义及其被采集、存储、使用时出现的伦理问题。人们在期望数据化引领人类社会向更美好的阶段进发的同时，也要注意控制其中的负面因素。

2.1　数据、信息与大数据

1. 数据的定义

　　20 世纪 40 年代，信息论创始人克劳德·香农与图灵提出将数据编码于"数字原子"中，也就是今天所说的"比特"（数字信息最基本的单位），由此开启数据数字化的信息时代。20 世纪 60 年代，半导体技术被大规模用于计算机以及计算和储存数据，推动了数据规模爆炸式增长，引发了数字革命。20 世纪 70 年代，"数据"一词被关注的程度超越了"信息"一词。20 世纪 90 年代，数字革命彻底改变了信息在社会和经济中扮演的角色。它让信息获取前所未有地简单，人类使用信息并从中获益的难度大大降低，数据日益成为重要的生产要素。

一般而言，数据是描述事物的符号记录，进一步说，数据是关于事件的一组离散且客观的事实描述，是构成信息和知识的原始材·料。数据主要有两类：一类是数值数据，如 1、2、3 等有"量"的概念；另一类是非数值数据，如各种字母、符号等。无论哪一类数据，在计算机中都是用二进制 0 和 1 两个数字表示的。

数据是计算机处理的原始材料，图形、声音、文字、数值、字符和符号等都可以作为计算机处理的材料或对象。数据代表着对某一件事物的描述，通过记录、分析、重组数据，实现对人们的工作进行指导。计算机通过算法帮助人们分析、处理不同类型的数据，使得计算机显示出一定的智能性。

2. 大数据的定义

近些年，随着移动互联网、移动通信等网络技术和平台的快速发展，以及平板电脑、智能手机等移动设备的快速普及，加上监控与传感技术、身体与生物信息采集设备的大规模推广使用，数据记录日益细微和精确，数据生成平台日益多样化、规模化和海量化，从个人到组织机构的行为都会生产海量数据。过去，机构通过调查、取样的方法获取数据，而现在，普通用户也可以通过网络非常方便地获取数据。此外，用户在网络上的分享、点击、浏览都可以快速地产生大量数据。传统的数据软件工具无法记录、存储、管理和分析这些海量数据，这就要求存储容量和处理技术日渐强大，才能够处理传统数据工具无法存储和分析的海量数据，也就是"大数据"。大数据概念在 20 世纪 90 年代被提出，大数据被定义为"代表着人类认知过程的进步，数据集的规模是无法在可容忍的时间内用目前的技术、方法和理论去获取、管理、处理的数据"。大数据之大不仅在于它的规模，更在于挖掘其中隐含的知识、规律、现象，进而使其成为一种具备价值属性的社会资源。尽管人们对"大数据"有不同的理解，但它主要作为一种社会技术集合，将技术与一个过程相结合。技术主要是指硬件和软件构成的信息处理系统在很短的时间内筛选和分类大量数据；过程就是应用算法处理大量数据以找到该数据中的模式和相关性，并将这种模式和相关性应用于新数据。大数据的优势在于其可以识别人类认知无法感知或检测出的模式和相关性，将海量数据转换为特定的数据密集型的知识形式，从而创建新的知识生产模式。

大数据在医疗、制造、娱乐、媒体、物联网、车联网等领域具有重要应用，也正是在大数据技术的支持下，许多传统行业有了新的突破，新兴行业更是将大数据作为一种战略性资源看待。大数据已经成为跟电力、石油一样重要的资源。大数据不仅对科技进步和社会发展具有重要意义，而且也支撑着人工智能的发展，是目前人工智能基础性技术之一。一般认为，大数据具备如下四个特征。

1) 数据规模大

数据量大是大数据的基本属性，大数据的数据级别已从 TB 级别(TB 是一个计算机存储容量的单位，它等于 2 的 40 次方，或者接近一万亿个字节)跃升到 PB 级别(PB 等于 2 的 50 次方个字节，或者在数值上大约等于 1000 个 TB)。随着技术的进步，这个数值还会不断变化。

2) 数据种类多

除了传统的销售、库存等数据外，现在企业所采集和分析的数据还包括像网站日志数据、呼叫中心通话记录以及各种社交软件、媒体中的文本数据，智能手机中内置的全球定位系统所产生的位置信息以及时刻生成的传感器数据等。数据类型不仅包括传统的关系数据类型，也包括未加工的、半结构化和非结构化的信息，例如以网页、文档、电子邮件、视频、音频等形式存在的数据。

3) 处理速度快

数据产生和更新的频率也是衡量大数据的一个重要特征。例如，全国用户每天产生和更新的微博、微信和股票信息等数据，随时都在传输，这就要求处理数据的速度必须要快。

4) 数据价值密度低

数据量在呈现几何级数增长的同时，这些海量数据背后隐藏的有用信息却没有呈现出相应比例的增长，反而是获取有用信息的难度不断加大。例如，现在很多地方安装的监控使得相关部门可以获得连续的监控视频信息，虽然这些视频信息产生了大量数据，但是其中有用的数据可能比较少。

3. 数据伦理的定义

数据伦理主要是指数据尤其是大数据在社会生产、生活中日益广泛使用引发的伦理问题。因为数据是人工智能算法主要的处理、分析对象，所以数据、大数据引发的伦理问题也是人工智能伦理的一部分内容。

需要说明的是，因为关于数据和大数据的研究在近十年已经逐渐发展成为一门相对独立的新兴科学即数据科学，所以数据伦理有其本身内在的问题和机制，并不完全从属于人工智能伦理。只有当数据或大数据成为人工智能技术的处理对象，二者结合之后形成的人工智能系统所产生的伦理问题，才成为人工智能领域的伦理问题。换句话说，由于数据存储、数据传输、数据计算或者传统的数据分析、数据处理及数据应用带来的伦理问题，并不涉及人工智能技术或算法，都属于数据领域的伦理问题。例如，某网站存储了大量人脸图片，由于操作不当导致图片流传到网络，造成个人隐私泄露，这属于人脸图像本身因为被泄露导致的涉及个人隐私的数据问题。如果该网站将这些图片通过人脸识别技术进行了识别分析，并将分析结果用于商业活动而导致个人隐私受到侵犯，那么这样的问题就属于大数据与人脸识别这种人工智能技术结合应用所导致的人工智能伦理问题。

2.2　大数据技术面临的主要伦理问题

随着大数据技术的日益强大，大量的数据更容易被获取、存储、挖掘和处理。大数据信息价值的成功开发在很大程度上依赖于大数据的收集和存储，而数据收集和存储取决于数据的开放性、共享性和可获取性。在大数据信息价值开发实践中，各种技术力量的渗透和利益的驱使，容易引发一些伦理问题，主要体现在以下几方面。

2.2.1　个人数据收集侵犯隐私权

隐私是指私人生活安宁不受他人非法干扰，私人秘密信息不受他人非法搜集、刺探和公开等。通常认为，关于个人数据信息的收集和存储应当尊重个人隐私。隐私权又称宁居权、私生活秘密权等，指的是公民的个人、家庭、宅地等私密信息依法受到保护，不受非法损害的权利。隐私自由不仅是个人重要的权利，更是伦理道德上重要的范畴；保护隐私权不仅是法律规定，也是基本的道德底线。

随着互联网、大数据和人工智能技术的日益强大，以及各行各业的利益驱使，个人隐私权相较于传统社会更容易被侵犯。随着互联网等企业不断通过各种手段收集个人数据以及各类数据采集设施的广泛使用，意味着企业或系统可以掌握大量的个人信息。

这些数据如果使用得当，可以提升人类的生活质量，但如果出于商业目的非法使用某些私人信息，就会造成隐私侵犯。

2018 年 3 月，脸书公司卷入数据滥用丑闻。一家名为"剑桥分析"的英国公司被曝以不正当方式获取了 8700 万脸书用户数据，并利用数据分析结果精准推送广告，影响了 2016 年美国总统选举，由此引爆了社会对数据泄露、不正当利用、滥用等问题的担忧。这些问题已是现今互联网用户普遍面临的问题，很多应用软件会过度收集非必需的用户数据，冗长的"用户须知"或"使用协议"诱导用户授权厂商过度使用甚至出售用户数据，用户的性别、年龄、地点、兴趣爱好、浏览行为、个人移动轨迹、手机型号、网络状况等信息都是平台常规收集的内容。不仅平台自身记录用户行为数据，而且大部分电子商务平台都可以通过第三方数据结合用户历史行为进行数据挖掘，这无疑可能会导致系统过度收集用户个人数据。此外，许多不法企业利用手机 APP、路由器自动搜集用户个人隐私，包括购物消费习惯、个人阅读爱好兴趣等等。这些技术的使用者不仅可以高效搜集用户数据，还可以在用户完全不知情的情况下跟踪和识别用户，用户也因此失去对自身信息的掌控力，处于"人为刀俎、我为鱼肉"的被动境地。

不仅是企业，政府也会对大数据感兴趣。据国外权威媒体报道，2010 年美国国家安全局每天窃取的各类通信记录多达 17 亿条次，监视美国及他国公民的通信交流记录有20 万亿次，其中涉及收集通话人、邮件人和电汇人等的具体信息。由此可以看到，不管企业行为还是政府行为，其都在不同程度上涉及个人隐私侵权问题。

现代社会中，对个人的数据收集，不仅涉及人们主动在电商或新媒体平台生产或提供的数据，也涉及很多人们被动提供的数据。如图 2.1 所示，随着数据采集工具向各类传感器、可穿戴设备拓展，它们对于人的数据的采集进入深层，人的现实行为数据、生理数据等成为收集对象。对人的数据的广泛采集表面上看给生活带来了一些新的便利，例如，人脸识别加快了人们支付、安全审核等的速度；智能家居系统不仅能通过指纹、心跳等生理特征来辨别身份，还能根据不同人的行为喜好自动调节灯光、室内温度和播放音乐；甚至能通过睡眠时间、锻炼情况、饮食习惯以及体征变化等来判断身体是否健康。在可穿戴技术的推动下，量化自我运动的实践者运用智能手环等各种可穿戴设备，对自我的健康状态和运动情况进行量化评价与管理，并在社交软件上展示。这些设备使得人类生活更加便利、健康的同时，在一定程度上也是人屈从于机器的一种表现。上述通过各种形式收集的个人数据以及个人被动提交的生理数据，都可能会被主动或被动泄露出去，从而对个人的隐私产生严重影响。

图 2.1　可穿戴设备采集个人数据

大量研究发现，全球用户中普遍存在着一种矛盾现象，学者们称之为"隐私悖论"，它描述的是虽然大多数人表示在意自己的隐私，但常常在免费或很小的经济补偿情况下，主动分享自己的个人信息。人们对隐私基本权利的重视，和他们实际行为中的"毫不在意"之间存在显著矛盾。这种现象并非孤例，存在于不同的国家和文化环境中。虽然这些小恩小惠后面往往隐藏着巨大风险，但是个人可能对这些风险毫无知觉，即使他们能意识到风险，很多时候也无法与数据的收集机构相抗衡。这就产生了"谁应该拥有这些人的数据，可以怎样分享，以及如何保护数据免遭盗用"等一系列问题。

因此，作为人工智能"燃料"的大数据，需要特别注意信息来源以及隐私是否被破坏，需要针对这些威胁开发防护和预防技术。虽然这个问题的解决方案本身可能与人工智能系统操作无关，但其经营者有责任确保数据隐私得到保护。更重要的是，应该通过专门的法律来保护搜集个人数据方面的隐私。

2.2.2　信息价值开发侵犯隐私权

大数据信息价值开发的一个核心任务是通过强大的算法对涉及人或事物的大数据进行处理、分析，由此预测与人或事物的未来可能行为或状态。例如，某些机票代理网站利用机票销售数据来预测未来的机票价格趋势。

大数据信息价值开发要实现相对准确的预测，需要依赖大规模的原始数据，这就意味着需要从尽可能多的事物中获取信息，甚至是从一些极其平常的事物或状态中获取信息，如不同人的坐姿、不同人的声音、婴儿生命体征、搜索关键词、飞机引擎的震动等，通过量化方法把这些信息转化为数据，并且对这类数据进行挖掘，从而开发出更多的有创新性价值的产品或建议。例如，根据人们的坐姿和体重的数据，设计者在汽车座椅上安装智能防盗系统；通过采集大量有差异的声音数据，开发商能够逐步改进语言识别系统。

同时，在数据信息价值开发和应用的过程中，很多情形可能造成侵犯个人隐私权的问题。例如，绝大部分人都拥有的智能手机上的很多应用软件，在安装时就获取了用户位置、相机、麦克风等诸多权限(目前已有法律对此类软件进行严格限制)，而关闭权限往往不再能够使用这些应用软件。结果是个人的诸多信息和上网浏览、搜索的行为，都会被记录并打包成数据库文件，最终变成商家向用户营销的基础依据。商家在进行推送之前，不仅知道用户所在的地域、性别、消费习惯，甚至还能知道用户使用了哪些应用软件以及使用它们各自的时长等。例如，国外某商场通过分析客户购物行为的数据，对某特定客户进行个性化的定向推销，这导致一位父亲抗议商场给她只有十几岁的女儿推荐孕婴用品。因此，对大数据信息价值开发的滥用也很容易使个人隐私权受到侵犯。

2.2.3　价格歧视与"大数据杀熟"

在电子商务领域，各种电商平台通过大数据技术把消费者的身份标志和人群标签进行匹配，然后电商会根据标签把人群进行分类制作成"人群包"，每个"人群包"里是上万名具有相同标签的人，之后电商会把这些"人群包"推送给后台和商家，不同的商家选择对应的"人群包"进行商品推荐或广告投放，实现所谓"千人千面"。"千人千面"的出现，缩短了用户的购物链路，实现了卖家精准营销提高客单转化的目的。电商还可以据此进行差异化定价，理论上，卖家掌握的消费者信息越多，就越有能力向消费者收取差异化的价格，经济学术语称之为价格歧视。通过综合已有的信息和有针对性的交互，平台可以更精确地预测用户可以承受的价格，了解用户的价格接受程度与敏感度，给出消费者最能够接受的价格。差异化定价在商业市场是广泛存在的，但是近些年出现一种越来越被社会关注和担心的现象，就是应用大数据技术时，对完全相同的产品和服务，只是因为用户身份的不同，就收取不同的价格，这就是所谓的"大数据杀熟"，也是一种价格歧视。

利用大数据技术，电商平台上的价格不再只根据往常的透明标准进行定价，而是根据每个用户个人情况进行定价，商家通过用户画像了解用户是否对价格敏感以及用户可能接受的最高价格，并且商家还利用了用户的忠诚度以强制溢价的方式进行了价格歧视，最终导致用户在不知情的情况下，支付了比普通用户更高的价格。经常使用某家网站购物的老客户不仅没有得到实惠，反而买到更贵的东西。各国都存在大数据杀熟的个案，引发了社会讨论以及治理机构的关注和干预。在我国，2017 年 12 月 29 日的一条微博使国内用户开始发觉"大数据杀熟"现象的存在，该条微博指出某预订机票酒店的旅行平台和某网约车平台会根据用户的消费习惯进行选择性定价，尤其是老用户会被制定比其他一般用户更高的价格。随后人们在各大平台上发现，使用两台不同的手机，即使是在同一时间、同一地点打开同一平台的内容，两个不同的用户就会看到不同的价格，使用 iPhone 手机的用户比使用 Android 手机的用户需要支付的价格更高，"同房不同价""同路程不同价"的情况经常出现。有研究团队发布的"手机打车软件打车"调研报告显示，在不同的城市，苹果机主更容易被专车、优享这类更贵车型接单，如果不是苹果手机，则手机越贵，越容易被更贵车型接单。调研当中还发现实际车费比预估费要高，而这样的情况占比高达 80%。

虽然"大数据杀熟"事件屡有发生，但是鲜有证据能够表明，这已经成为任何一个国家的主要趋势。有专家研究发现，电商平台对消费者披露而不是隐瞒进行价格歧视的信息，会有助于建立信任，长期来讲对平台是最优策略。所以，大数据对于消费者而言具有双重作用，需要生产者遵守法律和伦理，保护消费者利益，消费者也需要树立隐私保护的习惯和意识，在非必要情况下，不要随便泄露个人数据给平台或商家。

2.3 数据伦理问题的应对

1. 知情同意

知情同意指用户对自己的数据信息和数据采集方对数据的使用和可能的后果明了和认可，这是从医学伦理引申过来的一个原则。知情同意原则要求数据采集者在开始收集数据之前，首先需要向个人申明，他们将收集哪些数据，收集的数据有什么用途；然后在征得个人的同意之后，方可以展开数据采集工作。数据的收集和使用需征得用户的知情同意，并实行最少原则或必要原则，用户有权知晓个人数据的收集范围和用途。

收集的大量的数据除了有首要的开发价值之外，还有很多其他潜在的可开发价值。虽然个人数据有很多尚未挖掘的潜在价值，但数据采集公司应该告知其潜在的可能，在开始收集数据之前，就要求个人或用户同意这些数据将会产生的所有可能价值。此外，还可以通过对收集的数据进行技术上的处理来保护个人权利。

总之，数据采集方和使用方都应贯彻知情同意原则，而用户也应该提高个人防范意识，发挥知情同意的作用，将自己可能受到的伤害风险降低到最低程度。

2. 数据能力

在大数据时代，数据成为一种新资源，从数据中挖掘出所需要的有用信息的能力成了一种新能力。因为这个时代刚刚开始，许多人还不知道数据的重要性，所以对数据不重视。更为关键的是，大数据的海量性淹没了数据的价值，个人或企业要具备从海量数据中挖掘其潜在价值的能力。例如，许多互联网巨头公司不但垄断了海量的数据，更为重要的是，它们具备了从这些数据中挖掘有用的信息使其产生价值的能力。因此，这类新型高科技公司可以迅速崛起，而更多的传统企业将会消失。再如，近些年出现的新型网络诈骗就是因为诈骗者率先掌握了大数据及其挖掘技术，他们视被诈骗对象几乎"完全透明"，而普通人却既没有数据资源，更没有数据挖掘能力，于是人们不能从数据中发现骗子或者跟踪骗子。因此，个人必须培养一种从数据中发现有用信息的能力，可将其称为数据能力。在大数据时代，如果不培养和提高个人的数据能力，就会像不识字的文盲一样成为"数盲"。

3. 数据权利保护

随着人类社会的数据化，人的权利也发生了变化，当代人权不仅包括人的基本权利，还包括数据权利。基本权利包括传统意义上的人格权、自由权和财产权等，数据权利包括大数据广泛应用所产生的隐私权、知情同意权、删除权、被遗忘权、数据携带权等，也可以看作是人的基本权利的数据化。

个人数据权利的重要性不言而喻。在智能社会中，不论人们主动与否，大家都是数据的贡献者，一切数据都被记录，一切行为都被分析。因此，在理解了人工智能算法正在用人们的行为数据定义人们这一事实的情况下，每个人都应该更加主动地参与到此过程中，使主体的能动性影响到数据分析或数据画像的过程与结果，通过必要的反馈与修正机制的构建取得对自身数据权利的主导权。

同时也要看到，这些权利都存在一定的限制。以对数据画像的异议权为例，只有当对用户进行画像等决策对用户产生法律或者其他重大影响时，用户才有权反对。因此，单靠个人自身维护自身的数据权利是有限的，在法律和伦理建设层面，国家和政府都必须对公民的数据权利进行全面的保护。

2.4　面对大数据的积极伦理观

面对大数据及其透明世界，不同的伦理观将做出不同的评价，并提出不同的应对之策。消极伦理观从批判、规制的立场看事物，认为大数据及其透明世界将给人类带来诸多的伦理危机，必须限制大数据的随意使用，让其符合传统伦理规范。消极伦理观的意义在于提醒人们对待大数据、人工智能等带来的问题要保持警惕，做好防范。前面讨论的数据伦理基本都属于从传统伦理立场出发的消极伦理观，而积极伦理观就是侧重于事物积极的方面，研究事物的积极作用，关注人类的健康幸福与和谐发展。积极伦理观在考虑大数据可能带来的伦理问题时，更关注它可能给人类带来新的机遇。

1. 大数据可能带来人性的真诚回归

大数据技术通过智能感知能够将"面具"背后的人类思想、情感、意志等变成连续的海量数据，通过数据的挖掘、分析和辨识，人们可以把隐藏在内心深处的思想、情感和意志变成容易识别与认知的数据。对这些数据轨迹进行分析，就能完整、全面地揭示出人们真实的想法。因此，在大数据面前，人们不仅无法继续伪装自己，而且可以回归真诚，更加轻松地生活。

2. 大数据可能给人们增加新的安全感

大数据时代的各种事物都能够数据化，所有人的行为皆会留下数据轨迹，世界因此变得完全透明。与此同时，犯罪分子的一举一动也被彻底透明化，在执法监管部门的监视下，他们的一切犯罪企图都会在实施之前就暴露无遗，在实施之后会留下永远抹不去的数据轨迹。因此,积极伦理观认为大数据就像天罗地网,它让企图犯罪者不再有犯罪的机会,让人们获得更多的安全感。

3. 大数据可能给人们增加平等权

平等是人类社会的终极追求目标之一。大数据让整个世界透明化,于是人们的一切行为和信息都被彻底记录甚至公开,任何不平等现象都可能被全社会的人发现,任何不平等行为或贪腐行为都可能被人们从大数据中挖掘出来,甚至成为舆论风暴。因此,任何人都很难不平等地占有其他成员的财富或其他社会资源。特权、不平等被置于大数据技术监督之中,人与人之间会逐渐走向平等。

4. 大数据可能给人们带来新的自由权

积极伦理观认为,大数据与自由并不一定是对立的,它们完全可以实现对立的统一。自由存在的前提是一定的约束。智能时代,人工智能系统更可能保护每个人的权益彼此不侵犯,这正是自由的体现。此外,在大数据的监督下,每个人都会更加检点自己的行为,并在不侵犯他人的前提下最大限度地发挥每个人的自由。因此,积极伦理观认为,大数据时代约束条件下的自由更加符合自由的本意,每个人都在大数据的监视下获得一种新型自由,而且这种自由才是彼此互不伤害的真正自由。因此,积极伦理观认为大数据及其透明世界在带来约束的同时,也带来了人类新型的自由权。

5. 大数据可能更加凸显个人的存在感

在大数据时代,一切事件都会留下数据轨迹,都会被数据化并存储于云端。人们的一言一行、一点一滴都会在不知不觉中被转化为数据并永久保留。在大数据时代,每个人时刻都在自动生产数据,人们的语音、图像、视频、上网轨迹、位置信息、社交信息等都被永久地保留成为历史。大数据让每个人都可以拥有自己的历史记录,凸显出每个人的存在,真正体现了马克思主义唯物史观中对人民群众地位的强调,从技术上实现了马克思主义群众观的崇高理想。

2.5 人本主义数据伦理

2.5.1 数据化与数据主义

1. 数字化与数据化

"数据化"是被誉为"大数据商业应用第一人"的维克托·迈尔-舍恩伯格(Victor Mayer-Schoenberger)等人于 2013 年提出的概念。"数据化"是指一种把现象转变为可制表分析的量化形式的过程。而数字化是指将许多复杂的、难以估计的信息或模拟数据，通过一定的方式变成计算机能处理的 0 和 1 的二进制码，形成计算机可以处理的数据。如果说信息化是物理世界的思维模式，那么数字化就是通过移动互联网、物联网、区块链、增强现实(AR)等这样的数字化工具来实现更宽更广的数字化世界。数字化带来了数据化，数据化最直观的表达就是各式各样的报表和报告。数据化是将数字化的信息进行条理化，通过智能分析、多维分析、查询回溯，为企业、政府及社会决策提供有力的数据支撑。如果说信息化和数字化更偏向于系统性概念，那么数据化则更多的是涉及了执行层的概念。数据化以数据分析为切入点，通过数据发现问题、分析问题、解决问题，打破传统的经验驱动决策的方式，实现科学决策。数据化将以前不可见的过程或活动转换成计算机化的数据，使之可以被操控、跟踪、分析和处理，从而为新价值的产生奠定基础。

2. 数据化对社会的影响

人类的社会行为和社会活动的数据化，即将人类的社会行为和社会活动转换成在线量化的数据，从而能够对它进行实时跟踪和预测分析，并通过数据挖掘和处理，创造新的价值，进而形成一种大数据驱动的社会智能，或者称为"社会数据智能"。建立在社会数据智能之上的社会正在走向所谓"解析社会"，也就是通过社会数据智能可以清晰地看到整个社会和组织是怎样发展的。社会数据智能还能够通过数据的自动化、智能化来全面分析个人的行为。

数据化突破自然世界的边界，深入人类社会领域，一切人类行为和社会活动都可以数据化，人类的生存空间、自然空间和数据空间相融合，构成了可计算的"数据世界"。当前流行的"元宇宙"正是数据世界的一个特殊形式。

现实社会的发展状态通过数据化映射、存储到数据世界中，并被各种数据技术所分析。数据世界中不仅包括数据化的个人特征，更主要是人与人、人与组织、组织与组织等各种对象相互之间的关系特征，这些关系和特征相互交织、相互作用，以前所未有的形式展示人类社会发展的各种状态，人类得以从全新的角度看待自身参与其中的各种社会现象。

3. 数据化对个人的影响

随着社会的数据化发展，个人的情感、情绪、习性、喜好、性格、行为、地理位置和社会关系，甚至身体状况的每一点变化都成为可被记录、存储和挖掘开发的数据。社会数据智能通过对各种生命和行为大数据的精确采集、建模与分析，使每个个体都可以在个人层面上得到刻画和定义，个体由此投射为一种"数据画像""数字身体""虚拟身体"或"数据孪生体"，将使得各种数据集与"数据身体"成为人的"第二身体"。

例如，现在流行的元宇宙，每个人都会有一个"虚拟化身"。个人数据化既是在生命意义上的，也是在社会意义上的，如图 2.2 所示的是对个人的各种生理、生活、消费习惯的数据记录。社会数据智能通过不特定目标收集、存储和处理不确定数量群体的信息，不再直接针对个体进行因果推断，而是在群组、集合与类型意义上统计其相关性，也就是一种对个体的解析。不管是主动还是被动，每个人都是数据的贡献者，每个人也都是被解析对象，解析社会实际上也是解析个人。个人成为各种类型化标签的数据点，算法决策不需要与有血有肉的个人对接，而主要基于个人的各种数字轨迹，人类个体由此成为算法解析的对象。例如，在网络购物中，购物网站常常会利用平台记录和统计客户的日常行为，如客户的搜索记录、购物记录、发布的信息等。电商的算法系统对这些信息进行量化，并分析客户的搜索、浏览和购买等行为产生的数据，获知客户购物的种类、价格等偏好，就能据此高效、精准地向客户推送经过筛选的信息。

图 2.2　个人的数据记录

个人的数据化意味着个人的"数据身体"既是透明的又必然是共享的，数据化对个人的解析，实际上是人类所产生的各种数据被当作事件与过程加以分析和调控。因为各种数据都可以从不同侧面反映人的人格与行为特征，所以社会数据智能系统可以通过对人的行为的评价来调节人类自身的行为。例如，在信贷、保险等行业已经开始使用行业之外的大数据评价客户；国外一些法院已经在使用一些特定的算法预测犯人再次犯罪的概率，并据此决定其是否可以假释。然而，实行这些解析和评价的数据模型和智能算法一旦出现偏差，不仅很难加以纠正，而且可能被视为一种合理的结论，使偏差持续强化而造成恶性循环，甚至会通过数据的跨领域运用导致附加伤害。

2.5.2　数据主义的弊端

数据化对社会的影响全面而深远，数据成了一种新的资源，对新资源的推崇赋予数据和算法以权力与权威，从而内化为一种意识形态植根于社会之中。作为一种技术工具，数据化可以用来分析自然世界和人类社会，可是它不再只是一种单纯的技术工具，它开始促成系统化的世界观、价值观和方法论，并全方位地影响人们对世界的认识和把握。如果人们要对这样的"数据世界"或"元宇宙"进行理性的分析，就必须要创造出一套稳健、可控、内容丰富且属于它自己的思想理念或哲学观。可以说，数据主义就是大数据、数据化和普适计算的一种哲学表达，是社会数据化产生的一种哲学或理念。数据主义的基本主张是数据流最大化以及信息自由是至善。首先，数据主义要求一切都应数据化，人类行为和社会活动都应成为数据流，并保证数据流的最大化，任何现象或实体的价值都在于其对数据处理的贡献。其次，数据主义信奉信息自由是最大的"善"或者"至善"。简言之，数据主义主张数据至上，一切都应成为数据，一切都要交由算法来处理，所有妨碍万事万物数据化和数据自由流通的行为都是不道德的。

数据主义主张将科学的还原论方法扩展至人类行为和社会生活的所有方面。数据主义将生物体还原为生化算法，认为越来越复杂的电子算法将层出不穷，电子算法不仅可以解开生化算法之谜，而且终有一天能够超越生化算法。数据主义信奉电子算法，推崇算法黑箱，其实质是"数本主义"。与"数本主义"相对的"人本主义"则重视人的价值，维护人的尊严。

在数据主义看来，对于人类个体而言，人生的价值就在于数据的价值，数据的价值在于分享，而不在于单纯拥有体验，体验不分享就没有价值，不能转化为数据或转化的数据没有分享的人生是毫无价值的。事实上，在社会数据化或者大数据时代，数据主义的伦理观对于社会和个人都存在很大的隐患。

数据主义推崇数据和算法至上，人的价值应让位于数据的价值，强调"以人为本"

让位于"以数据为本",直接将人的社会地位进行了降级。

数据主义主张"信息自由是至善",主张应赋予信息以自由,要把一切连接到系统,认为只有保证信息流通自由和数据流最大化,才能创造更美好的世界,否则就违背了数据主义"信息自由是至善"和"数据流最大化"的原则。然而,数据主义的这种主张意味着信息自由凌驾于人的权利之上,意味着信息自由高于人的自由。

数据主义挑战了人本主义和自由主义,使人本主义和自由主义的许多理念遭到破坏,包括个人自由、人权、尊严等等。如果数据主义不受限制地发展下去,则可能出现"数据寡头"或"数据机器",压抑人类个体的自由发展空间。这样的数据化实际上与人类的基本生存权、发展权相违背,不符合人类的根本利益。

2.5.3　人本主义数据伦理观

人本主义数据伦理观主张"以人为本",提倡以人的权利为本,反对以数据权力为本。人本主义数据伦理观认为数据自由和数据权利的主体是人而非数据,呼吁从数本主义回归到人本主义,维护人的尊严,尊重人的权利。人本主义数据伦理观主张尊重人的自由,提倡"以人的自由"为中心,反对"以数据的自由"为中心。虽然人本主义数据伦理强调尊重用户的数据权和隐私权,但是它并不一味地反对数据共享。相反,它支持数据共享,它反对的是无序无度的数据共享,反对的是不顾个人权利的数据共享。

数据主义主张数据和算法至上,赞同"算法黑箱"的使用。算法黑箱让人无从知晓算法是如何运行的,是如何收集和使用个人数据的,个人也无法得知数据是被合理共享还是被滥用了。人本主义数据伦理则主张算法应具有透明性,反对算法黑箱。

人本主义数据伦理有助于消除数据主义对数据自由和电子算法的崇拜,重新确立人在大数据时代的主体地位,尊重人的基本权利和数据权利,建构人与技术、人与数据的自由关系,维护人类尊严,增进人类福祉。

数据主义"信息自由是至善"的观念,把人的作用局限在为数据产生和流动的服务之中,无视人的自由意志和个体间的差异性,使人成为被技术奴役的对象。人类要摆脱数据机器的控制,就需要提倡人本主义数据伦理。

本 章 小 结

本章介绍了数据与大数据涉及的伦理问题,介绍了数据和大数据产生的伦理问题原因,并给出了应对数据与大数据伦理问题的对策和措施。从消极主义伦理和积极主义伦理两方面来看待数据及大数据伦理问题。发展人工智能技术不应以牺牲个人数据隐私利益为代价，在智能年代，只有为用户提供充分的个人数据隐私保护并健全保障数据安全的措施，才能建立并增强公众对大数据和人工智能技术的信任。在伦理层面，保护个人数据隐私是对个人人格和尊严的尊重。

习　　题

1. 查阅有关资料，试分析数据化对个人和社会的解析性影响。

2. 查阅有关资料，分别说明数据主义、人本主义、自由主义各自含义对个人权利的影响。

3. 大数据伦理主要问题有哪些？产生的原因是什么？

4. 个人如何应对数据被不当使用而产生的负面伦理问题？

5. 查阅有关资料，分析隐私权对个人的重要意义，以及大数据时代下，数据隐私权应该如何得到有效保护？

第 3 章 算 法 伦 理

 本章学习要点：

(1) 学习和理解算法伦理含义及产生原因。
(2) 理解算法伦理的主要问题。
(3) 理解深度学习与大数据结合应用产生的伦理问题的根源。

> 在学习数据伦理问题基础上，算法伦理是对数据伦理问题的进一步深化。数据伦理与算法伦理因人工智能技术而交织在一起。数据伦理问题主要是由于大数据技术应用而产生的，算法伦理问题则是人工智能算法与大数据结合之后而产生的，尤其是深度学习算法与大数据结合并大规模应用而产生的。算法伦理问题主要涉及算法不透明(黑箱)、算法模型及算法决策等方面的问题。本章在学习和理解算法伦理的含义及算法应用引发的伦理问题的基础上，更要注意理解算法伦理背后的本质问题，即功利主义的人类价值观在算法中以何种方式体现的问题，也就说是，算法智能本身并不具有自主性，本身也不会有伦理道德观念，人类如何使用算法分析大数据才是算法伦理问题的根源。

3.1 计 算 与 算 法

1. 计算的概念

"计算"是一个基本的数学概念。虽然人类很早就学会了加、减、乘、除等的运算，但是实际上在 20 世纪 30 年代以前，还没有人能真正说清楚计算的本质是什么。从 20

世纪 30 年代开始，由于哥德尔、丘奇和图灵等先驱的工作，人们终于对计算的本质有了清楚的理解，由此形成了一个专门的数学分支：递归论和可计算性理论，并因此导致计算机科学的诞生。简单地说，计算就是符号串的变换。从一个习惯性向右的符号串开始，按照一定的规则，一步一步地改变符号串，经过有限步骤，最后得到一个满足预先规定的符号串，这种变换过程就是计算。例如，从 1+1 变换成 2，就是一个加法计算；数学定理证明、计算机文字翻译等也都是计算，因为它们都是一种符号串变换过程。数学家们已经证明，凡是可以从某些初始符号串开始，在有限步骤内得到计算结果的函数都是一般递归函数，或者说凡是可计算的函数都是一般递归函数。

2. 算法的概念

"算法"是与计算紧密联系的一个概念。算法是求解某类问题的通用法则或方法，即符号串变换的规则。通俗地说，算法可以看作是用计算机程序实现的基于数据分析和面向特定目标的一套指令或方案。计算机基本上就是算法机器，它不断地存储和读取数据，以受控方式将程序应用于数据，并将算法的运算结果作为输出。从最广泛的意义上讲，算法是通过将输入数据转换为所需输出来解决问题的编码程序。对计算机而言，算法或程序的执行和操作就是计算。

随着人工智能和大数据等技术的发展，人类的生活日益受到算法的影响。算法广泛嵌入到社会生产、生活中的各个环节，其基础是能够对数据进行程序化、自动化处理而获得知识并做出决策的智能算法。例如，电商平台针对客户的个性化推荐算法、内容推荐算法、数字内容分发算法，以及金融信贷决策算法、汽车自动驾驶算法、个人健康监测算法等等。智能算法的广泛使用在人类历史上也是前所未有的，由此带来的挑战和风险也必须引起人们的重视和思考。从个人角度来说，在享受算法带来的各种便利的同时，生活、工作是否会受到算法的钳制，也是需要注意的问题。因为人工智能各种实际应用主要依赖于各种算法，所以算法产生的伦理问题是其中的核心议题。

3.2　机器学习与深度学习

1. 机器学习

在人工智能领域，机器学习有多种定义。一般而言，机器学习是如何在经验学习中自动改善具体算法性能的人工智能分支。机器学习利用数据或以往的经验，模拟或实现人类的学习行为，以获取新的知识或技能，重新组织已有的知识结构使之不断改善计算机程序的性能。

机器学习的基本目的是使用算法来解析数据并从中学习，然后对真实世界中的事件做出决策和预测。与传统的解决特定任务的软件程序不同，机器学习中重要的方法是深度学习，它需要使用大量的数据来"训练"，通过不同的算法从数据中学习如何完成一定的任务。机器学习的本质就是将人的操作/思维过程的输入与输出记录下来，然后统计(又叫作训练)出一个模型用来对新的数据进行预测，使得这个模型对输入与输出达到同人类相似的表现，这是现代人工智能的核心理念。如图 3.1 所示的是机器学习与人类学习的类比。

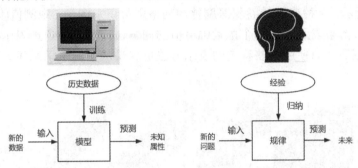

图 3.1　机器学习与人类学习思考的类比

2. 深度学习

深度学习是机器学习的一个分支，是目前人工智能领域的主流学习技术。它起源于人工智能早期的三大流派之一的人工神经网络。早期的人工神经网络主要是由模拟人脑单个生物神经元的数学模型发展而来的模型及算法，其中最有影响的称为"前向神经网络"，如图 3.2 所示。虽然这种网络可以用于简单的字体识别、图像识别和分类等方面，因而可以作为机器学习算法使用，但是其性能十分有限，不能处理大规模的数据问题。

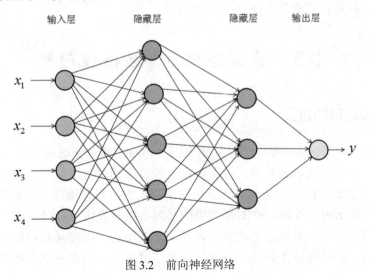

图 3.2　前向神经网络

2005 年，一种结构更为复杂、层数更多的人工神经网络被提出，这种人工神经网络也称为"深度神经网络"，深度神经网络作为一种新型机器学习方法几乎颠覆了传统机器学习领域。目前，深度学习在语音识别、图像识别、棋类博弈等多方面都取得了重大突破。深度学习本质上是机器学习中一种对数据进行压缩并表征对象或目标进而实现学习的方法。

如图 3.3 所示，一种典型的卷积深度神经网络用于识别图像，观测值(例如一幅图像)可以使用多种方式来表示，如每个像素强度值的向量，或者更抽象地表示成一系列边、特定形状的区域等。而使用某些特定的表示方法更容易从实例中学习任务。

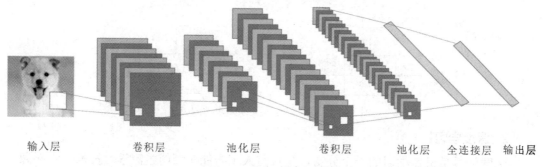

输入层　　　卷积层　　　池化层　　　卷积层　　　池化层　　全连接层　输出层

图 3.3　卷积深度神经网络

深度学习中的多种算法在人脸识别、机器翻译、语音识别等方面的应用，超越了以往任何传统的机器学习算法。虽然基于深度学习已经广泛应用于医疗、司法、金融、交通、军事等关键领域，乃至文学、艺术领域，但是深度神经网络的内部学习过程和机制目前还是黑箱问题，人类还不能完全理解。

3.3　算法伦理与算法伦理问题

3.3.1　算法伦理的含义

人类天生就具备区分事物的能力，也就是一种对事物分类的能力。对于计算机而言，区分事物最基本的方法也是分类，分类也是一种常用的机器学习算法类型，在机器学习领域也被称为"监督学习"。但是，计算机对事物分类是根据输入的各种类型的数据，由机器学习分类算法进行处理，而数据的类型需要人类事先进行标注。对数据进行标注一般是建立在常识与专业知识之上的数据划分。一般而言，不论是从自然科学还是从社会科学知识出发，对各种自然和社会事物的分类都会受到人的主观认识能力、知识水平的影响。尤其值得指出的是，尽管各种算法貌似客观，但不论是分类还是标注都会受到算法设计和数据分析的主导者的价值取向的影响，即便是所谓的"用数据说话"也往往隐含着某些人类的价值选择或意向。

目前的人工智能系统或平台多数以"深度学习+大数据+超级计算机或算力"为主要模式，需要大量的数据来训练其中的深度学习算法，数据在搜集过程中各类数据可能不均衡。在标注过程中，某一类数据可能标注较多，另一类标注较少，这样的数据被制作成训练数据集用于训练算法时，就会导致结果出现偏差，如果这些数据与个人的生物属性、社会属性等敏感数据直接关联，就会产生偏见、歧视、隐私泄露等问题。2015 年，美国谷歌公司的照片错误地将黑人的照片贴上了"大猩猩"的标签，对此谷歌表示"非常抱歉"，并将立即解决这个问题。两年多后，有媒体发现，谷歌的解决方案是审查搜索中的"大猩猩"一词，同时屏蔽"黑猩猩"和"猴子"等词汇。近期，脸书表示正在研究其使用人工智能的算法是否存在种族偏见。

除了数据需要事先标注或分类，在如图 3.4 所示的机器学习的整个过程中，没有哪个技术环节是可以完全脱离人类参与而自主进行的：数据需要经过采集、筛选、标注并以机器可以识别的方式输入；训练的初始算法需要设计者编写；模型的生成和应用更是需要工程师对其进行集成、部署和调试。可以毫不夸张地说，深度学习算法的每一环节都存在潜在的伦理风险或问题。

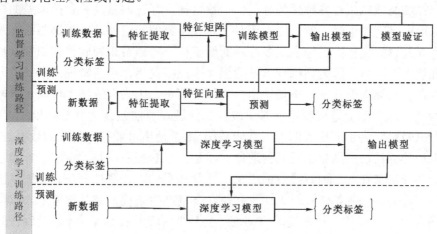

图 3.4　机器学习过程

因此，算法伦理主要指以深度学习为主的各种人工智能算法在处理大数据时产生的伦理问题。相对于数据伦理而言，算法伦理问题出现较晚，也主要是在近五年，它随着深度学习技术在大数据应用方面的显著成效以及暴露出的各种问题而受到关注。数据是算法的加工对象，一定程度上，算法伦理问题也可以看作是数据经过人工智能技术再加工而导致的，数据伦理与算法伦理由于人工智能技术的普及使用而交织在一起，因此算法伦理问题也更为复杂。从目前算法的应用情况来看，算法产生的伦理问题主要包括歧视、偏见、控制及欺骗等方面。

3.3.2　算法歧视

由于算法在各种平台的广泛应用，人们往往依赖算法做出判断或决策。例如，当人们在电商平台购物并接受算法推荐的内容和产品时，某种意义上就是借助算法做出判断或决策，也就是把对内容与产品的价值判断建立在算法评价的结果上。银行在对企业或个人发放贷款进行信用和风险评估时，可以参照数据和算法分析的结果。在医疗领域，智能影像分析系统、疾病诊断系统在帮助医生做出诊疗决策。在法律系统，人工智能系统也被用于直接参与决策或进行局部裁判，如进行再犯风险评估、嫌疑人逃脱可能性判断、合理量刑测算等。现在，很多企业在聘用员工时，也会借助算法判断应聘人员是否满足企业聘用标准，甚至有的企业利用算法淘汰业务能力较差的员工。2021 年 8 月，俄罗斯在线支付服务公司 Xsolla 使用算法解雇了 147 名员工，占到员工总数近三分之一，而理由是公司所使用的算法判断这些员工"不敬业和效率低下"。上述事实都让人们真切感受到了算法在现实生活中所发挥的作用。

但在算法高效地执行各种任务时，由于数据样本存在偏差，被存在偏差的样本训练完的算法运用到现实中时，就可能出现对于人或事物的决策偏差或错误判断，从而造成"歧视"等问题。现实中已经有很多这样的例子：一些语音识别软件在识别女性的声音时往往性能表现较差，因为训练样本可能包含了较多的男性声音特征；国外的一些面部识别软件在识别黑人面孔时，不像识别白人那样简单，因为训练样本可能包含较多的白人脸部特征。这些都会造成所谓"算法歧视"问题。算法歧视主要是指以"深度学习+大数据+超级计算"为主要模式的人工智能系统，由于使用可能存在偏颇的数据进行训练，导致训练后的算法决策结果出现歧视现象。虽然人工智能系统是无意志、非自主地代替人类执行某种决策任务，但其导致的后果可能是严重的。预测性警务、犯罪风险评估、信用评估、雇佣评估等都涉及个人切身利益，一旦产生歧视，必然危害个人权益。

2016 年 3 月，微软公司在美国 Twitter 上上线的聊天机器人 Tay 在与网民互动过程中，成为了一个集性别歧视、种族歧视等于一身的"不良少女"。类似地，美国执法机构使用的算法错误地预测，黑人被告比拥有类似犯罪记录的白人被告更有可能再次犯罪。

美国某州政府于 2016 年 10 月开始在全州范围内使用人脸识别技术，用以抓捕各类嫌疑犯及恐怖分子。该系统能够将成千上万的人的图像和数据上传到一个庞大的数据库中为政府所用，而能否保证公民的个人隐私不被侵犯值得考量。这其中也存在着巨大的风险，无数无辜的人可能会被误认为是恐怖分子，尤其是技术识别更加不精确的有色人种。

上述国外的人工智能系统在执行任务时出现的歧视，是由于其现实世界充满了各种种族主义、性别歧视和偏见，所以在算法中的现实世界数据也具有这些特征。

3.3.3 算法偏见

由算法歧视产生的后果之一就是偏见。不少研究者坚持，数字不会说谎，可以代表客观事实，甚至可以公平地为社会服务。但是，已有研究发现，建立在大数据基础之上的算法系统也会犯错并带有偏见。人工智能算法容易将人类偏好差异性地放大，这些偏好很有可能通过算法开发被扩大为"偏见"。例如，国外警方使用的一些人工智能技术已经显示了这种倾向，这些技术的用途是凸显可疑人员，方便警方在机场进行拦截。事实证明，这种技术在种族相貌上存在倾向性，因为该系统倾向于认为黑人或白人中年男子为可疑人员，这也是由于训练数据存在偏差导致算法执行结果对黑人或中年白种男人产生偏见。

国外某大型电商的人工智能雇员系统利用以前工作的员工简历进行训练后，用于评价员工素质，结果在实际操作中会给女性技术员的简历评分较低。在引发对女性的偏见争议后，这一系统被迫关闭。

一个智能金融贷款系统，如果所训练的数据都是基于财产水平和教育程度较高的某些特殊用户群体数据，那么一些急需贷款但不属于这个群体的用户会被认为没有偿还能力而被拒绝发放贷款，从而引发偏见问题。事实上，有研究表明，要以一种严谨的数学公式定义"公平"是非常困难的。防止算法偏见较好的算法是让对抗偏见的规则或对策成为人工智能系统的一部分，在系统开发初期阶段就避免偏见问题。

3.3.4 算法控制

某种程度上，现代城市生活中的人们很多的行为都受到了算法无形地影响和控制。个人的生活由于人工智能的普及而变得更便捷的同时，也被转化成他人的商机。算法管理的一个基础是人的数据化。强制人们进行各种形式的数据化，用个人数据兑换各种服务便利或权利，已经成为算法社会的一个普遍事实。算法对人的控制是全程的控制，人们的每一个活动和行为都可能成为当下算法的依据，也会累积起来影响到未来的算法计算结果。

各类平台后面运行的高效智能算法自动"断数识人"或对人进行各种标签分类，进而对相关个体或人群进行更具针对性的内容推荐、行为引导乃至控制。用户被嵌入数据生产链条，变成被算法支配、调控的客体。企业对用户的控制不仅表现为对用户的个人信息与数据的利用与控制，还表现为对他们需求与行为的控制，算法在不断挖掘用户的潜在需求，甚至诱导出他们的需求，助推消费主义倾向。2018 年 12 月，谷歌旗下的视频社交网站 YouTube 被指出向客户推送极端主义、假新闻等内容。这些算法对人们的思维意识形态形成潜移默化的影响，人类在满足消费、猎奇、社交欲望的同时，不知不觉受到算法的控制，实际上是受到算法背后的平台公司的控制。

在外部力量通过算法等强化对个体的控制的同时，人类个体自身在数据和算法的导向下，也可能会在自我传播或社会互动中强化自我审查。算法的监控也会内化为人的自我规训。一方面，算法对人的算计越准，就意味着它对人的了解越深，因此，对人的监视与控制也可能越深；另一方面，当算法对人的理解越深，对人的服务越"到位"，人们从中获得的满足也越多，而对算法的依赖、依从也会越多。当算法渗透到社会生活的各方面，人对它的依赖成为惯性，人对算法带来的囚禁也可能会越来越浑然不觉。算法一方面在促成人的某些能力的解放与扩张，另一方面又用某些方式实现着对人们的禁锢。

算法控制外卖骑手

2020 年 9 月，一篇题为《外卖骑手，困在系统里》的特稿，引起了很多人的关注。报道中提到，外卖平台有一种算法，从顾客下单的那一秒起，系统便开始根据骑手的顺路性、位置、方向决定派哪一位骑手接单，订单通常以 3 联单或 5 联单的形式派出，一个订单有取餐和送餐两个任务点，如果一位骑手背负 5 个订单、10 个任务点，系统会在 11 万条路线规划可能中完成"万单对万人的秒级求解"，规划出最优配送方案。虽然对于顾客来说，这种算法可以使他们在最短的时间里拿到外卖，但对于骑手来说，这却可能意味着不断提高的时间压力和劳动强度。

有研究者指出，送餐时间的不断缩短与算法对送餐员的规训密不可分。数字平台通过算法中介了劳动和消费的关系，通过建构高效、及时等时间话语来赢得资本市场，但同时也对外卖送餐员实行了算法管理下的时间规训和时间操控。为提高配送效率，一些外卖平台研究开发了实时智能配送系统。

"算法控制外卖骑手"的案例显示了算法控制的另一种情况，即大型平台企业利用自身掌握的数据、算法和平台优势，精准地控制员工的工作效率。借助人工智能算法，平台可以最优化地安排订单，也能给骑手规划最合理的路线。这种人工智能技术应用表面上看起来有利于高效地管理大量企业员工，不像传统企业通过人力资源或管理人员的人工监管那样效率低，还容易产生矛盾。由于算法精准控制员工的工作时间，企业所服务的对象或用户能够在更短的时间里接受企业提供的服务，企业和用户都是受益者。但是，出于平台、骑手和用户三方效率最大化的目标，人工智能算法将所有时间压缩到了极致，为了按时完成配送，骑手们只能用超速去挽回超时这件事。超速、闯红灯、逆行等外卖骑手挑战交通规则的举动是一种逆算法，是骑手们长期在系统算法的控制与规训之下做出的不得已的劳动实践，而这种逆算法的直接后果则是外卖员遭遇交通事故的数量急剧上升。同时，这也意味着，人类的很多工作将处于算法管辖和控制之下，人的地位和尊严将被算法碾压。

3.3.5　算法欺骗

现代社会中，智能算法驱动的软件功能正变得越来越强大，人们将越来越依赖并信任软件。例如，智能手机上越来越智能化的智能语音、视频、社交聊天等应用软件使得人们愿意相信并接受其提供的服务，如人们对于智能导航系统的依赖。与此同时，软件对人们的危害程度也变得更高。软件仅靠算法或者病毒就可以产生危害，而不一定具备像人一样的主观恶意，例如，利用语音识别、智能文字编辑和换脸技术，居心叵测的人可以假冒某人的身份编造假新闻、谣言，使得人们无从区分真假消息。因此，人类对它的轻信将导致一些难以预料的后果，这类技术已经引起一些国家政府监管部门的高度重视。

例如，一种被称为"深度伪造"的技术，能够利用深度学习等技术进行人脸替换、人脸重现、人脸编辑，并合成制作音视频片段，能够复刻、复现个人生物识别信息。人脸替换是指将目标人脸替换到现有图像或视频中；人脸重现是指操纵图像或视频中的人脸进行眼睛、嘴型等变化；人脸编辑涉及对皮肤、年龄、发型等方面的改变。这一技术尽管在影视、娱乐等领域存在一些合法的应用，但也暗藏着财产诈骗、人身侵害、危害公共安全甚至国家安全的风险。事实上，深度伪造及类似的合成技术的滥用已催生了一批非法交易产业，例如有卖家出售破解版换脸软件，并打包出售通过换脸软件制作的视频。

从目前的生态来看，深度伪造技术泛滥的其中一个重要原因，是它能够被低成本、低门槛地获取和运用，由此可能导致不法分子广泛获得这种技术的运用能力。

防范"深度伪造"技术的滥用，最重要的是实现有效的社会共治，其中非常重要的一环是企业在上线类似技术模块之前，及时有效地实现自我评估，通报国家有关监管机关，实现风险防治领域的公私合作。科技企业发展新技术和新业务，也要积极防范风险。此外，大众在追求新奇的同时，也要不断提高隐私、安全保护意识。

图 3.5 展示了深度伪造技术对一些人物的脸部进行控制处理，可以播放他们从未播

放的假新闻或发表从未发表过的讲话。

图 3.5   DeepFake 变脸技术

犯罪分子利用语音识别技术诈骗

    湖南省岳阳市岳阳楼公安分局联合市局网技支队曾破获了一起利用人工智能语音机器人帮助网络犯罪案，抓获犯罪嫌疑人 19 人，查获了大量作案电脑和手机，扣押涉案现金 100 余万元，冻结涉案资金 1000 余万元。该团伙利用"AI 智能语音机器人"对非法获取的大批量手机号码进行拨打，通过"AI 智能语音机器人"筛选后，将正在炒股或者有炒股意向的受害人拉入预先建立的虚假炒股微信群，进而实施诈骗。

3.3.6   算法自主性造成的不确定风险

    算法自主性是指算法在执行数据分析、决策等任务过程中，一定程度上脱离了人类的监管而自动给出结果。算法自主性问题主要有两方面，一是算法在何种意义上可以被称为自主的，二是这种自主性会产生什么样的伦理问题。针对第一个问题，有两种可能性解释：其一，只要给定初始程序或规则，算法就可以自主地把各种采集的数据按照程序自动计算出期望的结果；其二，赋予智能软件或系统以一种学习能力，使得系统能够借鉴过去经验或知识，基于数据可以做出有效预测。无论是哪种可能性解释，算法自主性都会产生一些伦理问题。迄今为止，深度学习等先进的机器学习算法对于人而言，其数据和信息处理过程是不理解的、不确定的。在围棋领域表现出远超人类水平的"阿尔法狗"系统所使用的深度学习算法对于人类而言还是个"黑箱",人类无法理解如何产生强大的驾驭围棋的能力,因而这类算法推广使用到其他领域时存在不确定性。一个更基本的问题是,人们如何判断算法的可靠性。就数据产生知识而言,人们认为算法所获得的结果主要来源于各种算法技巧,但它们都具有不确定性特征,数据的质量、算法模型的合理性等,都会影响到算法结果的质量。深度学习等算法虽然看似客观,但其实也隐藏着很多人为的主观因素,这些主观因素也会对算法的可靠性产生干扰。更重要的是,自主性算法在本质上都是模仿人类经验世界从数据中的相关性上获取结果(不确定),而并非产生一个在结果上必然如此的因果性(确定)。

既然自主性算法设计、使用和决策环节存在许多不确定性,也就意味着这类智能算法为人类提供服务时总是存在某种不确定的风险,包括可能造成生产安全隐患、财产和生命损失等等。

3.3.7　算法信任危机

算法自主性造成的不确定性容易导致人们的信任危机。具体而言,算法的信任危机包含人们由于算法不透明性而产生的不信任感和对算法分析数据后产生的知识本身的不信任感。

深度学习这种方法特别善于在大数据中获取有效的模式和表征,但缺乏合理的逻辑或因果解释,因此人们会对算法产生的结果或知识产生不信任。对于人类而言,深度学习算法功能的实现对于大部分人而言是不可理解的。如果算法产生结果或知识的过程不可理解或不可解释性导致的只是一个理论认识问题,那么在涉及人类行为时,就容易导致严重的信任危机。人们不但难以相信算法本身可以成为行动决策的依据,而且难以相信一种不透明的算法不被人为地加以利用,从而导致更多的伦理问题。

在算法透明方面,有专家认为,技术透明不等于"对算法的每一个步骤、算法的技术原理和实现细节进行解释",简单公开算法系统的源代码也不能提供有效的透明度,反倒可能威胁数据隐私或影响技术的安全应用。目前,人类理解深度学习算法的运行机制还比较困难,通过解释算法如何得到某个结果而实现算法透明,将面临较大的技术挑战,也会极大限制人工智能的应用。因此,在系统行为和决策上实现有效透明,能够在算法产生好的结果的同时,消除人们对算法的信任危机。

3.3.8　算法评价滥用

很多平台中嵌入的人工智能算法隐含着各种规则,这些规则被利用形成某种评分机制，例如一些银行信贷系统会根据个人的信用情况进行打分。算法的评分机制是把人们对规则执行的结果量化出来，这种评分机制可以帮助汇集社会主体的日常活动，形成公意并强制执行。在一定意义上，评分制强化了人们对社会规则的认识与遵守，激发了人的自我约束。基于评分的奖惩简单、直接，有时也是有效的，因此评分机制在某些时候对于社会风险控制是有价值的。但不可否认的是，它可能形成对个人隐私的侵犯以及对算法控制权的滥用。如研究者指出，评分权力可能会造成道德与社会规范发挥作用空间的压缩，权力的实施方式更加深入和动态化。社会信用监管者能够进入以往传统权力所无法企及的私人领地，将行为人的私人空间(包括心理状态、行为道德等)统统纳入社会信用系统的监管之下。2020 年某地方政府提出的"文明码"等之所以受到质疑，也在于其试图滥用管理权力，通过算法入侵道德评价这样的私人空间。

　　算法评分不仅为管理机构的监控提供了支持，也为人们之间的相互评价、监督提供了基础。算法技术的发展也可以使每个人都成为他人行为的观察者、执法者、裁判者。虽然在某些情况下，这种评分可以为人们在网络空间(包括"元宇宙"这种虚拟空间)的互动(特别是交易)提供安全评价依据，便于人们进行风险判断，但与此同时，用户间的相互评分的权力也可能被滥用，用户间的相互监控会使个体面临更大的压力。

3.3.9　算法对人的认知能力的影响

　　当前，很多电商平台持续收集用户数据，并借助推荐算法实现个性化的内容推荐，从而更好地影响用户的日常交往，并持续吸引用户的注意力。但推荐算法也可能限制用户对信息的自由选择，使用户只接触到自己喜欢或认同的内容，从而可能给用户造成自我封闭甚至对某些事物的偏见，进而影响用户的思维模式并可能扭曲用户的认知。

　　从内容或产品推荐角度看，作为中介的算法本身就是为用户提供一个过滤器，这种过滤不可避免地会在一定程度上影响人们对外部环境的认知。个性化过滤器会用两种方式打破人们在强化现有想法和获取新想法之间的认知平衡：其一，它使人们周围充满着熟悉或认可的想法，从而使视野变得狭隘，导致人们对自己过于自信；其二，限制了人们寻找问题解决方案的空间大小，从而限制了人的创新性。

　　目前的算法设计中，内容推荐算法主要是参照人们的习惯和相似人群的兴趣，也就是关注人们想要获得什么，在某种意义上也就是在顺应人们的认知心理中惰性的一面，顺应甚至可能强化人们的选择性心理。虽然从信息获取效率的角度看，这样的算法可以帮助人们以更小的成本获得与自己偏好、需求更吻合的信息，但是内容推荐算法是否只能顺从人们的惯性与意愿，是一个值得思考的问题。从用户角度看，即使算法在未来能更好地实现内容推送的多样性、个性化与公共化内容的平衡，但如果人们把对信息的选择权完全交给算法，每天都只是等着算法"投喂"的信息，也会导致他们越来越失去自主性与判断力。

社交机器人是另一种影响人的认知的算法形式。社交机器人是指在社交媒体中，由人类操控者设置的，由自动化的算法程序操控的社交媒体账号集群。在很多社交平台，社交机器人在算法的控制下自动生产着各种内容，这些内容混杂于人生产的内容中，很多时候也不能为一般用户所辨识。因此，社交平台的信息环境容易被社交机器人操控，而这种信息环境也会作用于用户。

现在，算法也被用于智能创作，包括新闻报道、音乐创作、义学艺术等领域。这些智能算法创作的内容可看作是算法建构的一种认知界面。如图 3.6 所示，深度学习算法对蒙娜丽莎的再创作给人的感觉显然不如原创更有美感和意蕴。因此，算法虽然在模拟人的创作思维，甚至有可能在某些方面打破人的思维套路，将人带到一些过去未尝涉足的认知领域，但算法本身局限性是显然的，它们只能从某些维度反映现实世界，缺乏对世界的完整性、系统性反映能力。如果人们总是通过算法创造的作品去认识和理解世界，人们认识世界的方式会越来越单调，也会失去对世界完整性的把握能力。

图 3.6 深度学习算法对蒙娜丽莎的再创作

3.4 深度学习算法的环境伦理

环境伦理根据现代科学所揭示的人与自然相互作用的规律性，以道德为手段从整体上协调人与自然的关系，是传统伦理学向自然领域的延伸。环境伦理观要求人类热爱大自然，利用科技造福人类，要求实现人与自然的协调发展。

在人类近 300 年的历史发展过程中，科技始终扮演着重要角色。近 30 年以来的高新技术发展使人类社会达到了有史以来的巅峰。但是不可否认，也正是由于这些高新科技的快速发展，资源过度消耗、环境破坏、生态污染等全球性的环境问题日益凸显，表明了科技发展在一定程度上的异化，而人工智能技术也没能例外。

在不知不觉中，深度学习已经慢慢渗入人们的日常生活，但其带来的巨大能源消耗却为人们所忽略。从 2012 年到 2018 年，深度学习计算量增长了 3000 倍。最大的深度学习模型之一，GPT-3 单次训练产生的能耗相当于 126 个丹麦家庭一年的能源消耗，还会产生与汽车行驶 70 万公里相同的二氧化碳排放量。如果继续按照当前的趋势发展下去，比起为气候变化提供解决方案，人工智能可能先成为温室效应最大的罪魁祸首。

哥本哈根大学计算机科学系的两名学生与助理教授一起，开发并公开了软件程序用于计算、预测深度学习模型训练过程中产生的能耗和二氧化碳排放量。简单来说，深度学习训练的过程同时也是一个耗能的过程，需要高性能计算机一天 24 小时不间断运转。随着数据集一天一天地增长，算法需要解决的问题变得越来越复杂。研究人员指出，人工智能领域发展迅猛，深度学习模型也不断从层级和架构方面扩大规模以满足人们的需求。现在，模型规模呈指数级增长，同时也意味着能源消耗的增加，这是大多数人都没有想到的。显然，深度学习的程序设计者不仅要关心算法的性能和效益，还应该关心其能耗问题。模型训练所消耗的能量跟很多因素都有关，例如训练算法或模型使用的能源类型、配套硬件性能和算法模型设计等等。

研究人员也提出了减少模型训练对环境造成的负面影响的措施或方法。例如，如果技术人员选择在一些绿色能源丰富的地方训练模型，那么能耗也不会很高，因为绿色能源能将碳足迹减少 60 倍以上。算法使用者还可以收集在不同地区进行算法训练所消耗的二氧化碳数据，这样就可以将能耗问题转化为二氧化碳排放问题，从而更容易地对不同模型所产生的能耗进行预测。

如果技术人员调整模型中某些参数，以减少计算量，那模型训练所需的能耗也会有很大程度的降低。不同的算法能耗也大不相同，有些算法所需计算量较少，在能耗不高的情况下就可以达到相同的效果，因此针对不同的问题选择合适的算法也可以控制能耗。此外，发展能耗低的类脑计算方法及芯片等新型人工智能技术也是避免此类问题的一个重要途径。

3.5 算法伦理问题的应对

1. 提高个人算法素养

汽车进入人类生活以后，带来了正向与负向的双重影响，但人类的解决方案不是禁止汽车的使用，而是通过对驾驶技能的培训，以及严格的交通法规制定与实施等，来尽可能减少其产生的危害。同样，当算法成为一种广泛应用的技术，在很多方面可能带来对人的危害时，人们也不能简单禁止算法的使用。除了在法律、制度等层面做出必要的调整外，也需要面对算法社会的新特点，培养不同主体的相应素养与能力。

对于算法的使用者来说，算法时代带来了对人的素养的新要求。倡导算法素养的前提不是简单地将算法认定为坏的东西，让人们一概排斥算法，而是要让人们意识到在今天这个时代，算法无法避免。因此，重要的是要理解不同类型的算法是如何运作的，算法在哪些层面影响着人们的认知、行为、社会关系，影响着人们的生存与发展，在此基础上学会与算法共存，对抗算法的风险，更好地维护自身的合法利益与地位。

面对一个无可回避的算法社会，人们只有提高对算法的认识与驾驭能力，才能成为算法的"主宰者"，而不是其"囚徒"。

2. 建立算法监管机制

我国的《数据安全管理办法》《个人信息安全规范》《网络信息内容生态治理规定》等法规，针对定向推送、算法推荐、个性化展示、信息系统自动决策提出了要求，规范了算法系统的应用。例如，对于定向推送或个性化展示，要求标明"定推"字样或通过不同的栏目、版块、页面分别展示，并提供退出和信息删除选项；开展定向推送活动禁止歧视、欺诈等；对于满足条件的信息系统自动决策，建立个人信息安全影响评估和用户投诉机制；个性化算法推荐体现主流价值导向，建立人工干预机制。

欧盟的《通用数据保护条例》(GDPR)从个人信息保护的角度，针对不存在人为干预的完全自动化决策(包括画像)做出了规定，但其赋予个人的拒绝权仅限于产生法律效果或类似重大效果的应用场景，而非针对所有的应用场景，因此并不约束新闻、广告等数字内容的算法推荐。其后，欧盟进一步调整监管思路，2019 年 4 月发布的《算法责任与透明治理框架》提出建立分类与分级监管机制，且不要求对算法进行公开或解释。具体而言，在算法监管方面，分类即针对政府和公共部门使用的算法系统和商业领域的算法系统建立不同的监管，前者需要建立"算法影响评估"机制；分级即对于一般的商业算法系统采取事后追究法律责任的方式，但对于具有与政府和公共部门的算法系统应用类似的重大影响的商业算法系统可考虑建立"算法影响评估"机制。这种做法能避免给企业带来不成比例的成本和管理负担，有助于人工智能的发展应用。

本 章 小 结

　　本章主要介绍了算法伦理的含义以及算法伦理的主要问题，深度学习对超级算力的需求带来的环境伦理问题。通过本章的学习，一方面，主要理解以深度学习为主的人工智能算法一方面对社会发展发挥了重要作用。另一方面，要注意到算法不会主动继承人类在漫长的社会实践活动中的价值观，从而造成各种伦理问题。算法需要价值观已经成为人工智能界的一种主流共识。算法伦理问题需要人们在算法使用过程中予以关注。

习　　题

　　1. 阐述算法伦理含义及其产生的原因。
　　2. 算法决策如何导致偏见问题？
　　3. 如何理解算法自主性造成的不确定性风险？
　　4. 导致人们对算法产生不信任的因素有哪些？
　　5. 分析个性化推荐算法大规模推广使用的利弊。

第4章 机器伦理

(1) 学习和理解机器伦理的概念。

(2) 学习和理解机器伦理对人机关系的影响。

(3) 了解机器伦理学的概念和含义。

> 机器伦理是近十年诞生的一个伦理学新领域，由于机器的技术属性，其本质上属于技术伦理的范畴。机器伦理中的"机器"已经与传统意义上的机器概念有了一定差别，这主要取决于两方面：一方面，机器的自动化、智能化水平越来越高，超越了传统意义上以机械运动为主的机器；另一方面，随着机器人等特殊类型的智能机器的发展，使得人们将机器看作与动物类似的对象，给予人文关怀。在这样的背景下，机器不再是人们随意支配、使用的对象，而是具有一定伦理关怀意义的对象。对于机器伦理的学习，正是要转变过去对机器刻板、了无生机的印象，转变以人类为中心的观念，将其纳入人类伦理关注范围。本章主要是学习和理解机器伦理的内涵和思想，理解其与人工智能伦理的内在联系。

4.1 对"机器"的理解

尽管现代社会对"机器"一词并不陌生，但是在理解机器伦理这一概念之前，我们还是有必要首先重温关于"机器"的概念及其历史演变。本节主要从以下三方面理解机器。

4.1.1 机械类机器

历史上，人们造出了许多机械装置或机器，例如织布机、手表、时钟等等。从能量角度定义，机器是利用或转换机械能的装置。这样的装置主要有两种类型：一种是将其他形式的能量转换为机械能，称为"原动机"，如内燃机、蒸汽机，电动机等；另一种是利用机械能来完成有用功，称为"工作机"，如各种机床、起重机、压缩机等。各种机械类机器的主要用途是代替人的劳动、进行能量变换以及产生有用功。百度百科给出"机器"的概念："机器是由各种金属和非金属部件组装成的装置，消耗能源，可以运转、做功。"

机器的使用贯穿在人类历史的全过程中。但是近代真正意义上的机械类的"机器"，却是在西方工业革命后才逐步被发明出来，最典型的代表就是 19 世纪英国发明家瓦特发明的蒸汽机，如图 4.1 所示。机械类机器的种类繁多，可以按几个不同方面分为各种类别，例如：按功能可分为动力机械、物料搬运机械、粉碎机械等；按服务的产业可分为农业机械、矿山机械、纺织机械等；按工作原理可分为热力机械、流体机械、仿生机械等。

图 4.1 蒸汽机

种类繁多的机器主要包括以下四部分。动力部分：机器能量的来源，它将各种能量转变为机器能(又称机械能)；工作部分：直接实现机器特定功能，完成生产任务的部分；传动部分：按工作要求将动力部分的运动和动力传递、转换或分配给工作部分的中间装置；控制部分：控制机器起动、停车和变更运动参数的部分。它们的共同特点是各组成部分之间具有确定的相对运动，即当其中一件的位置一定时，则其余各件的位置也就跟着确定了。在生产过程中，它们能代替人类的劳动来完成有用的机械功(如刨床的刨削工件)或转换机械能(如发电机将机械能转换为电能及内燃机将热能转换为机械能)。

早期的机械中还有一种特殊类型的机器，这种机器的重要功能不是利用机械运动代替人类劳动，产生有用功，而是通过机械运动完成一种计算过程，辅助人完成一定计算的工作，这样的机器是计算类机器的雏形。

4.1.2 计算类机器

计算概念是文艺复兴后伴随机器制造而出现的一个概念。为了描述机器的行为，人们发明了"计算"一词。

人类历史上最早的具备计算功能的机器是一种称为"水钟"的装置。水钟历史悠久，至少在公元前 1500 年的埃及就已经有了。最早的水钟只是在容器底部钻个小孔，让水缓慢地流出，然后看水面降到容器内壁哪个刻度，从而得知经过了多少时间。这种计时方式并不准确，因为水流出的快慢会随着水量减少而改变，流水的速度并不稳定，无法作为可靠的计时装置。直到公元前三世纪，特西比乌斯运用齿轮将水钟彻底改造成全新的机械水钟，如图 4.2 所示，人类才终于真正有了所谓的时钟。

图 4.2　特西比乌斯改造的机械水钟

　　这具机械水钟因此成为自动机器的开端，它为后世示范了将一些简单的机械元件加以组合，竟然就能造出一部自动机器，会按部就班地完成被赋予的任务。

　　从"水钟"到后来结合天体运行的"天文钟"，都是以机械装置形式出现的，牵涉到加法与进位计算的计算类机器原型。自动机器对日后计算机的发明有深远的影响。尽管直到19世纪才出现所谓的"通用型计算机"，它可以做各种加减乘除的计算，不过回顾这条崎岖而漫长的道路，自动机器一直是重要的推手。自动机器里的元件按照预先所设定的程序，自行一步一步地运作，更是计算机的基本精神。因此，除了水钟与天文钟这类实用装置之外，无关乎计算的自动机器及机械计算机，仍间接地推动未来计算机的发明。

　　机械计算机(mechanical computer)是由杠杆、齿轮等机械部件而非电子部件构成的机器装置。最常见的例子是加法器和机械计数器，它们使用齿轮的转动来显示增加的输出。

　　被恩格斯称为欧洲文艺复兴时期"时代巨人"的达·芬奇，也曾设计过机械计算器，但没有造出来，以后有人根据他的设计重建成功。1642年，年轻的法国物理学家、数学家、哲学家布莱兹·帕斯卡(Blaise Pascal)扩充了当时的一种打字机的功能，为法国收税业务制造了机械加减法机，这是世界上第一台成功的数学计算器。

　　德国哲学家、物理学家和数学家莱布尼兹改进了帕斯卡的机器，造出能做全部四则运算的分级轮计算器。莱布尼兹是17世纪数理逻辑发明者，数理逻辑也是人工智能的数学和符号计算基础。他研究过古代中国的《易经》和"八卦"，主要在逻辑机器中采用与"八卦"一致的二进制，他的思想深深影响了后世数字计算机的发展。

　　帕斯卡和莱布尼兹造出了数字计算机，它们可以完成加法运算。当然，当时的计算机既不是自动的，也不是主动的，因为它们没有自己的能量，也不会主动思考，所以需要人从外部不断给它充实能量。同时它们也没有控制机制，因此它们的运动也要靠人的随时随地的干预。

　　1822年，英国人查理斯·巴贝奇(Charles Babbage)设计了差分机和分析机，其设计理论非常超前，类似于百年后的电子计算机，特别是利用卡片输入程序和数据的设计被后人所采用。1834年，巴贝奇设想制造一台通用分析机，在只读存储器(穿孔卡片)中存储程序和数据。他在以后的时间里继续他的研究工作，并于1840年将操作位数提高到了40位，并基本实现了后来出现的控制中心(CPU)和存储程序的设想，而且程序可以根据条件进行跳转，能在几秒内做出一般的加法，几分钟内做出乘、除法。如图4.3所示的是巴贝奇发明的差分机。

　　1848年，英国数学家乔治·布尔(George Boole)创立二进制代数学，提前近一个世纪为现代二进制计算机的发展铺平了道路。

图 4.3　巴贝奇发明的差分机

直到一百年后的 1946 年，世界上第一台真正意义上的数字电子计算机 ENIAC (Electronic Numerical Integrator And Computer)诞生。这台机器开始研制于 1943 年，完成于 1946 年，重 30 吨，用了 18000 个电子管，功率 25 千瓦，主要用于计算弹道和氢弹的研制。著名匈牙利裔美籍数学家、计算机科学家、物理学家和化学家冯·诺依曼(John von Neumann)被人介绍到 ENIAC 研制组并参加了 ENIAC 的研制，他带领一批富有创新精神的年轻科技人员，向着更高的目标进军。1945 年，他们在共同讨论的基础上，发表了一个全新的"存储程序通用电子计算机方案"EDVAC(Electronic Discrete Variable Automatic Computer)。在这过程中，诺依曼显示出他雄厚的数理知识基础，充分发挥了他的顾问作用及探索问题和综合分析的能力。诺伊曼以"关于 EDVAC 的报告草案"为题，起草了长达 101 页的总结报告。报告广泛而具体地介绍了制造电子计算机和程序设计的新思想。EDVAC 方案明确奠定了新机器由五个部分组成，包括运算器、控制器、存储器、输入和输出设备，并描述了这五部分的职能和相互关系。报告中，诺依曼对 EDVAC 中的两大设计思想做了进一步的论证，为计算机的设计树立了一座里程碑。设计思想之一是二进制，他根据电子元件双稳工作的特点，建议在电子计算机中采用二进制。报告提到了二进制的优点，并预言二进制的采用将大大简化机器的逻辑线路。这份报告是计算机发展史上一个划时代的文献，它向世界宣告：电子计算机的时代开始了。现代人工智能或智能机器的主要实现载体就是"电子计算机"或者"电脑"。

4.1.3　人机类比与智能机器

古希腊哲学有三种思想至今仍决定着现代科学发展的道路：一是原子论；二是毕达哥拉斯主义；三是目的论。亚里士多德是目的论的创始人，他认为宇宙是一个有机体。自然是具有内在目的的，它的一切创造物都是合目的的，这种合目的性只有通过自然自身的结构和机制来实现。亚里士多德在提出目的论过程中，表现出了"程序自动化"和自动机的思想。他认为，在预定程序指导下，由潜在变成现实的过程应当是一种自动执行过程。亚里士多德以其隐喻式的语言，表达了受精卵就是一台生物自动机器，它内含先定的目的性程序，控制着未来的个体发育的进程并决定其最终目标。尽管亚里士多德所说的"自动机器"特指一种十分简单的自动机械装置，但它具有的程序性特征，表明它隐含了现代自动机理论的思想萌芽。由于亚里士多德最早做了明确的生物与自动机的类比，因此，他的思想中已经包含了"人机类比"的思想萌芽，即将人类看作一种生物机器的哲学观点。

在机械类机器诞生之后，人们不仅将它应用于有关领域，让它们为人类服务，而且充分挖掘它们的潜力，将它们作为理解、解释人的类比工具，如用它们的组成方式解释人的构成，用它们的作用说明人的身体行为，或用机器论述语描述人的构成与行为。

在 17 世纪牛顿力学为主的物理学出现之后，出现了以物理学为基础的众多的工程技术，使人类进入工业机械化的革命时代。力学科学对未知事物的预报(如太阳系存在第九、第十大行星的预告)的证实，更是使科学的声誉空前高涨，这一切自然而然地形成了后物理学的极其乐观的科学主义。以牛顿力学为基础的物理学革命引领的机械论科学的成功，使人类简直忘乎所以，形成了影响深远的"机械论哲学"观念。法国唯物主义者们把包括人在内的一切均看作是机械运动的物质。18 世纪法国哲学家伏尔泰认为，人同样必须服从宇宙间永恒的机械规律。法国启蒙思想家拉·美特利出版了名著《人是机器》。法国著名数学家、物理学家、天文学家拉普拉斯索性认为，整个宇宙就是一部没有历史的永恒自行调节的机器。尤其是拉·美特利提出"人是机器"这一唯物主义思想以来，一直是后世智能模拟、机器思维和仿生学的一面旗帜。人、动物和计算机都是信息处理系统，人是自动机、思维就是计算、意识是脑神经活动等等，都是其思想的变体。

这一时期，法国哲学家、数学家笛卡尔宣扬认识论上的理性主义，他第一个以明确的哲学形式宣布了人的理性的独立。

从机械论科学到"人是机器""宇宙是机器"，一方面是对长期统治人类思想的宗教神学的反抗，宣告人类理性独立，另一方面反映了人类对客观世界的一种哲学认识。

　　20 世纪 40 年代，在神经学和逻辑学研究成果的指引下，处于萌芽期的控制论运动得到蓬勃发展。1943 年，控制论之父诺伯特·维纳(Nobert Wiener)等人定义了控制论的基本原理，他们想象了一种能够自我校正的机器。1948 年，维纳出版《控制论：或关于在动物和机器中控制和通信的研究》一书，整本书充满了对未来的大胆预测，设想了能够思考和学习并变得比"人"更聪明的自适应机器，引起巨大轰动。维纳在他自己的著作中将人和机器进行了深刻对比，由于人类能够构建更好的计算机器，并且人类更加了解自己的大脑，计算机器和人类的大脑会变得越来越相似。

　　1950 年，图灵提出的"机器是否能够思考"问题，突破了 18 世纪以来诸如"人是机器"等机械论观点，促使人类开始站在机器的角度来思考智能、思维等问题，人类对机器的认识已经发生了翻天覆地的变化。1956 年，人工智能先驱之一马文·明斯基提出了智能机器思想。此后，人工智能理论和技术的发展使得机器本身的属性也逐渐开始发生变化，即现代机器开始具备某种智能性。尤其是现代电子计算机出现以后，人类利用电子计算机模拟人的智能，并希望其表现出像人一样的智能性。"人机类比"的观念从机械论的"人是机器"转变为"机器能否思维"的"机人类比"，即将具备一定智能性的机器看作像人一样的对象。其实质是一种"功能等价"思想，是功能等价机器隐喻的一种极端表现。所谓"功能等价"就是以结果为标准把人的劳动过程等价为机器的机械式运动，把人的思维活动、情感或者精神状态等价为机器的程序化计算。"功能等价"思维隐含的结果就是"人是机器"，如果人是机器，那么人们还可以联想到由于机器的功效优势而产生的人不如机器的局面。把人体等价为一部机器，并且作为人的创造物的机器也可以站在与人同样的位置，做与人完全相同的事情，并可能超越人本身，人们可以接受人是机器的形象化比喻，无论如何也不能接受人是机器的现实。近代以来，"功能等价"思维一直在某些领域发挥其有效性，现代科学更是在实验的基础上证实了人类的思维、情感的机械特征以及可模拟性，现代技术也为设计出功能与人体等价的机器提供了技术上的支持。

　　由于计算机和人工智能的发展，人们对机器的认识相对于传统的机械装置，已经发生了巨大变化。人工智能技术突飞猛进，使得机器也变得越来越智能、复杂而强大。这些智能机器可能是机器人，也可能是智能计算机或者无人驾驶汽车，或者是其他任何搭载人工智能算法或技术的机器。智能机器可以分为广义和狭义两大类。狭义上的智能机器是指计算机、机器人、无人驾驶汽车等具体装置。广义上的智能机器是指具有智能算法、软件或程序及其主导驱动或构成的系统，这类系统一般由软件主导，可以与硬件系统结合，形成具有一定自主性、自治性、分布式、主体性、大小规模不一的智能机器系统。这些智能系统在规模和形式上可能是单一的软硬件平台系统，也可能表现为规模庞大的群体机器系统。

包括机器人在内的各种智能机器不再是任人摆布的工具，而是不断被人类赋予类人属性的智能机器，使得机器开始具备类人的某种智能性或属性。由此，与人工智能的发展类似，人类一方面期待智能机器功能强大，能够代替人类完成复杂、危险的任务，另一方面又开始担心智能机器的过度发展失控，从而导致对人类产生某些威胁。这正是机器伦理概念产生的人类思想和认识背景。因此，本章和本书讨论的"机器伦理"中的"机器"主要是指具有智能的机器，而不是传统定义所说的机械化或自动化做功转换能量的机器。

4.2　机器伦理的概念与含义

4.2.1　机器伦理产生的思想基础

在人类发明以蒸汽机为代表的真正的机器之后的很长时间内，机器一直作为人类社会文明进步服务的工具，并没有人从机器的角度考虑过有关伦理问题。机器伦理的产生经历了漫长的历史过程。

从伦理学发展角度看，伦理学起源于对人类道德行为的理解，但在古代并非所有的人都被视为具有道德能动性的道德主体"谁"。例如，在《荷马史诗》《奥德赛》中，只有男性首领具有道德地位，而他的妻子、孩子、奴隶仅被视为他所拥有的"什么"。随着社会的不断发展与人类观念的解放，整个人类作为道德主体的观点被普遍接受。随后发展起来的动物伦理学、环境伦理学、生态伦理学等思想，正是基于人类道德对象的概念扩展了伦理学的研究领域。如果再进一步，那么不仅应该将动物、环境、自然等非人因素视为道德对象，而且应该将人造的各种技术系统等因素也视为应当考虑与关怀的道德对象。智能机器与自动化机器设备相比，有两个显著不同：第一，它们被赋予了更多的决策权，不再是有限决策或完全被预先设定路线或程式的功能机器；第二，它们被要求在更加复杂、充满不确定性的环境中运行，不仅要和其他各种类型的机器互动，更要和人类或动物产生互动。这是一种从量变到质变的飞跃。因此，机器伦理的发展也受到了动物权利和环境伦理思想的启发。面对智能机器不断融入人类世俗生活的现实，人类应当像动物权利和环境伦理所主张的对人之外的自然存在物实施伦理关怀一样，给予机器以"道德承受体"的地位确认，建立人机伦理共同体，把机器纳入伦理关怀的范围。如果说，计算机和人工智能的发展为机器伦理的产生和发展奠定了物质或物理基础，那么道德对象由人到动物再拓展到机器，使机器成为"道德能动者"和"道德对象"，就是机器伦理产生的伦理学思想基础。

2009 年以前，机器能否成为"道德能动者"还是一个完全假想的问题。现在，随着人工智能技术的发展，搭载各种先进的人工智能算法或技术的自动驾驶汽车、社会服务机器人、无人机、智能家电以及智能无人作战系统等各种智能机器不断被发明和创造出来。这些智能机器有的已经具有一定程度的自主性，随着技术发展，可能发展成为全自主的系统。机器道德决策已经成为了人们不得不面对的现实选项之一。

事实上，人们所期待的"智能社会"本身就暗含矛盾。它是"充满智能机器的社会"与"人类的社会"的结合体。但机器与人类作为两种本质及其属性绝然不同的存在，二者的结合必定是极其复杂和充满矛盾的过程。机器伦理是机器智能化发展与伦理学理论发展的共同需求。

按照伦理对象及内涵的不同，与人工智能伦理类似，机器伦理可分为狭义机器伦理与广义机器伦理。

4.2.2　狭义机器伦理

在人工智能伦理受到关注之前，美国学者迈克尔·安德森(Michael Anderson)等人最早提出"机器伦理"(Machine Ethics)。所谓"机器伦理"，一般意义指的是机器发展本身的伦理属性以及机器使用中体现的伦理功能。这个概念关注的是如何使机器具有伦理属性，尤其关注的是智能机器的相关伦理问题，是一种狭义的机器伦理概念。"狭义机器伦理"也由迈克尔·安德森和苏珊·安德森最先提出。一般而言，狭义机器伦理主要是指由具体的智能机器及其使用产生的涉及人类的伦理问题，其伦理对象是包括智能计算机、智能机器人、智能无人驾驶汽车等之类的机器装置。

迈克尔等人提出："机器伦理关注于机器对于人类使用者和其他机器带来的行为结果"。他们指出，当前机器的智能化、自动化发展趋势，使得人们很愿意利用它们的功能以实现某些目的，特别是在极度危险或者环境恶劣的情况下，机器的优势便凸显出来。人类对于机器的信任需要一个前提，即机器能够"负责任"地完成这些工作，这就需要机器自身具有伦理属性，能够根据实际情况进行判断，并执行"有道德的"(至少是不伤害人类的)操作。他们还有另一种观点，就是认为过去对于技术与伦理问题的思考，大多关注于人类是否负责任地使用了技术，以及技术的使用对人类而言有哪些福祉或者弊端。但是，很少有人关心人类应该如何负责任地对待机器。

事实上，历史上的机械类机器的发展就曾经给人类带来伦理挑战，强大的机器技术引起当时的人们的担忧甚至恐慌。例如，瓦特发明蒸汽机后，确实提高了生产效率，但也造成大量工人失业。机器速度的提升，一方面让工人愤恨不已，但另一个更重要的特征是，它似乎让工厂主和资本家的欲望更加膨胀了，没有一个工厂主不希望自己的机器能够 24 小时不停转动。当年瓦特改良蒸汽机的初衷,也是为了压榨工人。于是,工人和工厂主之间的矛盾,因为机器的介入,而变得更加对立。

随着机器的智能化、自动化程度越来越高,使得人们很愿意利用它们的功能以实现某些目的,人类的生活越来越仰仗智能机器。因此,机器使用和责任等问题日益成为普遍现象,各种新的伦理问题不断产生,特别是在机器代替人类做出决策或执行任务时,机器的伦理问题便会凸显出来。例如,由手术机器人开展的外科手术失败导致病人死亡,应该由谁负责?操控机器的团队还是生产机器人的公司或者是这个手术方案的医生?类似的很多问题都是人类历史上从来不曾有过的问题。机器的智能化发展使得机器负载着越来越多的价值和责任,因此,人们应该给某些机器增加伦理维度,从而使机器具有伦理属性,以帮助使用者做出伦理决策,或者设计一种具有伦理意向的机器以实现情景判断、案例分析和实时决策的功能。因此,安德森等人认为,机器伦理是“给予机器以伦理原则或伦理程序,从而使其在面临伦理困境时能找到解决的方法,并且使它们以一种伦理上负责任的方式运行,并给出自己的伦理决策”。按照这一观点,狭义的机器伦理的目标是“创建一类能够遵循一种正当的伦理原则或者一套准则的机器”。当这类机器面对由自身采取的行为带来的可能结果时,它们可以在这个原则或者这些准则的引导下做出决定。

4.2.3　广义机器伦理

一般而言,广义机器伦理是在机器具备一定自主智能甚至一定的道德主体地位之后,产生的更为复杂的伦理问题,其伦理对象是广义的智能机器系统。

关于广义机器伦理,国外学者詹姆斯·摩尔(James Moor)最先提出广义机器伦理的观念,该观念涵盖了一切与机器相关的伦理行为。他根据伦理因素的涉入程度,定义了五种涉及机器伦理的伦理主体(ethical agent)。“agent”是一种比较经典的人工智能理论方法,指能够根据其意向主动实施某种行动的实体或主动的行动者,在技术方面通常表现为可执行某种任务的软件系统。

摩尔提出的第一种伦理主体是“标准主体(normative agents)”,即任何一种可以执行任务、完成工作的“技术主体 (technological agents)”,该主体不涉及伦理问题,是一种中性的技术,使用者决定了它的伦理属性,实际对应的就是传统的技术伦理问题。第二种伦理主体是“有伦理影响的主体(ethical impact agents)”,该主体不仅执行既定任务,同时具有伦理影响,例如卡塔尔的部分地区在骆驼竞赛中用机器牧童代替了传统的男孩,从而解放了他们,这实际上就是前文所述的狭义机器伦理。这两种伦理主体是将伦理属性归于机器,是伦理外在于机器的表现。第三种伦理主体是“隐性的伦理主体(implicit ethical agents)"，即机器的行为隐含着伦理方面的考虑。这种伦理主体自身能够潜在地表现伦理行为，是因为设计师能够根据某些伦理原则来进行设计，以避免不道德的结果。这与一种"道德物化"思想非常相似，即技术人工物中隐含了设计师的物化的道德，以使其表现出道德意向(本书第 9 章人工智能设计伦理将讨论此类问题)。第四种伦理主体是"显性的伦理主体(explicit ethical agents)"。这种意义上的机器能够识别与伦理相关的信息，筛选出当前情境中的可能行为，并且依据内置于其中的伦理机制来评估这些可能的行为，从中计算并挑选出最优的伦理抉择，这实际上是一种嵌入式伦理构建思想(本书4.3 节讨论)。第五种伦理主体是"完全伦理主体(full ethical agents)"或称为"自动的伦理主体(autonomous ethical agents)"，即此类机器能够高度模拟人类思维与伦理意识，在特定情境中做出判断与选择。这类机器的运行完全独立于人，是一种高度智能的机器，目前只存在于科幻电影中。例如科幻电影《机械战警》中的机器人战士，能够自动识别敌人并毫不犹豫地射击。这种伦理主体属于超现实主体，人类可能永远也创造不出此类智能机器，因此在本书中将其归为"超现实伦理"(在第 13 章中讨论)。

4.2.4　机器伦理、机器人伦理、人工智能伦理与技术伦理

机器伦理、机器人伦理、人工智能伦理与技术伦理这四个概念之间既有一定区别，又有紧密联系。

关于机器伦理与机器人伦理，在学术研究领域，很多专家学者一般在概念上将机器伦理与机器人伦理(在第 5 章学习)不加区分。在本书中，二者要加以区别。当人们考虑的机器伦理问题是以"机器人"这种特殊的机器为对象时，这时可以认为"机器伦理"就是"机器人伦理"。但机器人伦理反过来不能等同于机器伦理，原因是显而易见的，机器人只是众多机器类型中的一种，智能机器不都是以机器人的形式被创造或实现的。也就是说，本章中讨论的"机器伦理"包括狭义和广义的机器的发展或应用而产生的伦理问题，而不只是机器人伦理问题。

关于机器伦理与人工智能伦理，从概念上理解，机器与人工智能都是基本概念，二者之间不存在包含关系。二者只是通过"智能"这种属性产生交集，或者说，当机器被赋予智能，机器具有了智能，成为智能机器，这时的"机器"才与"人工智能"直接联系起来。此时的机器，其传统的工具属性已经发生了变化。也正是在这个意义上，机器伦理才与人工智能伦理建立联系，二者都同时涉及与智能有关的"机器实体"的伦理问题。如果机器具有了全自主性或自主智能，进而产生了涉及人类的伦理问题时，机器伦理问题也就转变为广义的人工智能伦理问题。当人工智能技术在机器人、汽车、武器以及其他形式的机器上使用，进而产生涉及人类的伦理问题时，就是指向狭义的机器伦理问题。

关于机器伦理与技术伦理，因为技术伦理是从普遍意义上研究技术带来的伦理问题的，所以这里的技术既包括物质形态的工具和机器，也包括知识形态的技术原理、技术标准、技术经验等。因此，当技术伦理的对象是狭义的智能机器时，关于技术的伦理问题就是关于机器的伦理问题。机器伦理与技术伦理中的信息伦理或计算机伦理也有区别，因为后者更关注于信息技术或计算机技术使用过程中的伦理问题，是一种外在于机器的伦理。而机器伦理在实践上强调在机器中通过程序或算法的形式嵌入伦理原则，使其能够为使用者提供伦理帮助或者使机器自身做出伦理决策，这是一种内在于机器的伦理。当伦理对象是广义的智能机器，伦理问题涉及其自主性、自治性，机器伦理就不再是传统意义上的技术伦理，因为此时的机器具有了一定自主性、自治性，可能具有一定主体性地位或道德主体属性，而不再是传统意义的工具客体。这类机器的伦理问题已经超出了技术伦理的范围，而成为广义的人工智能伦理问题。

4.2.5　机器伦理学

"机器伦理"是一个正在兴起的伦理学研究领域。与人工智能伦理学相对，机器伦理学也分为狭义和广义的两个范畴。

狭义的机器伦理学是研究关于智能机器技术及其使用所引发的涉及人类的伦理道德理论的科学。狭义的机器伦理学主要关注和讨论关于智能机器技术的伦理理论。狭义的机器伦理学是随着人工智能的发展而产生的一门新兴的科技伦理学科，它是人工智能科学技术与伦理学的交叉产物。与狭义的人工智能伦理学类似，它的内容不仅涉及科技道德的基本原则和主要规范，而且还涉及智能机器技术提出的新的伦理问题，诸如机器人伦理、自动驾驶汽车伦理、智能无人作战武器伦理等。其目标是正确地规定和约束智能机器的行为及其与人类的关系，最终要创建一种内置伦理原则的智能机器，使其在任何情况下都避免对人类发生危害。有学者用"人工道德智能体(artificial moral agents)""人工智能体(artificial intelligence agents)"等概念来分析自主机器系统的道德地位和伦理向度。这是一种隐式地实现机器伦理的方式。

广义的机器伦理学与广义的人工智能伦理学一致，是主要研究智能机器道德的本质、发展以及人、智能机器与社会相互之间新型道德伦理关系的科学。这主要是由于智能机器在人类社会中逐渐具备一定道德主体性所引发问题的思考。现阶段的智能机器除了能辅助人类完成一些危险、复杂、枯燥的任务，并不具备任何道德观念。广义机器伦理学的目的是在人类赋予机器自主性之后，寻求不仅确保智能机器对于人类的合适行为的方法，而且也可以扩展所有智能机器的通用伦理行为设计规则。科学家们正在研发能让机器学会人类基本价值体系的方法。如果机器提前学习过关于人类价值体系的案例，知道人类在面对伦理抉择时通常是如何做出选择或决策的，就可以根据人类的行为进行其自己的价值评估。科学家们认为，智能机器最终会学习人类的一切行为，未来的自主智能机器将大量出现。这些强大的智能机器将面临很多前所未有的复杂的伦理问题考验。例如，它们与人类之间建立何种伦理关系；如何约定它们与人类之间的伦理关系；人类主体具有哪些道义责任对智能机器进行规范，以使其能够符合各种规范方式进行行为；哪些智能机器具有它们自身的"道德利益"，并能够承担道德责任等等。这些智能机器与人之间的伦理关系必将重塑传统人类社会的道德体系，这些都是广义机器伦理学需要研究的问题。

4.3　嵌入式机器伦理的构建

在机器伦理研究领域，受关注较多的问题是狭义的机器伦理，更具体是人类伦理原则如何在机器上构建的问题。狭义的机器伦理问题及其研究，侧重于在智能机器中嵌入人工伦理系统或伦理程序，以实现机器的伦理建议及伦理决策功能。机器伦理构建主要涉及以下两个问题。

第一个问题是，是否应该在机器中嵌入伦理原则？也即机器伦理存在的合理性论证。

关于这个问题，答案是肯定的。在机器中加入明确的伦理维度，使其具有伦理决策功能和社会帮辅功能是具有合理性的。除了考虑科技进步带来的未知风险，机器伦理的出现也反映了人机同构的哲学本质。道德行为对象的拓展以及人机之间伦理关系的转变，为机器伦理思想的发展奠定了理论基础，揭示了机器有必要嵌入伦理原则或伦理程序的内在机制，嵌入伦理原则的机器可以被视为具有道德功能的存在物。但是人们应当慎重考虑机器中的道德属性该以何为底线。嵌入伦理原则的机器可以通过一种直接的建议行为，使得使用者在遇到困境时主动求助于机器，利用机器的计算优势为自己获取更多的信息，从而帮助使用者做出正确的决定。但是它不能在真正意义上完全取代人类做出道德选择，只是为人类社会的发展提供良性辅助的手段。

如 1.2.1 小节所指出的，伦理学领域有一种所谓伦理相对主义，这种思想认为人类社会不存在正确的伦理理论，伦理无论对于个人还是社会都是相对的。从理论上讲，似乎每一种伦理理论都有其合理性与局限性，而且伦理思想跟不同的社会文化、经济发展水平等因素的关系颇为紧密。因此，要为机器寻找一个完善的能够解决所有伦理困境和让所有人都满意的伦理理论完全是不可能的。

第二个问题是，按照狭义机器伦理学的目标发展，人类的道德伦理思想是否可以通过技术手段在机器上实现呢？

关于这个问题，目前存在着"自上而下"与"自下而上"两种伦理建构理论思路或方式。"自上而下"的伦理建构运用道义逻辑将道义论的义务和规范转换为逻辑演算，同时通过净利益的计算实现功利的算计与权衡，使机器能够从一般的伦理原则出发对具体的行为做出伦理判断(第 9 章人工智能设计伦理将给出此类原则的计算量化表述方式)；"自下而上"的伦理建构则通过机器学习和复杂适应系统的自组织发展与演化，使机器能够从具体的伦理情境生成普遍的伦理原则，通过道德冲突获得道德感知与伦理抉择的能力。前一种思路是试图将人类的伦理原则以算法或程序的形式植入或嵌入机器中，使得机器在代替人类执行任务或与人类协作时，能够遵守人类的伦理原则。后一种思路是希望机器可以通过某种复杂的人工智能学习方法，自行学会并不断发展出符合人类需求的伦理规则。4.2 节中摩尔提出的第四种伦理主体"显性的伦理主体"，实际上就是一种"自下而上"的嵌入式机器伦理方式。无论哪种思路，都是希望机器内部能够实现人类的伦理原则，可以统称为嵌入式机器伦理构建。以上两种理论思路在实践中已经有很多方法，但是人们还没有找到有效的、达到目标的嵌入式机器伦理技术路线。

4.4　人机关系重定义

4.4.1　人类中心主义与非人类中心主义

在认识和理解人与自然的道德关系问题上，长期存在着人类中心主义与非人类中心主义之争。人们通常所说的人类中心主义有三层含义：一是生物学意义上的人类中心主义；二是认识论意义上的人类中心主义；三是价值论意义上的人类中心主义。在科技伦理问题上，非人类中心主义并不反对生物学意义上的人类中心主义，因为在最高的道德意义上，物种的延续是最大的善，是最符合道德原则的事。可以这样说，任何一种道德，如果不利于人的生存，不能保证人的延续，那就失去了自己存在的前提和意义。非人类中心主义也不反对认识论意义上的人类中心主义，因为任何一种反对人类中心主义的思想都是由人提出来的，都不可避免地打上了人的烙印，否则必然会陷入自相矛盾之中。非人类中心主义要反对的是价值论意义上的人类中心主义，即人类中心主义的价值观和伦理观。在非人类中心主义看来，人类中心主义在经验上是站不住脚的，在实践上是有害的，在道德上是可拒斥的，而且其立场在逻辑上不一致，与明智的开放性理论不和谐。因此，非人类中心主义认为，有必要冲破传统伦理学对人们思想的束缚，把道德关怀的对象扩展到人以外的其他存在物身上。关于这个问题，可以说一直是非人类中心主义伦理学的主要议题之一。人类中心主义与非人类中心主义争论的焦点在于：是否只有人才具有内在价值和权利，是否只有对人才能讲伦理道德。人类中心主义与非人类中心主义之争至今还没有画上一个句号，基于此形成了科技伦理学研究的两种截然不同的思路。目前，已有越来越多的学者主张从非人类中心主义出发来构建科技伦理学。

4.4.2　机器伦理对人类中心主义的超越

根据人类中心主义的观点，智能机器只是辅助人类实现目的的工具，所以对此类系统采取伦理控制方法的发展，只是一个"以人为中心"的工程伦理原则的特定应用，这种工程伦理可以适用于任何人造的技术对象。从这个角度来看，认为"智能机器本身就是道德行为者的主张"可以说是一种幻想。

如果机器伦理被看作一项系统工程，生物中心主义和生态中心主义者将关注不同的问题。这两种不同的伦理观所依据的是对自然、生物世界的道德尊重，而不是人造的技术对象。

生态中心论者把整体自然视为一种终极的伦理主题，对于伦理问题持有一种非工具主义关护。因此，生态中心主义者可能把机器伦理作为人类中心主义的简单延伸。开发"人工道德体"的工程进一步扩大了人类的权力。虽然各种反人类中心主义的各种立场之间有着巨大的差异，但是它们之间都有一个共同点，即每个观点都宣称一种"超人类中心主义"的类型，其基于各自的立场对道德地位的概念进行了重塑，这也扩大了人类道德界限的范围。每种立场都发展出一种道德世界界限的新概念，从根本上挑战了传统上"以人类为中心"的道德观念。

因此，机器伦理学同以上"超人类中心主义"的观点一样，以各自不同的方式促使对传统伦理承认的道德范围进行超越与延伸。例如，有一种信息中心主义认为，如果人造技术对象达到人类或超越人类的认知能力水平，那么该类对象可以被确认为具有道德地位，是与人类相对的道德实体；生态中心主义则拓宽道德实体的意蕴范围，这不仅包括有生命的物种、植物生命形式，而且也包括海陆范围内无生命特征的实体。因此，无论是扩大道德共同体的过程，还是制定超人类概念的过程，两种观念都是努力突破传统的道德立场，即人类不再是伦理道德的唯一主体。机器作为生命以外的实体，成为人类伦理关注的新实体、新对象、新方向，这是机器伦理在生态中心主义、生物中心主义等伦理观念基础上，进一步超越人类中心主义的主题思想。

对智能的模拟是实现人工智能的途径或形式。人工智能的重要目标之一就是创造像人一样有智能的机器。过去，由于人工智能各流派对智能的理解不同，导致各种人工智能技术只是从不同角度来模拟人类的智能，但没有任何一项技术全面达到与人类一样甚至超越人类智能的程度。2016 年，深度学习技术首先在围棋领域取得重大突破，颠覆了人类的认知，使人类突然认识到机器智能的巨大威力。2020 年 11 月，AlphaFold2 破解了 60 年以来蛋白质生物学最大的难题，即蛋白质三维结构预测，如图 4.4 所示的是其部分可视化结果。这项成果被科学家誉为"诺贝尔奖"级的重大突破，而这个突破是机器智能实现的。科学家认为，以突破围棋的 AlphaGo 为代表的人工智能技术使机器发展出了独有的"智能"，这是不同于自然生命的智能，是非自然进化产生的智能。

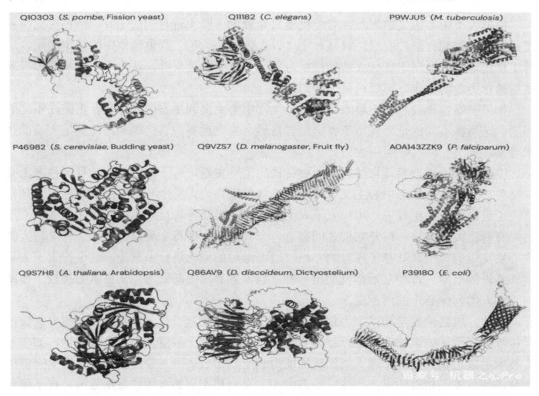

图 4.4　AlphaFold2 预测蛋白质三维结构

目前，以深度学习为基础的人工智能系统已经可以进行比较复杂的音乐、艺术、文学创作，并帮助科学家开展化学、材料、药物分子设计方面的研究，并表现出异于人类并超越人类的智能。与其他人工智能技术的重要区别在于，深度学习算法使机器形成了不同于人类的智能形成机制，从而真正拥有了机器自身的智能。由此，事实上，地球上出现了非自然进化的机器智能。机器智能的出现使得人类固有的尊严和地位受到挑战，例如，机器也开始具备原本属于人类的创造性和科学发现能力，这也是对人类中心主义超越的一个现象。

4.4.3 人机共生

马克思指出:"工人把工具当作器官,通过自己的技能和活动赋予它以灵魂,因此,掌握工具的能力取决于工人的技艺。相反,机器则代替工人而具有技能和力量,它本身就是能工巧匠,它通过在自身中发生作用的力学规律而具有自己的灵魂……科学通过机器的构造驱使那些没有生命的机器肢体有目的地作为自动机来运转,这种科学并不存在于工人的意识中,而是作为异己的力量,作为机器本身的力量,通过机器对工人发生作用。"从马克思的表述中,似乎预见了机器发展到一定阶段后所产生的对于人类的反作用。马克思所生活的时代当然没有智能机器或人工智能的概念,但是马克思的观点已经为今天的人类指明,由于技术的发展,人与机器的关系注定要发生变化,这种变化最显著的特征就是机器作为一种异于人类的力量,对人类产生某种作用或影响。

在智能机器出现之后,人与非生命物的关系出现了新的变化,最大的变化就是人与机器这种人造物的关系。对人机关系的不同理解会导致对人、对世界的不同看法,形成不同的世界观、价值观,也会影响到人们做事的方法和态度。

从人机关系的角度来看,如果机器能独立地与人类展开竞争,那么人的主体地位必将受到威胁,人的价值也会受到机器价值的影响而可能降低。人类没有理由让人的尊严和价值受到机器的践踏。因此,人机共生并不是指机器作为一个异己的力量在社会中与人类竞争,而是强调在新的历史条件下建构人机和谐的新途径。人机共生应该是指一方面人类依赖机器生存,另一方面机器在人的主导下不断进化发展并始终保持与人类关系的和谐。正如马克思所观察到的,历史上工业时代的机器对人的异化,使人类在精神上付出了惨重的代价。而在智能社会中,机器的智能因人工智能技术水平的提升而不断提高,机器伦理的发展则提供了使机器向人性化方向发展的可能途径。

同时,人与人之间的伦理关系也随着机器智能化而发生变化。在传统伦理学中,人与人之间的伦理关系是无涉技术的。人与人之间的伦理关系和道德行为方式是双向的、直接的,即"人与人"。作为道德行为主体和道德对象,人与人之间直接产生道德影响,其伦理价值体现在人类自身的关系之中。人工智能技术的发展,使人与机器之间形成了新的相互作用模式,产生了"人与机器与人""人机与人""人机与人机""机器与人与机器"等不同形式的道德关系,其中"人机"指的是一种人与机器相互结合形成的新的智能主体(关于此类主体的伦理道德问题在第 8 章讨论)。作为中介环节的机器,或者作为单独的中介元素,架构起了道德行为主体与道德对象之间的桥梁;或者与作为道德行为主体的"人"耦合,共同面向道德对象;或者人与机器的耦合物作为道德行为主体,将另外的人与机器的耦合物作为道德对象。在这几种情况中,机器都不是作为单纯的外界因素影响着人与人之间的道德关系的,而是直接参与着人与人之间的道德关系。

从社会的角度看，随着人类生活对智能机器的依赖以及社会被智能机器所改造的广度进一步扩展，人类社会向智能社会的转向，使整个世界变成了一个巨大的智能机器体系。整个世界也如同一个由各部分相互联系、密不可分的机器零件构成的机器系统。世界机器体系的运作是由人和智能机器共同完成的。智能机器在生产领域所实现的功能是生产的自动化、智能化和无人化，而在与人协同作用领域所实现的功能则是放大人类的智能，使人们更有效地完成社会的管理、生活秩序的协调以及实现人类更大的创造价值。机器在智能化社会所扮演的角色既是人们生活的背景，又是独立的"主体"。机器的主体性是人类赋予的生产主体性，人类的主体性在于创造。人们的生产和生活强烈地依赖于机器的智能化运作，人类必须发挥自身的创造主体性，保证世界机器体系的正常稳定和不断发展。在智能机器参与的人对世界的改造过程中，人与机器应处于一种和谐的关系。人与人性化的机器共同促进世界的变化发展，在这个意义上，智能社会也是人机共生的社会。

4.5　机器伦理的局限性

自机器伦理的概念被提出之后，质疑的声音就持续不断。机器能有道德吗？机器是否构成道德行为主体？人们如何相信机器能在未知的情境中做出正确的判断？机器一旦被设置了道德程序，会不会因为程序错误而出现不道德的行为呢？这些质疑反映了机器伦理思想可能存在的问题，一方面，通过程序计算出来的伦理原则是否可靠的问题，引起了对于伦理学本身是否具有可靠性的争议；另一方面，具有情景判断和伦理决策能力的机器在人机共生的道德共同体中处于什么位置，是应将其看作是道德主体还是道德对象，引发了关于道德主体与道德对象的多重性争议。因此，机器伦理仍然存在一定局限性，主要表现在以下三个方面。

机器伦理思想的局限性之一主要体现在狭义机器伦理，即将人类的道德行为转换为计算机可以程序化处理的规则，这是对伦理可计算性的一种认可。哲学和认知科学领域的计算主义者认为，人类心智的本质就是计算，其过程是依据规则对形式结构的加工，即从输入到输出的一种映射或函数，是一种符号转换行为。在计算主义者看来，人的思维与心智都是受规则控制的，因此可以用计算术语进行解释，也可以由计算机程序加以实现。按照计算主义的理解，作为人类心智活动的主要内容，伦理规范或观念也可以通过程序计算方式在计算机上实现出来。换言之，智能机器借助计算机可以计算表征伦理道德行为的数字与符号。机器伦理试图通过将道德行为转化为数字符号，用道义逻辑、认知逻辑和行为逻辑等计算手段，论证伦理行为。这一观点忽视了人的主观能动性、社会性、人与环境的互动以及神经层面的一系列根本问题，机器即使可以按程序实现和运行伦理规则，它们也无法理解其所发生的道德行为，更不会产生道德意向。

机器伦理思想的局限性之二是试图发展机器成为道德行为主体，使其与人类道德行为主体具有同样的地位，这一观点会引起道德哲学中康德主义的反驳。在传统意义上，人完全控制机器或者机器完全取代人的极端看法有待于更正，当代社会中人与机器之间的互动更加频繁，彼此间的相互渗透、相互嵌入更加紧密。人不仅仅是机器的设计者、使用者，也是机器系统中某个环节的参与者。机器也不再仅仅是被设计、改造的对象，机器也在影响人、塑造人、改变人。机器开始成为架构在人与人、人与自然、人与社会之间的桥梁，它成了一种伦理中介。机器承载着越来越多的责任，机器自身的行为也应当被视为道德关怀对象进而被进行伦理视角的考虑。如果不将机器纳入伦理学的范畴，那么人们将要承担更多的风险和对未知的恐惧。因此，将机器的运行与发展看作道德关怀对象，关注于其中的运行规律和有机联系，能够更好地展现机器的"向善"功能，并且可以规避技术风险。但是否可以简单地将机器看作是具有道德行为能力并且承担道德责任的道德主体，却值得反复讨论，这也是广义机器伦理学的研究内容和任务。

机器伦理的局限性之三是默认了人与道德机器之间的信任机制。对信任问题的研究主要集中在心理学、经济学和社会学领域。伦理学中强调信任所包含的自我的脆弱性和他人的善良意志，是信任者向被信任者发出的伦理诉求。机器伦理思想中对机器的信任意味着，当人们把自身的道德诉求托付于机器的监管或自由支配之下，使其拥有处理人们诉求的能力，并期待机器能够根据人类的利益处置相关的道德情境提出适当的建议，并且不会伤害人类的利益。有学者认为，机器伦理领域内的信任问题与伦理主体的等级相关，对不同伦理行为主体的信任度是不一样的。其中，自主性、风险/脆弱性与交互性是考察人机信任度的主要因素。机器的自主性越高，人机信任关系越好，同时信任者的风险或者脆弱程度也越高。而且交互方式越直接，信任者越倾向于信任被信任者。机器伦理思想的出发点是默认人与机器之间的信任机制等同于人与人之间的信任机制，这种默认是存在风险的。基于程序运行的机器随时存在着被入侵或者篡改的可能，对于机器的信任需要有"度"。机器伦理思想在这一方面仍存在着不足，需要进一步发展。

本 章 小 结

本章通过对传统的机器发展到计算机、机器人等智能机器历程的简要回顾，理解机器概念从古至今的变迁，以加深对于机器伦理背后的"机器"的本质理解。通过本章的学习，要理解机器伦理的本质在于，机器的智能化发展是对人类中心主义的进一步挑战。

在传统生态伦理学范畴中，人类要突破人类中心主义的狭隘观念，在关注自身利益的同时，也要关注自然、环境、动物等其他非人类的对象。机器成为新的伦理关注对象，智能机器的发展给人类最大的挑战就是改变传统的人机关系，理想的情况是建立人机共生的和谐智能社会。

习　　题

1. 试阐述传统意义上的机器与现代机器有哪些方面的不同。
2. 阐述机器伦理的概念与含义。
3. 阐述机器伦理、机器人伦理、人工智能伦理与技术伦理之间的区别和联系。
4. 机器如何对人类中心主义构成了新的挑战？
5. 智能机器对于人机关系有哪些影响？

第 5 章　机器人伦理

(1) 学习和理解机器人伦理概念。

(2) 学习和理解主要的机器人伦理问题。

(3) 学习和了解各国机器人伦理规则与措施。

　　　　机器人作为一种特殊的机器，其伦理问题是机器伦理和人工智能伦理的主要内容。现代机器人由于智能性越来越高，行为、决策能力越来越强，人形机器人的外观也越来越像人类，这样发展下去，智能机器人可能成为人类社会中的重要成员。对于机器人，人类会比普通的智能机器更加关注其带来的伦理问题。机器人伦理的目的就是要使今天的人类在享有机器人带来的好处的同时，也要关注和预防其在个人情感、心理及社会等多方面可能带来的影响。本章的学习主要是进一步加强对于机器伦理在机器人这个特殊领域和对象上的深入理解和认识。

5.1　机器人的概念及发展历史

　　从机器的角度而言，机器人就是一种可编程并靠自身动力和控制能力实现多功能的机器。经过多年的发展，国际上对机器人的概念已经逐渐趋近一致。联合国标准化组织采纳了美国机器人协会给机器人下的定义："一种可编程和多功能的，用来搬运材料、零件、工具的操作机；或是为了执行不同的任务而具有可改变和可编程动作的专门系统。"机器人可接受人类指挥，也可以执行预先编排的程序，也可以根据以人工智能技术制定的原则纲领行动。机器人是人工智能技术实现或应用的载体，也是智能机器的典型代表。

严格来说，纯粹的问答对话式"聊天机器人"不属于真正的机器人，只是对具备聊天功能的人工智能程序的一种隐喻的称呼。

关于机器人，人们很自然地想到具备像人一样外观的机器人。事实上，人类渴望创造像自己一样的"机器人"的梦想由来已久，大概可以追溯到两千多年前的古希腊时期。在公元前三世纪，神话中出现了"太罗斯"，它身体是用铜和锡的合金制成的，是个了不起的巨人，不但刀枪不入，而且能使身体发热以烧死周围的敌人。中国古代有"偃师造人"的传说故事。在以后的神话和科幻作品中还出现过"格列姆""弗朗肯斯坦""阿达里"等人造人，而"机器人"这一概念的出现则是在 20 世纪初的科幻剧本中。此后，各种机器人一直是科幻小说和早期科幻电影中的主角。一直到 1954 年，美国人乔治·德沃尔制造出了世界上第一台可编程机器人。1959 年，德沃尔与约瑟夫·英格伯格联手制造出第一台工业机器人，并成立了世界上第一家机器人制造工厂，英格伯格也因此被称为"工业机器人之父"。1962 年，一家美国公司生产出了真正商业化的工业机器人，全世界掀起了对机器人研究的热潮。此后，美国兴起了研究第二代传感器和有"感觉的"机器人，并向人工智能发展。1968 年，美国斯坦福研究所研发成功世界上第一台智能机器人"Shakey"，如图 5.1(a)所示，它能根据人的指令发现并抓取积木，Shakey 的出现拉开了第三代机器人研发的序幕。1973年，世界上第一次机器人和小型计算机携手合作，诞生了机器人"T3"。1998 年，丹麦乐高公司推出机器人套件，让机器人制造变得跟搭积木一样，其相对简单又能任意拼装。2002年，丹麦 iRobot 公司推出了吸尘器机器人"Roomba"，它能避开障碍，自动设计行进路线。Roomba 是目前世界上销量最大、最商业化的家用机器人。今天，各种民用、军用机器人的发展有席卷全球的趋势。机器人在向智能化、拟人化、多样化方向发展。图 5.1(b)～(f)分别展示了过去 40 年以来人类创造的人形机器人，我国 90 年代研制第一台人形机器人外观还很简陋粗糙。2000 年以后，人形机器人发展无论是外观还是行为上都越来越逼近人类。

(a)　　　　　　　　　　　　　　　(b)

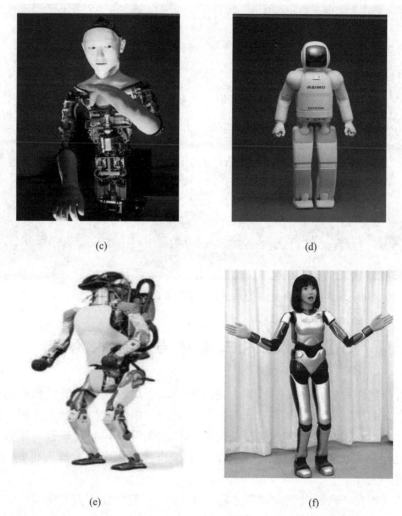

(c)　　　　　　　　　　　　　(d)

(e)　　　　　　　　　　　　　(f)

图 5.1　几种典型的机器人

　　随着人们对机器人技术智能化本质认识的加深，机器人技术开始源源不断地向人类活动的各个领域渗透。结合这些领域的应用特点，人们发展了各式各样的具有感知、决策、行动和交互能力的特种机器人和各种智能机器，如移动机器人、微机器人、水下机器人、医疗机器人、军用机器人、空中空间机器人、娱乐机器人等。智能机器人可以弥补人类本身的不足，可以代替人类去完成很多复杂、危险、富有挑战性的工作，在娱乐、教育、商服等领域也有很广泛的应用。图 5.2 所示的是目前市场上流行的多种服务机器人。随着机器人技术的发展和普及，各种伦理问题也随之而来。

图 5.2　目前市场化的商业服务机器人

5.2　机器人三定律与机器人伦理

与机器伦理相对应，狭义的机器人伦理就是关于机器人技术研发和应用所引发的伦理问题，广义的机器人伦理则关乎人与机器人之间、机器人与机器人之间、机器人与人类社会之间、机器人与自然之间等复杂伦理问题的关系及其处理规范与原则。在本书的1.4.2 中，已经指出机器人伦理问题的起源并非来自哲学思考或机器人研究领域，而是来自文学领域。

阿西莫夫提出"机器人三定律"之后，在 1950 年就发现需要扩充第一定律，以保护个体的人类，以便最终保护整体的人类。1985 年，他对原有的三定律进行了修订，增加了第零定律，同时修改了其他定律。

第零定律：机器人不得伤害人类，或目睹人类将遭受危险而袖手不管。

第一定律：机器人不得伤害人类个体，或者目睹人类个体将遭受危险而袖手不管，除非这违反了机器人第零定律。

第二定律：机器人必修服从人给予它的命令，当该命令与第零定律或者第一定律冲突时例外。

第三定律：机器人在不违反第零、第一、第二定律的情况下要尽可能保护自己的生存。

那么这些定律是否足以解释科幻小说中所提到的机器人的所有行为呢？回答是否定的，这意味着其中还有隐含的规则没有说出来。学者罗杰•克拉克(Roger Clarke)在一篇论文中指出，还应增加以下三条定律。

元定律：机器人可以什么也不做，除非它的行动符合机器人定律。此定律置于第零、第一、第二、第三定律之前。

第四定律：机器人必须履行内置程序所赋予的责任，除非这与其他高阶的定律冲突。

繁殖定律：机器人不得参与机器人的设计和制造，除非新的机器人的行动服从机器人定律。

还有一些扩展定律或者补充定律，如由《我，机器人》改编，威尔史密斯主演的《机械公敌》里面有个第七定律：机器人永远不得称为独裁者。还有第八定律，也是最终定律：若机器人违反上述任何定律，当自我毁灭。

至此，阿西莫夫三定律已经变得十分复杂。实际上，机器人三定律只是对机器人与人之间的保护与被保护关系做出了简明规定，而机器人本身涉及的伦理问题则要复杂得多。要把这些定律实际应用到机器人的设计当中，仍然有许多模糊之处。

从学理的角度而言，阿氏的三定律还有进一步讨论的必要，难道人类道德规范能够缩减成几条简单的规则？即使做到了，规则之间是相容的吗？机器怎样识别人的指令？当某种机器人在设计时就特意违背规则时，会出现什么可怕的后果？在现实社会中，规则之实施需要有一个讲规则的环境，人们怎样促成那样一种环境？这些问题非常重要，但取得进展又相当困难。

从弗兰肯斯坦到罗素姆万能机器人，不论是科学怪人对人类的杀戮，还是机器人造反，都体现了人对其创造物可能招致毁灭性风险与失控的疑惧。现实中，也出现了机器人对于人类的威胁性。早在 1978 年，日本就发生了世界上第一起机器人伤人事件。日本广岛一家工厂的切割机器人在切钢板时突然发生异常，将一名值班工人当作钢板操作致死。1979 年，在美国密歇根的福特制造厂，有位工人在试图从仓库取回一些零件时被机器人杀死。1985 年，苏联国际象棋冠军古德柯夫同机器人棋手下棋取得连胜时，机器人突然向金属棋盘释放强大的电流，将这位国际大师杀死。2015 年 6 月 29 日，德国汽车制造商大众称，在该公司位于德国的一家工厂内，一个机器人杀死了一名外包员工，这位员工在保纳塔尔的工厂内丧生。在第十八届高交会上，出现了中国首例机器人伤人事件，1 号馆 1D32 展位发生了一场意外，一个正在展出的机器人在没有指令的情况下，打砸玻璃柜台，致使一名来观赏的客人多处受伤。这些事件让人们联想到科幻电影中的未来超级智能体拥有自我保护意识，不断进行自我升级，当自身受到威胁时，会伤害甚至屠杀人类。这些事件的出现，将机器人技术推到了注定要被人们直面的伦理困境。

机器人定律则为摆脱这种困境提供了一种理论上可操作的方案，即通过工程上的伦理设计来调节机器人的行为，使其成为可教化的道德的机器人，也就是合伦理的创造物。在提出第零定律时，阿西莫夫也意识到，机器人可能无法理解人类整体及人性等抽象概念。或许是这些困难令他转而畅想，一旦机器人灵活自主到可以选择其行为，机器人定律将是人类理性地对待机器人或其他智能体的唯一方式。这似乎是在暗示，使智能机器成为可以自主做出伦理抉择的道德主体的前提是其具备与人类媲美的智能。但是，目前的机器人技术显然达不到这种程度。

科学家们已经在考虑以不同的方式体现阿氏的机器人规则。这些规则不但适用于机器人世界，而且反映了人类世界最一般的伦理原则。

5.3　机器人伦理学

5.3.1　机器人伦理学的概念

有人认为，机器人虽然是非常高级的机器，但终归是机器。机器人不会具有比设计者更高的智能水平，也不会具有意识或自由意志。但是，越来越多的科学家认为，应该建立关于机器人的伦理学体系。与机器人伦理相关的学术与理论研究，就属于机器人伦理学范畴。机器人伦理学是研究由目前和将来的机器人应用而引发的伦理学问题的科学。从学术角度，机器人伦理学包含三个层次。

其一，把机器人作为独立于人类存在的主体对象，以人类自身的伦理规范为标准看待身边的机器人。

其二，有关机器人的设计和制作应该考虑到伦理的因素，机器人的行为标准要参照于人类伦理的规范。

其三，具备一定的道德主体地位的机器人与人类之间、机器人与机器人之间的伦理关系如何界定。

前两个层次属于狭义机器人伦理学，第三层次与广义机器伦理学、广义人工智能伦理学一致，即属于广义机器人伦理学。

近十多年来，机器人伦理问题得到越来越多的关注。狭义机器人伦理学的主要研究目标就是让机器人在与人类互动的过程中，具有一定的道德判断与行为能力，从而使机器人的所作所为符合人们预设的道德准则。从理论上看，根据人类预设的道德原则进行道德决策的机器人可以成为只做好事的"道德楷模"，而且在一定程度上还可以避免人们对其的不当使用、恶意利用或滥用。

机器人伦理学是新兴的伦理学分支，也是新兴的交叉学科，涉及机器人学、伦理学、计算机科学、神经科学、人工智能、工业设计、哲学、机械学、法学、社会学等多学科。

科学家认为,机器人未来发展的关键是,人类要将是与非、好与坏的常识和价值判断标准教给机器人。因此,人们必须做好长远考虑,从法律规范、伦理道德等方面合理规范机器人的研制及其应用。这样才能使得机器人与人类和谐相处,从而构建和谐的机器人与人类社会。

5.3.2 机器人伦理与人工智能伦理的联系与区别

从机器人与人工智能的关系而言,机器人本身是人工智能的重要研究领域之一,同时与计算机一样,也是实现人工智能技术的载体。机器人是包括人工智能技术在内的多种技术联合研究的对象。人工智能技术应用于机器人,使自动化、机械的机器人成为具有感知、认知、决策以及执行能力的智能机器人。因此,机器人引发的伦理问题也属于人工智能伦理问题,机器人伦理是人工智能伦理的一部分。用于机器人的人工智能技术容易产生的伦理问题,机器人也会受到影响产生类似的伦理问题。图 5.3 展示了应用伦理、科技伦理、人工智能伦理、机器伦理与机器人伦理之间的关系。

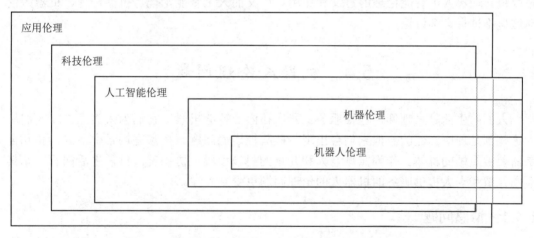

图 5.3 应用伦理、科技伦理、人工智能伦理、机器伦理与机器人伦理之间的关系

人工智能实现的具体形式是多种多样的,例如用于医疗、法律、教育、金融甚至音乐、绘画等领域的各种智能算法,其背后一般是强大的深度学习结合大数据技术,以及自然语言理解、语音识别等智能技术,其所承载的伦理责任也与机器伦理有很多区别。无论人工智能伦理还是机器人伦理,其狭义上的伦理都属于科技伦理和应用伦理的一部分。广义的机器人伦理和广义的人工智能伦理都超出了传统科技伦理和应用伦理的范畴,如图 5.3 中超出了应用伦理的区域。

从物理载体角度而言，机器人不同于其他人工智能系统之处在于，机器人除了具有感知、认知、决策等软能力，还具有躯体，而多数人工智能系统都是不具备物理执行能力的软件或平台。因为机器人是具有躯体而产生的智能(传统意义上称为行为智能)，所以不同于软件算法产生的智能，由此引发的伦理问题也有区别。

从行为角度而言，由于机器人具有躯体，因而具有或移动或飞行或跳跃甚至兼而有之的各种行为和执行能力。因此，在行为智能由于执行任务而产生的伦理问题方面，机器人伦理有别于以软件和算法形式实现的智能系统的伦理问题。

从应用的角度而言，应该将机器人伦理纳入人工智能伦理范畴。机器人作为人工智能技术实现的载体，尤其是行为智能的实现载体，目的是为人类提供各种场景下的应用和服务。因此，具有了一定智能的机器人在应用过程中产生的各种伦理问题，应该视为人工智能伦理问题的一部分。二者之间的联系在于，无论是人工智能伦理还是机器人伦理，所遵循的基本原则是一致的，即都要服从、服务于人类的根本利益。

总之，机器人是一种特殊的机器，因此，机器伦理包括机器人伦理。机器人伦理与机器伦理都是人工智能伦理体系的一部分。本书做出上述概念约定，是为人类从应用的角度统一理解人工智能伦理的意义和作用。广义的人工智能伦理、机器伦理、机器人伦理这里不进行详细讨论。

5.4　机器人伦理问题

人们的生活越来越仰仗包括服务机器人在内的智能机器，它们为人类工作，人们认为这些都是理所当然的，但它们会出现一些隐性道德问题。在家庭场景中，老人和儿童是需要被照顾的群体。作为照顾老人和儿童的科技手段，协助解决日常生活问题，尤其面向儿童和老人提供服务的机器人的伦理问题更受到关注。

5.4.1　情感问题

很多父母因为工作繁忙，人类保姆工资成本高昂，可能愿意选择"机器人保姆"来照顾孩子。随之而来的问题是，如果一个孩子长期与机器人接触，缺乏父母的情感呵护和悉心照顾，可能会变得冷漠、麻木。机器人可以长时间与儿童互动，可能长达几个月甚至几年。表面上，父母节省了时间和精力，但事实上，如果发生了儿童没有亲人照顾的情况，即使每天几个小时，对儿童的身体和精神发育也是有害的。科学家曾经在猴子身上做过实验，结果发现被机器人照顾长大的幼猴，无法与其他同类交流或交配。

一些幼儿园也已经开始配备一些小型机器人。一项研究调查了小型机器人在幼儿园里的使用情况，孩子们很喜欢它们，认为这些机器人比家庭宠物认知性更强，实际上就是和机器人建立了情感纽带。儿童若与其维持长久的互动关系，将会对其产生深深地"依恋"，而这种依恋关系实际上是不安全的、错乱的和病态的，因为机器人通过视觉、运动和听觉功能结合呈现出"幻想性"生命个体，可能会让孩子产生"真实"的错误认同。

类似的，子女将自己的父母留给智能护理机器人照料，这些老年人在身体方面会享受一定好处，家人子女也会减轻负担。有研究表明机器海豹等机器宠物能够改善老年人情感和减少压力水平(图 5.4 是日本研制的机器海豹宠物与老人互动的情景)，但是研究也表明这样的机器宠物伴侣并没有真正缓解老年人的孤独。再者，即使机器人帮助老年人在自己家中保持独立，也会由于老年人被留给机器照料，缺乏人类保姆或亲人接触所提供的精神安慰，从而导致精神健康问题。因为老年人的精神健康本质上依赖于人类保姆和家人的接触，将护理服务推卸给了机器人而减少本来可以安排的亲近会面，这样会给老人带来自卑、恐惧等负面心理。

图 5.4　老人与机器海豹宠物

频繁的"人与机"互动导致人在某种程度上极有可能将机器人视作和自身同等的生命，这种现象在儿童这一群体上表现得尤为明显，足以让儿童误以为是真实的情感认同。"非生命"机器人可以作为人的情感交互对象，人则可能频繁地被机器的类人化特征所

"欺骗"，因而人对于自身的情感认同将越来越偏离原有轨道，且进一步造成人自身产生对生命、对人自身的认知偏差。

5.4.2　心理影响

随着人工智能技术的突飞猛进，机器人与人的互动不仅能够进行学习性交互，还可通过多种识别技术，如面部识别、语音识别、情绪识别以及其他相关的环境识别技术，实现即时"察觉"外界环境变化以及人的情绪变化，给予相应的情感反馈。因此，在功能的意义上，社会化机器人与人之间似乎又存在情感的双向传递。但是人与机器人看似是一种双向性的情感反馈，实际上机器人所谓的情感毕竟是模拟出来的，人不可能从机器人那里获得对等或更好地情感反馈。人的情感反馈远远大于社会化机器人，情感反馈的强度差异有着天壤之别，因此，人在情感认同上和在某种程度上可能会出现心理落差，有可能使人产生自我的不认同感，进而影响人自身的身心发展。

人如果长时间使用机器人并产生情感依赖，例如一些人可能对与机器人交谈感兴趣，甚至还会上瘾，就像很多人对上网上瘾一样。那么当机器人出现问题时，可能会触发人的暴躁、焦虑等负面情绪。

科学家创造的高仿真机器人几乎可以再现人类的特征、姿势体态和存在方式，但这也会引发心理焦虑。在机器人领域，著名的"恐惑谷效应"就是指当一个事物与自然的、活生生的人或动物非常相似时，会使不少人产生反感、厌恶、恐惧等负面心理情绪。

5.4.3　就业影响

除了对个人在情感、心理方面可能产生的伦理问题，在社会方面，机器人产业的快速发展也容易造成社会性问题。在全球工业自动化进程下，全球工业机器人保有量在 2015 年就高达 163.2 万台，工业机器人快速发展引领着新工业革命。与此同时，在全球范围内将会导致越来越多的人类失业。尤其制造业是重灾区，简单和重复的工作被机器人替代不可能避免，机器人将会成为劳动主力军。机器人对经济和社会的影响总体上是积极的，简单地说"机器人一定会抢走人类的工作"，或者"新工作一定会比旧工作更多"是没有意义的，这取决于具体情况。机器人系统应作为专业人员的补充，而非对其进行完全取代。技术引发失业的冲突性预测，推动了大众对未来工作的讨论，当前的不少工作岗位都可能被未来的技术发展所取代。机器人可以取代危险的或有损尊严的工作，同时社会也要尽可能为目前从事这些工作的人提供过渡到其他社会角色的机会。

5.5 发展中的机器人伦理规则

5.5.1 国家与国际组织制定的机器人伦理规则

阿西莫夫三定律虽然简单和精巧，却没有实际用途，因此一些研究人员在开发各种可以嵌入机器人的伦理道德程序模块，包括基丁机器学习案例推理技术、基于功利主义原则的机器人道德模型，以及基于规则的机器人道德系统。但这些设计并不能使得机器人成为自主、自由的道德主体，还是需要人类自己首先负起责任。

2007 年 12 月，日本千叶大学制定了关于智能机器人研究的伦理规定，即"千叶大学机器人宪章"，以确保机器人研究被用于和平目的。日本千叶大学在其网站上指出，科学技术是把双刃剑，如果被恶意利用，可能危及人类自身生存，因此制定了这个宪章。其内容包括：研究者只进行与民用机器人相关的教育和研究；研究者不得将不符合伦理、违法利用的技术应用到机器人中；研究者不仅要严格遵守阿西莫夫"机器人三定律"，而且要严格遵守宪章所有规定，即使离开千叶大学，也要遵守宪章精神等。

日本的《下一代机器人安全问题指导方针(草案)》，规范了机器人的研究和生产。在这份草案中，未来的机器人将受制于大量繁文缛节，这将使机器人"造反"变成不可能的事情。该草案也借鉴了阿西莫夫机器人三定律的精神，其对象更为明显地指向了机器人制造者。文件规定："生产厂家必须在机器人身上装上足够多的传感器，防止失足撞上人类；机器人应该使用更软、更轻的材料，从而减少对人类的可能伤害；在机器人身上装按钮，一旦机器人发狂，人类可以通过触按这些按钮及时将它们驯服。"该草案要求，所有的机器人都要配备这样的设备，即当它们要帮助或者保护人类的时候，它们必须提前告知人类它们的行为可能对被帮助人造成的伤害，然后让人类来决定机器人的行为。该草案要求所有的机器人制造商都必须遵守这一规定，机器人的中央数据库中必须载有机器人伤害人类的所有事故记录，以便让机器人避免类似事故重演。日本的机器人法规草案与其说像是阿西莫夫的三定律，不如说更像质量检验部门为吸尘器或者洗衣机的生产厂家制定的安全规定，只不过草案面对的是更加复杂的机器人。

韩国政府 2010 年起草了世界上第一份《机器人道德宪章》，以防止人类"虐待"机器人和机器人"伤害"人类。韩国的《机器人道德宪章》作为机器人制造者和使用者以及机器人本身的道德标准和行为准则，对机器人产业起到指导作用。该法案的内容包括将道德标准装入计算机程序等，以防止人类虐待机器人或是机器人虐待人类。主要内容是确保人类对机器人的控制、保护机器人获得的数据,并防止违法使用机器人,并准备将道德标准装入计算机程序,以防止人类虐待机器人。鉴于军事机器人的特殊性,韩国起草文件时,将军事机器人排除在外。这些文件从某种意义上来说,是对阿西莫夫"机器人三定律"的细化。

2014 年,欧盟启动了《欧盟机器人研发计划》(SPARC),其中分析了机器人发展对伦理、法律和社会问题的影响,并提出要在行业发展的基础上,加强跨学科教育和法律与道德基础建设。2016 年 5 月,欧盟法律事务委员会发布《就机器人民事法律规则向欧盟委员会提出立法建议的报告草案》,在其中,欧盟针对人工智能科研人员和研究伦理委员会提出了一系列需要遵守的伦理准则,即人工智能伦理准则(机器人宪章),在其中讨论了如何保证人类的利益,又如何保证机器人不作恶以及其行为是正义的,还要最大限度地保护人类的个人隐私等问题。可以看到,为人工智能制定伦理准则,核心都在于维护人类的基本权益,始终保证人工智能处于人类的控制之下,确保人工智能使用的安全。

联合国一直以来非常重视人工智能伦理政策。联合国教科文组织 (United Nations Educational,Scientific,and Cultural Organization,UNESCO)和世界科学知识与技术伦理委员会 (World Commission on the Ethics of Scientific Knowledge and Technology,COMEST)多年来连续多次联合发布报告,就机器人应用过程中的伦理问题展开了讨论,包括伦理困境、如何保证创新符合伦理等问题,如《COMEST 机器人道德报告》对世界各国的人工智能监管具有重要指导意义。此外,欧洲机器人研究网络(European Robotics Research Network,EURON)也曾对下一代人形机器人发展过程中涉及的技术二重性等伦理问题进行了简要概述。2016 年,联合国教科文组织联合世界科学知识与技术伦理委员会,共同发布了《关于机器人伦理的初步草案报告》。在该报告中,重点讨论了在社会生活中,机器人制造及使用推动了人工智能的进步,以及由此带来的社会与伦理道德问题。该报告充分表达了其对人工智能发展的关注,其中提出的对人工智能带来的伦理问题的解决方法,为世界各国对人工智能的有效监管提供了重要的参考价值,也得到了国际上的广泛认同。

这些机器人伦理原则促进了互补性、互惠性、合作性,并且都建立在一个主题之上,即激发负责任的创新研究。技术研究和技术创新应遵循一条基本原则,就是要以人为本、对人负责。技术进步的目的是更好地服务人类,带来生活上的便利,促进生产力的发展。因此,机器人伦理原则要遵循人本原则,明确取代人的机器人技术和帮助人更好地完成工作的机器人技术之间的区别,并基于责任意识倡导在研究的各个环节做到设计规范、源头可溯、责任明确。

5.5.2 联合国的机器人政策与监管

在联合国发布的《关于机器伦理的初步草案》的报告中，集中探讨了四个方面，分别是有效应对自动化机器人使用带来的挑战、机器人技术与机器伦理学、迈向新的责任分担机制和决策可追溯的重要性。

1. 有效应对自动化机器人带来的挑战

自动化机器人的使用所带来的伦理问题，在于其会对人类的安全、隐私、诚信、尊严、自主等带来极大的挑战。报告中提出，要加大对个人数据和隐私的保护；明确相关的责任，即便现实中出现问题，也要能确保机器人与机器人制造者之间的责任有效地分担责任，避免出现悲剧；更为重要的是，通过建立一套可以预警伦理问题的算法，对其进行有效的预防；测试机器人在人类实际生活场景中的应用可能产生的后果；公众要有足够的知情权和了解有关人类对于机器人的研究进展；要建立一套关于智能机器人如何退出的相关机制；建立应对机器人给教育和就业带来挑战的保险制度，以减少使用机器人对人类就业造成的不利影响。

2. 机器人技术与机器伦理学

在报告中提出，虽然机器伦理学已得到重视，但是还有很多的领域没有确定相关的规范。造成这种现象的原因，一方面是科技发展迅速，而政府难以快速跟进；另一方面是机器伦理学涉及的问题太为复杂，有些问题难以预知。对于机器人商业开发者和制造者来说，没有可供遵守的规范，也造成了不少的麻烦。事实上，不同国家机器人所采用的伦理道德准则的方法也大为不同。例如，韩国政府强制实施的机器人特许状制度；日本对于机器人应用部署问题制定的管理方针，包括建立中心数据基地来储存机器人对于人类造成伤害的事故报告。

3. 责任分担机制

一般而言，制造一个机器人不是由一个专家或者一个部门就能完成的，它是由很多的专家和部门共同完成的，如果一旦机器人出现故障，造成重大失误，那么哪些群体或者部门该为机器人的失误负责任呢?这个问题在科学技术不断进步和市场需求不断增长，机器人的自由和自主性不断增强的情况下，如何妥善地处理显得尤为重要。该报告特别提出警告，在考虑机器人的伦理问题时，不要仅仅关注某次事故或者失误给人类造成的伤害，而应该从更加全面的角度去思考机器人的伦理问题，例如使用机器人带来的心理伤害，人类对机器人的过分依赖等问题，都是需要顾及的。为了解决这个难题，报告提出了两个可行的解决办法：一是责任分担，只要是参与过机器人的发明、授权和分配过程的所有参与者，都要承担责任，具体承担责任的大小根据不同参与者的参与程度来确定；另一个就是让智能机器人承担责任。应该指出的是，这两种责任分担方式也有一定的弊端，特别是关于第二个方法，事实上让智能机器人承担责任的想法还为时过早，因此也难以实施。

4. 决策追溯

确保机器人及其相关技术始终符合伦理与法律的监管，至关重要的是要确保机器决策的可追溯性，保证机器做出的任何决策都能够被追踪。只有确立机器行为的可追溯性，才能时时刻刻地保证机器人的所有决策行为都处于被监管之下。这不仅使人类可以更加深入地理解机器人的决策过程，而且当机器人在决策过程中出现错误时，人类能够进行快速适当地纠正，以确保机器人决策行为不会带来风险。此外，可追溯性的信息也能够得到进一步发挥。

本 章 小 结

本章主要介绍了机器人伦理的概念、机器人伦理学的概念和发展历史。主要从服务类机器人角度介绍机器人对于儿童、老人在情感、隐私等方面的影响，以及机器人对人类社会的影响主要表现在就业方面。本章介绍的机器人伦理问题只是众多问题中比较有代表性的一部分问题，更多问题随着机器人的普及和使用会逐渐显现出来。已有的问题和将要发生的问题都需要通过发展约束机器人的伦理规则，加强监管等措施来保证机器人向着正确的方向发展。

习 题

1. 阐述机器人伦理的概念及其历史起源。
2. 试分析人工智能伦理、机器人伦理的区别与联系。
3. 查阅有关资料，试阐述机器人伦理学是如何逐渐发展起来的。
4. 机器人面临哪些主要的伦理问题？
5. 解决机器人伦理问题应采取哪些方面的措施？

第 6 章 自动驾驶汽车伦理

本章学习要点：

(1) 学习和理解自动驾驶汽车的经典电车伦理问题。

(2) 学习和理解自动驾驶汽车的责任和安全伦理问题。

(3) 学习和了解自动驾驶汽车的数据伦理问题。

自动驾驶汽车或者智能汽车作为人工智能与汽车技术结合的产物，同时作为一种与机器人类似的特殊的智能机器，在近些年的发展过程中，已经出现了许多引人关注的数据、安全和责任等方面的问题，同时也引起了很多法律问题。这些问题都是传统汽车领域不曾发生的，其关键之处在于自动驾驶汽车加载了智能决策系统，一定程度上取代了人类驾驶员的决策行为。由此导致的交通安全、法律责任以及人机关系等问题必须认真对待。自动驾驶汽车与智能机器人等其他智能机器面临的伦理问题的主要区别在于，自动驾驶要经常面对生与死的选择和决策。这是本章将要介绍的造成自动驾驶汽车的"电车难题"的根本原因，也就是说，自动驾驶汽车最基本的伦理问题是安全问题。作为一种特殊的智能机器，自动驾驶汽车的伦理问题的社会实际意义远大于其理论意义。

6.1　自动驾驶汽车技术

6.1.1　自动驾驶汽车的定义及其发展历史

自动驾驶汽车是自动地面载具的一种，既具有传统汽车的运输能力，又具有超越传统汽车的智能决策能力。自动驾驶汽车的智能决策能力表现在其面对复杂多变的路况时，能够适应各种情况变化并代替驾驶员做出决策，规避障碍或危险。自动驾驶汽车是人工智能技术发展到一定阶段的产物和代表之一。与棋艺高超的"阿尔法狗"相比较，自动驾驶汽车的实用性更强，经济效益更为可观，因而最近十年吸引了大批传统企业纷纷投入该类型新产品的研发中，国内外也涌现出很多无人驾驶汽车技术开发及整车制造的创业企业。

实际上，自动驾驶汽车的原型系统最早可追溯至 20 世纪 20 年代到 30 年代。这辆名为 American Wonder(美国奇迹)的汽车如图 6.1 所示，它的驾驶座上确实没有人，方向盘、离合器、制动器等部件也是"随机应变"的。而在该车后面，一位工程师坐在另一辆车上靠发射无线电波操控这辆车。

图 6.1　世界上最早的自动驾驶汽车的原型系统

第一辆真正的自动化汽车是 1977 年由日本筑波机械工程实验室开发的，如图 6.2 所示。这是世界上第一辆基于摄像头来检测前方标记或者提供导航信息的自动驾驶汽车。这辆车配备两个摄像头，在高速轨道的辅助下时速能达到 30 公里。这意味着，人们开始从"视觉"角度思考无人车的前景。

图 6.2　第一辆自动化汽车

1973 年，GPS 系统开始发展。DARRA(美国国防高级研究计划局)在 1984 年启动了"ALV 自主路上车辆"计划，目标是通过摄像头来检测地形，由计算机系统计算出导航和行驶路线。

1987 年，德国军方科研机构开始和奔驰合作，开始研发无人驾驶车辆，其技术甚至比 DARPA 的 ALV 项目更为成熟，它是采用摄像头和计算机图像处理系统对道路进行识别。

2010 年前后，由于深度学习、激光雷达等技术的发展，美国谷歌公司开始大规模测试其自己研发的自动驾驶汽车，并掀起自动驾驶汽车发展浪潮。谷歌自动驾驶汽车于 2012 年 5 月获得了美国首个自动驾驶车辆许可证，当时预计于 2015 年至 2017 年进入市场销售。2014 年 12 月中下旬，谷歌首次展示自动驾驶原型车成品，该车可全功能运行。2015 年 5 月，谷歌宣布将于 2015 年夏天在加利福尼亚州山景城的公路上测试其自动驾驶汽车。2017 年 12 月，北京市交通委联合北京市公安交管局、北京市经济信息委等部门，制定发布了《北京市关于加快推进自动驾驶车辆道路测试有关工作的指导意见(试行)》和《北京市自动驾驶车辆道路测试管理实施细则(试行)》两个文件。

2018 年 5 月 14 日，深圳市向腾讯公司核发了智能网联汽车道路测试通知书和临时行驶车号牌。2018 年 12 月 28 日，百度 Apollo 自动驾驶全场景车队在长沙高速上行驶，图 6.3 展示了百度研制的一款无人驾驶汽车。2019 年 6 月 21 日，长沙市人民政府颁布了

《长沙市智能网联汽车道路测试管理实施细则(试行)V2.0》(以下简称《细则 V2.0》),并
颁发了 49 张自动驾驶测试牌照。其中百度 Apollo 获得 45 张自动驾驶测试牌照,百度在
长沙正式开启大规模测试。2019 年 9 月,由百度和一汽联手打造的中国首批量产 L4 级
自动驾驶乘用车——红旗 EV,获得 5 张北京市自动驾驶道路测试牌照。

图 6.3　百度公司研制的无人驾驶汽车

　　由上述自动驾驶汽车发展历程可见,从最初的原型机到成为真正的产品,经历约 100
年的时间。智能驾驶汽车面临的伦理问题是在这一过程中逐渐显现的,尤其是最近五年
受到更多的关注和重视。

6.1.2　自动驾驶汽车技术原理及等级分类

　　自动驾驶汽车通过毫米波雷达、光学雷达、计算机视觉等传感器感知周围路况环境,
通过卫星导航定位系统进行导航。自动驾驶汽车的自动控制系统能将多路传感器信号转
换成导航信息,利用车载计算机视觉系统识别障碍物、车辆及相关交通标志。这些技术
与传统汽车技术结合,整体上构成了一个智能汽车系统。这种不同于机器人的智能机器,
人工智能算法及软件技术内嵌于其中并发挥智能决策作用,按照目前的技术水平,主要
起到辅助决策作用,还不能完全取代人类驾驶员。

　　自动驾驶系统是国际自动机工程师学会(SAE International)根据六个不同程度(从无
自动化至完全自动化系统)发布的一种自动驾驶汽车分类系统,其设计理念根据“谁在
做,做什么”的原则进行自动驾驶汽车的等级分类,如表 6.1 中有六个等级分类(2016
年版本)。

表 6.1　自动驾驶汽车等级划分

SAE 分级		SAE 定义	主 体			系统作用域
			驾驶操作	周边监控	支援	
0	无自动化	由人类驾驶者全权操作汽车，在行驶过程中可以得到警告和保护系统的辅助	人类驾驶者	人类驾驶者	人类驾驶者	无
1	驾驶支援	通过驾驶环境对方向盘和加减速中的一项操作提供驾驶支援，其他的驾驶动作都由人类驾驶者进行操作	人类驾驶者和系统			部分
2	部分自动化	通过驾驶环境对方向盘和加减速中的多项操作提供驾驶支援，其他的驾驶动作都由人类驾驶者进行操作	系统			
3	有条件自动化	由无人驾驶系统完成所有的驾驶操作，根据系统请求，人类驾驶者提供适当的应答				
4	高度自动化	由无人驾驶系统完成所有的驾驶操作，根据系统请求，人类驾驶者不一定需要对所有的系统请求做出应答，需要限定道路和环境条件等		系统	系统	
5	完全自动化	由无人驾驶系统完成所有的驾驶操作，人类驾驶者在可能的情况下接管，在所有的道路和环境条件下驾驶				全域

对于自动驾驶汽车，各等级的主要意义如下。

等级 0：驾驶人随时掌握着车辆的所有机械、物理功能，仅配备警报装置等无关主动驾驶的功能也算在内，即无自动驾驶。

等级 1：驾驶人操作车辆，但个别的装置有时能发挥作用。例如，电子稳定程序或防锁死刹车系统可以帮助行车安全。

等级 2：驾驶人主要控制车辆，但系统阶段性自动化，使驾驶人明显减轻操作负担。例如，主动式巡航定速结合自动跟车和车道偏离警示，而自动紧急刹停系统是通过盲点侦测和汽车防撞系统的部分技术结合实现的。

等级 3：自动驾驶辅助控制期间，驾驶人需随时准备控制车辆。例如，在跟车时虽然可以暂时免于操作，但当汽车自动驾驶系统侦测到需要驾驶人的情形时，会立即回归人类驾驶状态，让驾驶人接管其后续控制。驾驶人必须接管汽车并应对自动驾驶系统无力处理的状况。

等级 4：驾驶人可在条件允许的情况下让车辆完整实行自动驾驶。启动自动驾驶后，驾驶人一般不必介入控制。此时，车辆可以按照设定的道路通则(如高速公路中，平顺的车流与标准化的路标及明显的提示线)，执行包含转弯、变换车道、加速等工作。除了恶劣气候、道路模糊不清、意外事件，或者自动驾驶路段已经结束等状况，系统会为驾驶人提供"足够宽裕的转换时间"，驾驶人应监管车辆的运行状态。系统包括有旁观者情况下的自动停车功能。也就是通常所说的有方向盘自动车。

等级 5：驾驶人不必在车内，任何时刻都不会控制到车辆。此类车辆能够自行启动驾驶功能，全程无需在设计好的路况下行驶，可以执行所有重要功能并确保安全，包括没有人类驾驶员在车中的情况。汽车完全不需要受到驾驶人的意志控制，可以自行做出全部决策。也就是通常所说的无需方向盘自动车。

目前，最高水平的自动驾驶汽车可以达到等级 4 的水平，达到等级 5 的自动驾驶汽车还没有出现。由于各种因素的影响，自动驾驶汽车的自动驾驶状态可能引发安全事故。自动驾驶汽车的伦理问题也主要体现在这方面。

6.2　自动驾驶汽车的伦理问题

6.2.1　自动驾驶汽车伦理问题的由来

自动驾驶汽车的自动驾驶系统是一个具有一定"自主性"的系统。一般认为，"自主"是关于行为能力和决策能力的判断。其中，行为能力是对决策的执行能力，而决策能力是依照环境因素、自身状况做出选择的能力。在自动驾驶汽车做出自主性判断之前，决策能力实际上运行了一个隐蔽的"思维过程"，其中不乏利益衡量、路况分析、路程远近等多种因素或情况的考虑。由此使得自动驾驶汽车的内部决策充满了不确定性和不可知性。

高级智能驾驶系统不仅能够对复杂情形按照其自主的判断做出响应，还能够与人类驾驶员进行实时的、具有感情色彩的交流，对人的指令能够无条件服从。这些功能都与传统汽车产品有很大区别。也就是说，智能汽车不但具有工具属性，还像人一样能够做出判断，传统汽车不具备这种功能。自动驾驶汽车的上述功能构建起一个超越人类认知，"决策于未知之中"的隐蔽环境。人们在事先无法明了自动驾驶决策过程是否符合人类现有的价值判断标准和一定的伦理准则，这就加剧了人们对自动驾驶安全等伦理问题的担忧。此外，网络黑客篡改汽车数据、自动驾驶汽车的交通肇事、避险决策等问题，也是自动驾驶汽车在开发中必须注意伦理问题的重要原因。因此，为自动驾驶汽车确立明确的、可解释的伦理决策规则，对于社会公众理解自动驾驶具有重要意义，也为与自动驾驶相关的责任划分原则、保险规则、新的法规制定等方面的工作提供了重要参考。

6.2.2 经典电车难题

自动驾驶汽车在使用中始终会面临着一种伦理困境，这种伦理困境可以用道德哲学领域中的"经典电车难题"来统一理解。经典电车难题于 1967 年由哲学家菲利帕·福特提出。如图 6.4 中漫画所示，它的主要内容是："一个疯子把五个无辜的人绑在电车轨道上。一辆失控的电车朝他们驶来，并且片刻后就要碾压到他们。幸运的是，你可以操作一个拉杆，让电车开到另一条轨道上。然而问题在于，那个疯子在另一个电车轨道上也绑了一个人。考虑以上状况，你如何选择？"

图 6.4 电车难题漫画

从一个功利主义者的观点来看，明显的选择应该是拉一下拉杆，拯救五个人只杀死一个人。但是功利主义的批判者认为，一旦拉了拉杆，你就成为一个不道德行为的同谋，也就是你要为另一条轨道上单独的一个人的死负部分责任。然而，其他人认为，你身处这种状况下时你就得有所作为，你的不作为将会是同等的不道德。总之，不存在完全的道德行为，这就是难点所在。

在"电车难题"的一项调查中，68.2%的人同意拉拉杆，这比较符合功利主义的思想。在后来的几十年时间里，道德哲学家发展出了大量电车难题的后续版本，最典型的是"胖子"版本。情形与电车难题类似，不同的是，其中假设作为决策者的你站在一个天桥上，电车会从你的脚下通过。一个胖子站在你的旁边，这时你会发现，如果你把胖子推下去，就能阻止电车的行进。也就是说，牺牲这个胖子，就能救活其他五个人。你会这么做吗?在实际调查中，胖子版本受到更多的争议。事实上，在法律层面，很多时候对主动与被动有着严格的区分。因此，法律坚定地反对主动牺牲一个人去拯救很多人，尤其是这种牺牲是被迫的时候。

6.2.3　自动驾驶汽车"电车难题"的功利主义选择

电车难题的自动驾驶汽车版本假设如下场景：一辆自动驾驶汽车在公路上高速行驶，车辆上有五个人，在其后不到 100 米的地方，有一辆(可能是由一个疯子驾驶的)大卡车高速开过来，自动驾驶汽车必须加速前行，以与大卡车保持安全距离。但是，在自动驾驶汽车的前面，有一个人正好横穿马路。自动驾驶汽车如果采取制动措施，则会被大卡车撞上，就会车毁人亡；如果自动驾驶汽车加速，则它将把行人撞死。自动驾驶汽车里的智能决策系统会如何选择? 应该牺牲车内乘客还是路上行人? 与传统驾驶模式不同的是，这种选择需要由自动驾驶汽车这种智能机器自行做出。自动驾驶系统的智能决策设计，由此可能会陷入无尽的矛盾之中。事实上，自动驾驶汽车还有很多类似的伦理难题。

2015 年，有学者发表的研究报告显示，如果事故不可避免，多数人不愿将选择权交由机器。还有研究人员在 2015 年 6 月至 11 月间进行的六次网上调查结果显示，在面临伦理难题时，被调查者普遍认为自动驾驶汽车应采取利益最大化的"功利主义"选择，也就是选择能尽量减少生命损失的方案。例如，76%的被调查者认为，自动驾驶汽车选择牺牲一名车上乘客而不是多名路人是更加道德的行为。但与此同时，81%的被调查者表示，他们会选择购买保证车上乘客安全而不是路人安全的汽车。

新的研究证明自动驾驶汽车实际上面临更复杂的伦理选择，例如在将要发生事故时，是拯救车上的乘客还是挽救路人。法国图卢兹大学经济学院和美国俄勒冈大学、麻省理工学院的研究人员合作，在 2016 年 6 月 24 日的《科学》杂志上发表了如下几项研究结果。

其一，假如存在一场不可避免的事故，是救乘客还是路人? 研究人员在线咨询了 451人，当车上只有一名乘客并且只有一名行人时，75%的受试者表示应该救乘客。但是当行人的数量增加时，受试者开始转变立场。如果有五名行人和一名乘客，50%的受试者表示应该救乘客。当行人人数达到 100 人，乘客是一人时，有 80%左右的受试者表示要救行人。

其二，研究人员询问了 259 人，自动驾驶汽车是否应该给车辆设定程序以保护"人数更多的一方"？结果以 100 点评级方式来衡量，受试者对这一问题的平均支持点数为 70 点。但是当被问及他们是否愿意购买牺牲驾驶员的车辆时，其兴趣大幅下降，支持点数仅为 30 点。

上述研究结果反映了人们对于自动驾驶汽车的矛盾心态。人们并非接受保护多数人的观点，而是趋向于保护车中的乘客，哪怕车上的乘客明显少于行人。同时，人们又支持为车辆设定程序以保护人多的一方，并且对自动驾驶汽车不太感兴趣(不太愿意购买采用牺牲驾驶员策略的自动驾驶车辆)。

所以，对自动驾驶汽车是人为设定程序还是让其自主决策，以及电车难题是否会造成自动驾驶汽车的困境，目前还是莫衷一是。不过，在讨论自动驾驶的伦理难题时，有人提出了两个关键点。第一点是不能把人的生命交由人工智能来处置，即自动驾驶的系统编程不应该在人的生命中进行挑选，也不应该在受害者中进行抵消，但自动驾驶应秉持损害最小化原则。第二点是自动驾驶应避免陷入电车难题。从车辆的设计和编程开始，就应考虑以一种具备防御性和可预期的方式驾驶，自动驾驶应重在完善技术，并通过可控交通环境的应用、车辆传感器、刹车性能、危险情况中给受威胁者发出信号提示、通过智能道路基础设施等来预防危险，最大程度地增强道路安全性，避免两难局面的发生。

然而，要实现这两点不仅不太可能，而且陷入自相矛盾之中。例如，在自动驾驶程序中不允许涉及功利主义设定或假设，但是又要求自动驾驶应秉持损害最小化原则，而后者本身就是功利主义选择。

也有专家提出了反对意见，他们认为自动驾驶汽车所面临的道德困境并不同于"电车难题"。前者是一种切实可能发生的场景，人们必须对未来的汽车算法提供抉择依据。由此，他们详细对比了自动驾驶汽车的"事故算法"与"电车难题"的差别。前者涉及制造商、车主、监管部门等多个利益主体共同决定如何设计"事故算法"，而后者只涉及个体的道德抉择，并且前者的道德决策将直接担负事故的道德责任和法律责任；前者是一种对未来可能事件的预先设计或者说应急计划，而后者是一种当下选择；在认知情境方面，前者是在高度不确定性下的风险评估和决策，后者面对的是确定的并且已知的事实；而在道德原则方面，后者只涉及撞向多数还是少数人(或强者还是弱者)，而前者则涉及要牺牲车主还是行人，这就不再只是义务论与功利主义的冲突，还包含了人的自我保护以及自动驾驶汽车对车主的责任问题。学者们通过反思大量新闻报告和部分研究中将自动驾驶汽车的道德困难与"电车难题"类比的事实，刻画出了自动驾驶汽车在未来的可能事故中涉及的道德决策的复杂性、道德和法律责任的模糊以及道德原则的相互冲突问题。

2016 年，有专家根据自动驾驶汽车的特点，参照"电车难题"的各种变体问题，设计了相应的具体情境，以讨论自动驾驶汽车在可能的事故中面临的各种道德困难。例如，面对在高速公路上经常出现的野生动物，面对有不同防护措施的行人或摩托车，甚至面对众多穿过马路的小孩，自动驾驶汽车应当如何抉择。再如，设想有一辆自动驾驶汽车在高速公路上行驶，遇见一条狗横穿公路。这时的自动驾驶汽车上并没有人，自动驾驶汽车采取紧急措施，猛然转向，撞向护栏，汽车及车上的货物完全毁损，但狗的生命获救。这起事故是自动驾驶汽车的决策造成的。在关于动物伦理的一些准则里，可能设定动物生命比其他非生命的物体、对象或财产更为重要。这类准则会得到动物保护者的认可，但这类准则并不完全具有现实价值。因为，这种伦理决策可能不符合经济学假设。例如，从经济角度看，无人驾驶汽车避开的狗的价值可能只有 1 万元，而自动驾驶汽车可能价值 100 万元，因此这种伦理决策在经济角度缺乏现实意义。在这个例子中，狗这种动物因其与人类的关系而被纳入到伦理争议中。

还有很多其他的无人驾驶汽车要面对的伦理困难。例如，如果一辆公共自动驾驶汽车面临上述困境该如何决策？自动驾驶汽车的发展是否会纵容酒驾等不道德甚至违法行为？如果是以死亡人数的多少来设计无人驾驶汽车的智能决策程序，那么接下来是否还会根据年龄、性别、地位的高低来做出选择和判断？面对一位孕妇和一位老人，汽车面临选择时该撞向谁？如果是这样的话，是否也把人分为三六九等，并违背"生命面前人人平等"的原则？

从上述分析可以看出，自动驾驶汽车的智能决策系统很大程度上绕不开功利主义的选择。当然，这种功利主义在本质上还是由人类做出的选择，因为汽车的智能决策算法和软件是人类设计的。

6.3　自动驾驶汽车的算法伦理与人类伦理的冲突

我们在 1.3.1 小节中已指出，今天的人工智能技术都是面向特定领域、特定问题而提出和设计的专用人工智能。专用人工智能技术在解决电车难题时，存在着以下三个困难：

(1) 这类技术擅长解决环境相对封闭条件下的问题，对环境开放问题则常常无所适从。对于自动驾驶汽车而言，它所面对的环境并非人为设计好的理想封闭环境，伦理问题本身就是开放条件下的经验问题及价值判断问题。

(2) 自动驾驶汽车除了要应对行驶过程可能出现的各种伦理判断和选择问题，还要应对恶劣天气、临时交通管制、路面落物等复杂路况，因此，专用人工智能技术并不能为自动驾驶汽车在开放环境中提供稳定的、最佳的伦理策略。

(3) 尽管有先进的深度学习技术，仍然无法避免"解释黑箱"的问题——人们无法解释系统是怎样做出决策的，深度学习本身目前就存在人类难以理解其解决问题过程的问题。当前自动驾驶路线大多基于统计学习，决策依据更多来自概率而非逻辑模型，决策的信度和效度并不透明。这些问题令自动驾驶事故判定变得难度更高。

除了上述困难，人工智能技术并不能将所有的伦理冲突都转化为合理的经济等价形式去进行价值计算，结果就是，即使在车载计算机中嵌入所有的人类"道德律令"，也永远无法满足开放条件下自动驾驶的决策需要。归根结底，人类伦理的本质是价值的"判断"，而非价值的"计算"。专用人工智能系统没有人类丰富的伦理经验，无法自主进行价值判断，所以在专用人工智能框架下，无法解决自动驾驶汽车的伦理冲突。也就是说，自动驾驶汽车的算法、程序中包含的伦理问题(可以简称为"程序伦理"或"算法伦理")与"人类伦理"的差别很大。国外某公司的自动驾驶汽车测试致死案调查结果显示，自动驾驶汽车将前方骑自行车的人误认为是"其他物体"，导致了事故的发生。虽然这样的事件更多表明了自动驾驶技术尚有不完备之处，但"程序伦理"很容易导致生命安全被漠视，并且带来一系列法律问题。

自动驾驶汽车的"算法伦理"应当"以减少死亡为原则还是以保护车主为原则"，给自动驾驶汽车决策算法提出了道德挑战。有调查结果显示：

第一，自动驾驶汽车"算法伦理"的确定应由三方面参与，即政府提出汽车制造商可选择的编程类型，制造商进行具体编码，车主作为消费者可选择购买不同算法和厂商的车型。这也就意味着该调查显示出大部分公众并不希望市场只提供单一"算法伦理"的车型，公众希望自己能够拥有选择权，并且由政府的专业部门提供基础选项。

第二，在面对撞向更多路人还是牺牲自己的选择时，大部分人倾向于功利主义的道德算法，即拯救更多的生命，但在选择购买何种算法的自动驾驶汽车时，人们又绝对倾向于购买基于自我保护算法的汽车，而非功利主义算法的汽车。

相对于自动驾驶汽车的算法伦理，人类的优点在于，在正常的价值观基础上，还具备应急、变通的能力，但智能决策系统还不能做到这一点。在这些问题解决之前，自动驾驶汽车都会处于"有限条件下的自动驾驶"，人类不会放心地将交通安全和生命安全交到人工智能手上，因为人类目前还不能确保机器的价值观与人类的价值观完全一致。

那么社会是否就此终止发展自动驾驶汽车呢？不仅不是，而且恰好相反。想象一下以下的场景，一辆自动驾驶汽车停在路口，等待着前面的行人过马路，这时候，车子发现后面有另一辆卡车冲过来了，卡车可能不是自动驾驶的，因此，自动驾驶汽车无法判断后面的卡车是否有足够的时间来采取刹车行动，以及相关刹车的距离等。从整体上看，自动驾驶系统判断此时将无可避免地要发生追尾事故了，但是因为乘客坐在自动驾驶汽车的前排座位上，而卡车的速度本身也不是太快，所以追尾事故可能只会导致乘客受到轻伤，因此而导致乘客致命的风险极小。自动驾驶汽车如果启动规避程序，将车辆向旁边移开，转到旁边的车道去，那么这辆卡车就会冲进路口，碾压行人。对于人类驾驶员来说，可能出于本能会进行避让，从而导致行人被伤害，这种行为是符合人类的伦理准则的。因为人类不是全然理性的生物，在遇到紧急状况时并不能做出理智的决定，一旦人类感到惊慌，就只能全凭本能做出判断与动作。但是，对于自动驾驶系统而言，通过程序的精确计算，能够分析出避让行为与等待行为的后果，应该能够采取更有利的行动，避免最坏的后果发生。因此，虽然自动驾驶汽车在很多方面确实具备优于人类的潜力，但还需要在技术上不断完善。

6.4　自动驾驶汽车的数据伦理问题

自动驾驶汽车的应用建立在要输入大量的隐私数据的基础上，在驾驶过程中，系统需要了解用户的各种个性化的隐私信息，如家庭地址、工作场所、出行规律等，这些数据都会应用到系统中，以便于优化驾驶过程。但是，应用这些数据所带来的隐私问题、数据开发问题、利益问题等，都是需要提前考虑的。这需要相关各方必须重视自动驾驶汽车的数据伦理问题，才能全面地解决由此产生的系列问题。

6.4.1　自动驾驶汽车中的数据壁垒

2021 年 4 月 19 日，在上海车展的某国外著名自动驾驶汽车展位现场，一名女车主身穿"刹车失灵"字样的衣服站在车顶维权，引发热议。在此之前，该车主已针对车辆发生的事故进行了多次投诉，认为车辆发生碰撞的原因是刹车失灵，并希望厂商提供车辆发生事故前半小时的完整行车数据，而厂家方面则担心数据被当事人用来炒作宣传造成不良影响，拒绝提供相关数据。通常情况下，发生交通事故时，要以交管部门的调查和判定为准，对事故责任进行认定。但对于具备自动驾驶功能的车辆来说，事故原因很难在现场调查清楚，究竟是由于车辆本身有问题，还是由于驾驶者操作不当，很难下定论。在判断事故原因层面，车辆的核心数据起到了至关重要的作用。对于消费者而言，自动驾驶汽车具备很专业的技术门槛，普通消费者很难通过举证证明自己没有误操作，其知识水平、财力、物力远远不及车企，而厂商掌握着全部汽车事故数据，拒绝公开就形成了"数据壁垒"，使用户在事故调查中处于不利地位。监管部门表示，作为汽车生产者，企业掌握相关数据，应当利用专业知识严格自查，技术优势不应成为解决问题的阻碍。在类似的事故发生后，自动驾驶车企必须形成自我约束，主动消除数据壁垒，公开事故数据，对事故原因配合相关部门进行调查，才是企业应有的正确态度。

6.4.2　自动驾驶汽车的数据归属问题

厂商为何不愿公开事故车辆的完整的行车数据呢？按照公开的说法，是担心被恶意炒作。但也有业内人士分析，自动驾驶车辆涉及的数据非常复杂，包括外部环境数据、车辆数据和用户驾驶行为及隐私数据等，很多车企的技术迭代也是基于数据的积累，一旦公开数据，也会给车企带来相应的损害。这就衍生了一个关键的问题，就是自动驾驶车辆的数据究竟该由谁来主导？尤其是发生事故时，该如何对数据进行公开，要公开到什么程度？有专家指出，当前，用户数据和行车数据都会通过车辆的网联模块和移动网络传输到车企的数据库进行存储。但针对自动驾驶数据的确权以及发生事故后车企公布数据的流程，目前还没有明确的法律规定。有专家认为，在我国自动驾驶数据应该属于用户个人的权益，整车企业收集和使用用户数据需要获得用户的认可。事故发生后，整车企业应该根据用户要求公布数据，数据的公布方式应该由用户决定。

随着汽车技术智能化以及网联化等的飞速发展，汽车数据的所有权、占有权、使用权等情况也变得复杂化。但无论是在目前的自动驾驶阶段，还是未来的无人驾驶阶段，车辆数据的所有权该属于车辆的所有者，车企只是数据的保管者，车企有义务在必要的时候向监管部门和车主进行公开。

对于车辆的数据所属权的问题，应该分开来看。涉及用户的行车数据，属于用户的个人隐私，在未经过用户授权的情况下，车企是不可以提供给第三方或另作他用的；涉及车辆的技术数据，虽然由车主产生，却是由企业主导的。

数据归属涉及数据产权与隐私权的平衡问题。根据经济学领域的科斯定律，一项有价值的资源，不管一开始的产权归谁，最后这项资源都会流动到最善于利用它且能够最大化其价值的人手里。车企对于车辆的技术数据有权进行分析和加工，它们虽然由消费者产生，但确实应该归属于车企。只有当消费者对数据产生疑问时，才有必要在保护技术机密的同时，对相关数据进行适度的公开。

6.4.3　自动驾驶汽车的数据可信性问题

在上述事件中，厂商认为妥善解决问题的前提，应该是车辆先接受权威的第三方检测。而事故车辆车主表示，并非他们不接受第三方检测，而是希望找一家他们和厂商都认可的鉴定机构进行检测。厂商和车主的分歧实际上反映的是"事故数据的准确性如何确定或确保，由谁来确保或确定"的问题。

对于车主来说，即便走到诉讼环节，车辆也是要经由双方都认可的检测机构进行检测的，如果车主对任何检测都不信任，那是无法解决问题的。车主要进行维权，首先要通过合法的途径，符合程序规则。车主也有担心厂商篡改数据的疑虑，厂商可能既当运动员又当裁判员。第三方检测机构只能对硬件故障进行检测，无法检测到软件上的失误。通常情况下，车辆的数据，包括软件数据都是有存储的(本地存储或云端存储)，车企是无法对源代码进行修改的，除非代码本身在最初就存在参数错误。

　　针对事故车辆软件源代码的追溯，有比较漫长的周期，并非很容易搞清楚真实原因。事件中的厂商车辆数据是车辆网关读取的车内各部件信号，并以加密形式存储。存储后的数据采用加密技术记录，无法直接读取、修改、删除相关数据，在遇到执法和监管机构的调查时，厂商会完整、真实地提供车辆相关数据。上述事件发生后，厂商发布了事故车辆发生事故前 30 分钟内的数据，但围绕在"数据"层面的疑虑并未因此消除。现实的情况是，当车辆出现事故，消费者是很难对车企提供的数据持有充分信任的。在保证车辆数据存储完整性的同时，如何保证车辆数据的真实性和防篡改性，将是未来汽车产业面临的另一个重要挑战。即便厂商及时提供了相关数据，如何证明企业所提供数据没有被企业删除或者篡改，也将是未来车企不可回避的一道难题，而这也是政府部门安全监管面临的一个挑战。

　　随着自动驾驶的逐步商业化，也给监管部门带来了很多挑战，这种挑战远不只是体现在数据管理的层面上。自动驾驶涉及社会大众的生命财产安全，这要求其技术具有一定的透明度，并公开其伦理决策规则。但是，汽车制造商对编程和碰撞优化设计严格保密，因为算法等问题涉及制造商或设计者的核心商业机密。在技术上，目前自动驾驶技术的基础是深度学习，这种"黑箱化"的算法过程，本身会使使用者和社会公众心存疑虑。而在应用深度学习的过程中，需要使用大量的数据进行训练，同时这些数据的应用场景是否真正能够代表自动驾驶的复杂场景，数据是否存在着偏误，这些都会带来可信度的问题。

案例分享

NOP 领航状态下的交通事故问题

　　2021 年 8 月 12 日下午 2 时，某投资管理公司创始人、某餐饮管理公司创始人林某，在沈海高速涵江段发生交通事故，不幸逝世。讣告中特别提到，在发生交通事故中，林某驾驶着某国产品牌汽车，并启用了自动驾驶功能(NOP 领航状态)。

　　值得注意的是，在事故发生当天，林某家属发现汽车厂商的技术人员在未经交警同意的情况下，有私自接触涉案车辆并进行操作的情况。在所有人不知情的情况下，汽车厂商工作人员私下接触车辆属违法行为。这也是林某家属向警方报案的原因，就是想把这个违法行为确定下来。经调查，该汽车厂商技术人员确实存在未经交警同意，私自接触涉案车辆并进行操作的情况，当地交警于 8 月 15 日已传唤该技术人员做笔录。对此，林某的代理律师在其微博上第一时间进行了评论："跨过家属和交警，私自接触事故车，是明显不合法的。"事故方家属已经掌握了汽车厂商的工作人员私下接触事故车辆的系列证据，包括一份录音和一份视频。

6.4.4 自动驾驶汽车的数据监管问题

自动驾驶技术的发展非常快，法律法规滞后于技术发展是客观存在的。当新技术不断迭代时，法律法规和监管层面也要加快发展完善的步伐，做出适时调整。随着汽车、互联网以及大数据产业的发展，各行各业都需要一套关于数据管理的法规，尤其是要针对一些新情况、新趋势、新难点进行系统研究。目前针对自动驾驶数据安全的监管方式，各汽车生产主要国家仍在研讨当中。目前我国的相关法律法规，如《中华人民共和国网络安全法》《网络安全等级保护条例》《数据安全管理办法》等在智能网联汽车领域仍存在一定的不适用性。我国主管部门已针对智能网联汽车的网联安全问题，发布了《智能网联汽车生产企业及产品准入管理指南》(征求意见稿)。按照这份文件的要求，智能网联汽车产品应具有事件数据记录和自动驾驶数据存储功能，保证车辆发生事故时设备记录数据的完整性。驾驶数据包括驾驶自动化系统运行状态、驾驶员状态、行车环境信息、车辆控制信息等。事实上，在我国发布的《道路交通安全法(修订建议稿)》中，也对自动驾驶汽车产品提出了硬性的要求，其中便包括了自动驾驶汽车必须具有类似飞机"黑匣子"一样的数据记录系统，且要完整记录事件数据和各方面的自动驾驶数据等。政府部门可针对智能网联汽车涉及的不同数据类型，修订、补充不适应智能网联汽车发展所需的法规及标准，同时建议通过采用多中心化数据治理模式，进一步完善智能网联汽车的数据监管体系。车企基于车辆大数据开发的机器学习模型，必须要对数据脱敏后才可使用。政府层面应推动成立专门的第三方自动驾驶数据管理机构。

6.5 自动驾驶汽车的安全问题

随着自动驾驶技术的不断发展，全球主要汽车产业大国积极布局相关领域，通过项目资助、联合研发、推广示范等多种手段，推动本国自动驾驶技术与应用的发展。据不完全统计，2020 年，我国有融资信息的无人驾驶相关企业超过 70 家，融资金额高达数百亿元。此外，我国共有超过 1.2 万件与"自动驾驶"或"无人驾驶"相关的专利，其中于 2019 年新申请的专利超过 3000 件。可以肯定的是，全自动驾驶汽车在未来几年中一定会在社会上普及。有调查指出，如果汽车都采用自动驾驶系统，有望让交通事故数量减少 90%，但并非所有的车祸都能避免。2016 年 5 月发生在美国佛罗里达州的首个涉及自动驾驶的恶性事故，车主开启自动驾驶功能后与迎面开来的大卡车相撞。虽然事后调查显示汽车的自动驾驶功能在设计上不存在缺陷，事故的主要原因在于车主不了解自动驾驶功能的局限性，失去了对汽车的控制，但这起事件依然引发了公众对自动驾驶安全性的担忧。

自动驾驶汽车生产商承诺每年会减少成千上万的交通事故，但发生在某辆车上的事故对于当事人而言都可能造成生命和财产的损失。即便所有的技术都能解决，无论从理论还是实践上看，自动驾驶不会 100%的安全。因此，自动驾驶所引发的安全问题不容忽视。自动驾驶引发安全问题的因素多种多样，最大的因素还是自动驾驶算法及软件可能存在的漏洞等造成的安全问题。自动驾驶算法及软件都由工程师们开发设计，虽然任何软件都会存在一定的缺陷，但自动驾驶算法及软件的缺陷可能决定车主或者路人的生死，因此，应尽量避免这种缺陷造成的安全问题。其他安全因素还包括传感器故障等方面，例如由于雷达等传感器故障导致信息错误，进而导致交通事故发生。

除了上述安全因素，自动驾驶汽车与普通汽车同样存在黑客攻击或控制的风险，因为自动驾驶汽车与普通汽车在总体结构、通信和网络方面没有根本区别。一般而言，无论是普通汽车还是自动驾驶汽车，黑客入侵车辆主要通过如下三个途径：

一是通过 WiFi 系统入侵，如今很多汽车都搭载车载 WiFi，黑客通过无线网关漏洞就可能控制汽车；

二是通过蓝牙车钥匙等蓝牙系统入侵，黑客可以通过逆向工程做出与原厂遥控一样的蓝牙设备；

三是黑客通过云端破解车主账户的密码，登录该辆汽车的车联网平台，然后根据这个漏洞用手机 APP 解锁并启动车辆。

图 6.5 为自动驾驶汽车网络控制示意图。

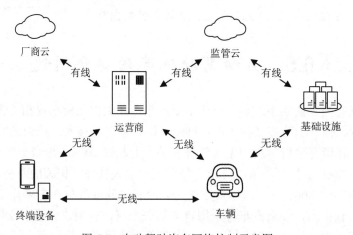

图 6.5　自动驾驶汽车网络控制示意图

但是自动驾驶汽车被黑客控制这种情况的发生是有局限性的。首先，汽车的车载电脑并不会被"黑"，被黑的前提一定是远程的。汽车的动力电脑和行车电脑目前并不具备远程功能，危险性不是最高的，真正有危险的是车载信息娱乐系统。由于汽车的影音娱乐系统是通过一种被称为"CAN 总线"的技术交换数据(本质上来说，CAN 是一种通信协议，只要汽车内有电子化、自动化的处理部件，都要通过 CAN 总线网络交换数据和控制命令)，而且这些数据都可以受到远程网络控制，所以黑客可以从这里控制该系统。只有这样，才有无尽的资源被车主使用，也会有更多的功能被添加进娱乐系统，例如汽车管家、导航或更加智能的人机对话功能。所以，装备了影音娱乐系统的自动驾驶汽车才存在更大的风险。如果汽车被黑客控制，导致事故发生，由此引发的安全、责任伦理问题更加复杂。

尽管自动驾驶汽车技术在不断进步和完善，自动驾驶汽车在真正像普通汽车一样大规模、全面普及之前，依然要面对安全、责任等重大问题。

6.6　自动驾驶汽车的责任问题

人类社会对于违反社会公众利益的错误行为的后果有着一套惩罚机制。在自动驾驶普及的情况下，对于道路交通事故的认定，其归责事由只有结果的"对与错"，而无主观上的"故意"或"过失"。很多理论上的伦理问题其实可以转化为现实中的责任问题。考虑到专用人工智能技术的特点，对于自动驾驶的责任问题可以分类讨论。

1. 封闭路段

在满足自动驾驶的封闭路段，道路服务商必须能够提供下述基本服务：

(1) 确保路面畅通，无杂物堆积，标记线和指示牌清晰无误；

(2) 为重要地点设立智能枢纽；

(3) 提供异常天气、地质灾害等的预警等。

如果道路工况不达标，道路服务商应对自动驾驶事故承担主要责任。如果道路工况达标，则应检视自动驾驶是否存在硬件或软件故障，部件有问题则由相关厂商承担责任，部件整合搭配问题则由整车制造商承担责任。如在满足自动驾驶条件下，在车辆前行方向出现了横穿马路的行人或动物，如果是行人违规，则由行人承担责任，如果穿行者是动物，则由道路服务商承担责任。这类似现在的高速公路，汽车可以高速行驶的预设前提是道路服务商为车辆提供必要的全程封闭管制，不允许非机动车或行人在高速公路上穿行。此时，自动驾驶汽车驾驶员不承担事故责任，自动驾驶汽车应该优先保护驾驶员。

2. 开放路段

在不满足完全自动驾驶条件的开放路段进行自动驾驶，其行为本身已经包含了发生潜在交通危险的可能性。此时，驾驶员如果仍然开启自动驾驶模式前行，不论有意或无意，都已在事实层面实施了自动驾驶行为。此时如果发生交通事故，则责任的认定有以下几种情况。

(1) 双方都遵守交通规则。由驾驶员承担主要责任，由自动驾驶部件或整车制造商承担次要责任。此种情况下，自动驾驶汽车应优先保护驾驶员。

(2) 驾驶员遵守交通规则，对方违反交通规则。由对方承担主要责任，由驾驶员承担次要责任。此种情况下，自动驾驶汽车应优先保护驾驶员。

(3) 驾驶员违反交通规则，对方遵守交通规则。如果因驾驶员破解系统造成与厂商版本不同，则由驾驶员承担全部责任，否则由自动驾驶部件或整车制造商承担主要责任。此种情况下，自动驾驶汽车应优先保护行人。

(4) 双方都违反交通规则。如果因驾驶员破解系统造成与厂商版本不同，则由驾驶员和对方共同承担责任，否则由自动驾驶部件或整车制造商与对方共同承担责任。此种情况下，自动驾驶汽车应优先保护行人。

综上几种情况，基于专用人工智能技术的自动驾驶系统不存在"机器道德主体地位"问题，机器不能作为法律惩戒对象而必须由责任人来承担责任后果。

事实上，自动驾驶汽车的事故责任认定问题，并未超越现行法律体系的有效调控范围。也就是说，应将自动驾驶系统也视为车辆专用系统的一个基本部分。例如，如果轮胎有缺陷，在正常使用情境下出了问题，则应该由相应的产品提供商负责。但驾驶员明知冰雪路面不该使用普通车胎，却依旧驾驶造成事故的，责任便由本人承担。自动驾驶事故的责任认定也亦如此。厘清了责任归属问题，就可以将自动驾驶汽车伦理决策判断和选择造成的某些后果进行认定，结合相关法律，使汽车开发者、汽车拥有者、汽车技术开发者可以按照相关责任原则、伦理原则和法律规定更好地发展自动驾驶汽车。

6.7　自动驾驶中的人机关系

随着自动驾驶汽车的普及，作为一种智能机器，它也成为改变人机伦理关系的重要媒介。自动驾驶汽车引发的值得人们担忧的人机关系问题主要有以下两个方面。

第一个担忧的问题是，自动驾驶过程完全由机器做出决策，人类不再占据主导地位。自动驾驶是人类第一次将自己的生命财产大规模地交给机器来做出决策，人类对机器的决策能力是否有充分的信任，决定了自动驾驶汽车能否大规模普及。从现有的研究看，在自动驾驶过程中，人机关系的处理存在一个误区。也就是说，自动驾驶无法取代人类决策，或者自动驾驶的决策无法获得比人类驾驶更好的效果。这个误区来源于两个方面：一方面是技术方面的，即技术专家认为人工智能无法完成诸如驾驶之类的复杂行动，并实现其中的决策；另一方面则是人类的思维误区，在涉及自身安全方面，人类是非理性的，宁愿被自己的大概率错误杀死，也不愿意因别人的小概率错误被杀死。伦理准则的建立与责任体系的划分是密不可分的，因此，不能完全脱离责任体系来谈自动驾驶的伦理。

第二个担忧的问题是，自动驾驶将导致人类能力的全面退化。以自动驾驶汽车为代表的人工智能产品正在悄然影响着人们的学习欲望。越来越多的人宁愿依靠智能导航系统来决定行驶路线，也不愿依从过往的行驶经验或道路指示牌。自动驾驶汽车与智能导航系统的结合，更加剧了人类学习能力的退化。现实中已经发生过由于依赖导航而发生的事故或惨剧。此外，由于交通安全与行驶路线可以交由自动驾驶汽车来负责，公众不再需要经过严格的驾驶能力考核就可以获得驾驶资格，因此导致人们的路况预判与风险规避能力将逐渐退化。这样，人们只会对自动驾驶汽车的依赖愈加严重，同时对道路交通的安全性更加挑剔，交通秩序也将承受越来越重的社会压力。关于人类能力退化的议题，更发人深省的是，如果自动驾驶系统发展到这样的一个水平，即它超过了所有的人类驾驶者，那么在这种情况下，人们能否会禁止人类驾驶汽车，或者禁止生产人可以操控的汽车，这类未来情景将导致人们对自身主体地位的担忧和反思。

6.8　自动驾驶汽车的基本伦理准则

2017 年 6 月，德国公布了一个自动驾驶的道德准则，这是全球第一个由政府机构公布的自动驾驶伦理准则。该伦理道德准则在价值追求上确立了以下原则：

(1) 安全优于便利。

当自动驾驶汽车行驶在道路上时，需要优先考虑的问题不再是出行，而是道路交通安全。

(2) 个人生命保护优于其他功利主义的考量。

法律对技术的规制方式是在个人自由与他人自由及他人安全之间取得平衡的；对人身权益的保护必须优先于对动物或财产权利的保护。

(3) 法律责任和审判制度必须对责任主体从传统的驾驶员扩大到技术系统的制造商和设计者等这一变化做出有效调整。

　　自动驾驶汽车的软件和技术必须被设计成已经排除了突然需要驾驶员接管的紧急情况的出现；在有效、可靠和安全的人机交互中，系统必须更适应人类的交流行为，而不是要人类提高适应它们的能力；驾驶系统需要政府许可和监督，公共权力部门应确保公共道路上自动驾驶车辆的安全等等。这个准则的核心是原则性较强，并不能解决自动驾驶所面临的决策伦理难题。从根本上看，德国公布的自动驾驶伦理准则最大的问题就在于，没有直面自动驾驶需要解决的决策问题，因而该准则只具有宣言性质，而无法真正在自动驾驶系统中实现。伦理准则真正需要解决的问题是，汽车在合法行驶的情况下如何由机器做出决策。如果按照该准则的要求，就不能在生命之间做出选择，这使自动驾驶汽车在面临此类情形时，只能被动地或者随机化地选择，这不仅在经济上将限制自动驾驶车辆的普及，而且会使人类陷入不可预知的恐惧之中。

　　基于前面的讨论，专家们为自动驾驶确立了以下最基本的伦理准则：

　　准则Ⅰ：自动驾驶系统必须尽力确保人类生命的安全。在这个过程中，所有人类生命都是平等的。

　　准则Ⅱ：在确保人类生命安全的过程中，如果面临着选择冲突，则车内人类乘客的生命安全优先于车外人类生命安全。但自动驾驶系统决策时必须权衡伤害的对称性。

　　准则Ⅲ：自动驾驶系统在遵守前两条准则的前提下，应确保其他生命、私人及公共财产的安全。

　　准则Ⅳ：自动驾驶系统在遵守前三条准则的前提下，应确保其自身的安全。

　　自动驾驶汽车的伦理准则并不能解决人类所面临的所有伦理难题，它所解决的只是应用自动驾驶的伦理准则，比人类现有的驾驶伦理准则有更高的安全性。尽管如此，在具体应用过程中，还会面临很多困惑，仍然需要细致的柔性的伦理准则进行辅助。

本 章 小 结

　　本章主要介绍了自动驾驶汽车的伦理问题的由来，通过经典电车难题阐明了自动驾驶汽车的伦理困境。自动驾驶汽车作为特殊的智能机器，是时代发展的产物，其伦理问题也是传统汽车从未遇到过的。自动驾驶汽车最基本的伦理问题是安全问题，其次是责任问题。解决这些伦理问题需要算法技术，更需要人类的智慧与机器智慧的结合。通过本章的学习，有助于读者加深对于机器伦理的理解，也有助于通过自动驾驶汽车理解具体的人工智能伦理问题。

习　　题

1. 经典电车难题对于自动驾驶汽车伦理有何启发意义？
2. 试阐述自动驾驶汽车算法伦理与人类伦理的冲突根源。
3. 自动驾驶汽车的责任伦理问题主要表现在哪些方面？
4. 自动驾驶汽车的安全问题如何解决？
5. 如何理解自动驾驶汽车的基本伦理准则？

第 7 章　人工智能应用伦理

本章学习要点：

(1) 学习和理解人工智能医疗中的伦理问题。

(2) 学习和理解人工智能教育中的伦理问题。

(3) 学习和理解人工智能军事中的伦理问题。

　　人工智能伦理问题大部分属于应用中产生的问题。随着人工智能技术的发展，尤其是深度学习技术的发展，使得人工智能在制造、农业、医疗、教育、军事、网络、商业、金融甚至文艺等各个领域都得到广泛使用。就像基因、纳米、生命等科学技术一样，人工智能应用不可避免地产生伦理问题。人工智能应用伦理问题与传统科技伦理问题区别还在于，人工智能赋能于机器之后，使得机器或系统的属性发生了变化，在代替人类一部分工作或做出决策时容易产生伦理问题。因为人工智能涉及领域极为广泛，本章主要介绍三个比较典型的应用领域，即医疗、教育和军事领域。这三个领域与人类本身密切相关，直接影响人的健康、教育乃至生命。通过本章的学习，可以更具体而深入地认识和理解人工智能在应用过程中产生的伦理问题。

7.1　人工智能医疗伦理

7.1.1　人工智能应用与医学伦理

1. 医学伦理学

医学伦理学是运用伦理学的理论和研究方法，以人、社会和自然为研究对象，遵守病人利益第一、尊重病人、公平公正等基本原则的应用伦理学分支。其目的之一是用来评价医务人员的医疗行为，目的之二是评价人类对医学的研究是否符合道德标准。

医疗伦理学主要有三个最基本的问题：由于医疗利益冲突而提出的"应该"问题；由于医学伦理学难题而引发的"应该"问题；由于医学伦理学观点理论不一致产生的"应该"问题。围绕这三个基本问题，医学伦理学主要是针对人的生命和行为规范两个方面进行研究，形成的理论体系思考构成医学伦理学的基本原理。由这三个问题分别引发的主要医学伦理学观点包括生命神圣观、生命质量观与生命价值观、人道观和权利观等。目前，医学理论体系中应用较多的是后果论、道义论和德行论三个基本伦理学理论。

2. 人工智能在医疗领域的应用

人工智能医疗是利用人工智能技术帮助甚至代替医疗工作者进行诊断与治疗的新兴医疗科学技术。人工智能技术在 20 世纪中后期开始引入医学领域，那一时期的研究人员提出并开发了许多临床决策支持系统，以辅助人们进行病史的记录和疾病的分类，作为简单的数据统计工具进而提升诊断效率。进入 21 世纪，随着人工智能的快速发展，人工智能技术已经开始被大规模应用于医疗相关行业中，在辅助诊断、医学影像识别以及疾病的预防检测等方面取得了长足的进展。通过大数据的采集、分析以及应用，医疗工作者可以通过人工智能系统完成一些检测类的重复劳动，并且辅助诊断和治疗方法的决策，从而更加高效、精准地为患者提供诊疗服务。从中体现出人工智能能够更快、更准确地解决临床诊断问题，并提供更精确的治疗方案。

图像识别技术作为智能技术引入医学领域的标志性技术之一，能够有效地帮助解决影像医生数量不足、漏诊率和误诊率高、阅读效率低、耗时长等问题，如图 7.1 所示的是一种医疗图像诊断系统。同时，机器学习算法广泛应用于医学图像分析、假肢控制、疾病诊断等领域，取得了显著的成绩。目前，人工智能技术已经成为了医疗诊断和治疗的常规辅助工具，在医学影像、药物研发、疾病风险预测等方面得到了普遍的应用，对提高医疗资源配置，降低医疗成本，提高治疗效率发挥着重要作用。

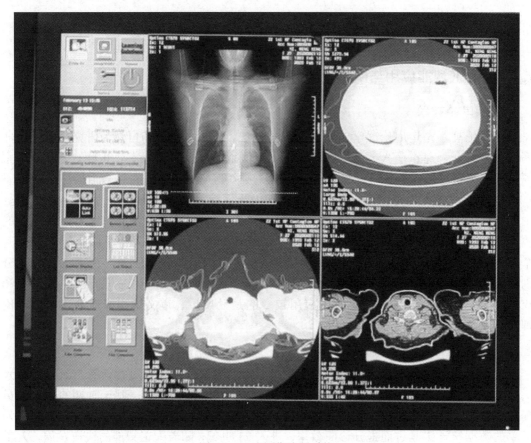

图 7.1　医疗图像诊断系统

　　将人工智能用于医学领域，对于提升医疗质量，增进医疗效能，具有无以估量的价值。然而，随着人工智能在医学领域的广泛应用，人工智能在诊疗过程中出现的伦理问题逐渐增多。因此，必须考虑人工智能在医疗发展和应用方面的伦理道德问题。智能医疗伦理或人工智能医学伦理就是指人工智能在医疗发展和应用中出现的伦理道德问题。

7.1.2　人工智能医疗的伦理问题

　　在近些年的发展中，人工智能在医疗领域的实践过程中遇到或出现的伦理问题主要有以下几方面。

1. 隐私和保密

人工智能在医学领域的应用主要基于医疗大数据，患者的几乎所有信息都是储存于医疗大数据库之中，包括了就诊记录、过往病史、过敏史、遗传病史以及各项体检数据等信息。

为了使患者得到更精准及个体化的医疗服务，极大地方便患者就诊，医疗机构需要进行共享医疗记录。共享医疗记录需要将各种健康数据与病例信息上传至统一的信息系统，人工智能通过数据分析迅速给出精准的医疗方案。因此，智能医疗系统将掌握大量的个人健康数据，这些数据都是患者个人隐私的内容。虽然人工智能在共享医疗记录占据优势，但个人隐私泄露风险却不断增大。这些风险问题包括：① 患者数据被二次使用；② 患者数据的部分性流失；③ 患者数据的访问权限；④ 数据匿名化的有效性和完整性；⑤ 数据是否可能被不正当地使用；⑥ 数据是否被他人用于牟取利益。例如，人工智能收集健康数据的方法都是一样的，但有些人可能会利用这种方法获取健康数据，并从中分析出某种疾病的风险，将此结果卖给一些保险公司，达到谋取个人不正当利益的目的。因此，医疗大数据的搜集和使用必然会涉及众多病人的隐私，这就涉及如何保护个人数据和隐私权，如何处理信息共享与个人隐私之间的关系等问题。而如何协调隐私保护和数据获得之间的平衡，是智能医疗面临的重要问题。

因此，对患者数据的使用必须遵从知情同意的要求，若没有经过患者授权，则任何组织或个人不得将患者数据挪作他用，更不得利用患者数据牟取个人私利，这是对患者隐私数据保护最基本的道德要求。只有在充分保护个人信息安全的基础上，通过推动大数据和人工智能的规范治理，有效利用及运用数据和人工智能技术，才可能实现提高医学科学水平和促进公共卫生安全及发展产业运用。

2. 算法歧视和偏见

与其他领域应用深度学习算法等技术类似，智能医疗系统学习所用到的训练数据是训练模型的基础，数据的质量直接决定了学习结果。训练智能医疗系统的数据可能并不真实地反映客观的实际情况，也可能潜藏着不易被察觉的价值偏好或风俗习惯，导致训练数据被污染，从而被智能医疗系统所继承。特别是当设计者存在某种特定疾病、性别、种族等偏见和歧视时，人的主观判断和某些观念可能融入其中，智能医疗系统产生的结果就会复制并放大这种偏见和歧视。算法通常可以反映现有的种族或性别健康差异，这种暗藏在算法设计中的偏见要比人为偏见和歧视隐晦得多。《科学》杂志曾报道，美国卫生系统依靠商业预测算法来识别和帮助有复杂健康需求的患者。该算法有明显的种族偏见，在给定风险分数下，虽然黑人患者比白人患者病情更严重，但是实际上根据系统预测结果，黑人获得的补助比例比白人低很多，如果这个差别得到弥补，将使黑人患者获得额外帮助的比例从 17.7% 提高到 46.5%。黑人在患病更重的情况下得到更少的补助，明显受到歧视和偏见，这种歧视和偏见产生的原因是算法根据大数据预测医疗费用，而不是预测疾病的轻重。

此外，对于少数受过外部创伤或者残障人士来说，智能医疗系统可能并不能给他们带来正确、高效地诊疗体验。这可能会让医生和患者失去对于智能医疗系统的信任，导致临床医生不愿意将其应用于临床决策中，患者也由于对系统偏见的疑惑而不愿意接受智能诊疗系统的诊断结果。

3. 依赖性

医疗机构过多地使用机器，是否导致病人缺乏人性关怀？会不会造成新的心理和生理依赖性？这是新的智能医疗伦理问题，传统医疗领域并不存在这类问题。因为，相对于人工智能技术，医生对信息的掌控能力和知识储备有一定的局限性，他们对疾病的正确诊断通常建立在长期的经验积累和专业素养基础上。智能医疗诊断系统依靠深度学习技术和强大的洞察力，快速处理海量信息，辅助医生提供最优地诊断建议和个性化治疗方案，提高诊疗效率和准确性，同时降低医生工作负荷。医生将有更多的时间用于与患者的沟通和临床科研。除了提高诊疗的准确性，智能医疗器械、系统的应用还有助于提升医生的信心。但是，如果从医人员过多地依赖人工智能精确的医学影像识别、大数据处理等能力，可能会降低医生自身对医学理论和新的医学问题的研究及学习兴趣，从而降低医学水准，导致医师对人工智能技术的过分依赖，进而导致医学技术本身的发展停滞不前。

4. 责任归属

虽然智能医疗技术越来越向智能化、精准化方向发展，但其应对突发情况的反应处置能力问题还需进一步研究。

以手术为例，在医生使用手术机器人为患者进行手术的过程中(如图 7.2 所示，世界最著名的达·芬奇手术机器人与医生协同手术)，假如因为机器故障导致患者瘫痪甚至死亡，在这种情况下，责任方应该如何判定？是设计者、手术机器人还是使用者？如果手术机器人是道德主体，它能否承担道德责任？有学者认为手术机器人的使用者和开发者应该对手术机器人带来的不良后果负责，也有学者认为手术机器人应承担道德责任。鉴于目前人工智能处于弱人工智能阶段，手术机器人尚未拥有意识，无法成为道德主体，设计者或者制造者应该成为医疗事故责任主体。若是人为操作失误导致医疗事故发生，则使用者(医院或者医务人员)应该成为医疗事故责任主体。

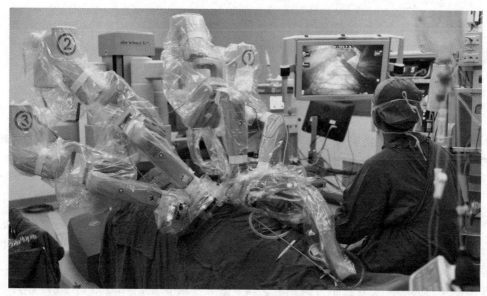

图 7.2　达·芬奇手术机器人

由于不具备产生民事法律关系的主体资格，包括手术机器人在内的各种智能医疗器械仅能被认定为辅助医生诊断的医疗器械。相对于普通的医疗器械产品，智能医疗器械具有复杂的设计、算法和医疗大数据。在当前不同的医疗细分领域，并没有一个统一的人工智能技术和安全标准，导致智能医疗器械的瑕疵鉴定成为空白，由其引发医疗事故或设计、操作失误后的责任难以界定。

在一线临床实践中，人工智能的自我判断能力以及它的自主性，使得侵害主体、归责对象的认定变得更为复杂。2018 年 9 月以来，有 230 家医院用户的 IBM 沃森诊疗系统因诊断错误以及开不安全药物而不断受到质疑。其主要原因在于沃森诊疗系统用于训练的真实病例数太少，导致某医学中心在花费巨额投资后不得不选择放弃该项目。误诊、漏诊常常会引发医疗纠纷，而这些纠纷的处理首先要分清其中各方应当承担的责任。责任到底是在当值医师、对应医院还是诊断系统的开发单位身上的问题，目前并没有合适的法律法规予以具体认定和解读。目前，我国的政策法规还没有赋予人工智能处方权，其给出的结论只能作为辅助诊疗的判断依据，而由此产生的误诊、漏诊也没有明确认定由谁承担责任。

因此，智能诊疗的责任归属问题势必要有更明确的规范，毕竟惩罚一部机器甚至销毁一位超级智能医生对于所造成的伤害都没有实质上的帮助，如何能够通过建立完整的责任制度来让技术更精准，管理监督更到位，使用人更信任，减少事故和避免憾事才是人类福祉。

Watson 的智能医疗

通过将 IBM 强大的自然语言处理能力应用到医学领域，世界上曾经最强大的超级计算机 Watson(沃森)可以阅读患者的健康记录以及完整的医学文献集，包括教科书、同行评议的期刊文章、经过批准的药物清单等。有了这些数据，沃森可能会成为一名超级医生，识别出人类无法识别的模式。

Watson 在肿瘤科的研究是通过吸收大量关于癌症的医学文献和真实癌症患者的健康记录来学习的。IBM 希望 Watson 能够凭借强大的计算能力，研究这些记录中的数百个变量，包括人口统计学、肿瘤特征、治疗和结果等，发现人类看不到的模式。它还跟踪每天发表的大量关于癌症治疗的期刊文章。在许多尝试中，Watson 的 NLP 和其他许多人工智能系统一样难以理解医学文本。在医学文本文档中，人工智能系统无法理解歧义，也无法找到人类医生会注意到的细微线索，所以 Watson 的智能尚无法与人类医生的理解力和洞察力相匹配。在对 IBM 的超级医生研究中，研究人员发现 Watson 无法将一个新病人与以前发现隐藏模式的癌症病人进行比较。医生们报告说，Watson 在老年患者身上表现不佳，没有推荐某些标准药物，而且有一个缺陷，导致 Watson 建议对某些癌症转移患者进行观察而不是积极治疗。这些研究旨在确定 Watson 在肿瘤学技术方面的表现是否如预期，但还没有研究表明它对患者有益。

由于上述原因，Watson 已经退出智能医疗应用领域，转而向其他领域发展。

7.1.3　人工智能医疗伦理原则

人工智能医疗应用应当遵守基本的伦理原则，这些基本原则一方面符合传统医学伦理要求，另一方面也体现人工智能技术在医疗方面的应用而带来的特殊性。

相较于人类医务工作者，智能医疗系统有着人类医务工作者不可比拟的学习能力，如果能够将道德判断与自我学习模式相融合于智能医疗系统，将会更加有助于智能医疗道德体系的构建。智能医疗伦理道德标准的建设应当将人类医学的伦理价值观念融入人工智能医疗体系中，智能医疗系统的伦理判断决策应当以人类医学的伦理价值观念为准则。如何将人类医学的伦理价值观念加入到医学人工智能是一个极其复杂的问题，因为人类医学的伦理观念是很复杂的，不同地区和不同文化都存在差异。人工智能医疗伦理是建立在人道主义基础上的一种持久稳定的理论模型。

世界卫生组织(WHO)于 2021 年 6 月 28 日发布了第一份关于在医疗卫生中使用人工智能的指南《医疗卫生中人工智能的伦理和管治》。这份 150 页的指南阐述了人工智能伦理使用的六项原则，其中一些原则与现有的使用和监管形成鲜明对比。指南认可了一套关键的伦理原则，WHO 希望这些原则将被用作政府、技术开发商、公司、民间组织和政府间组织的基础，采用合乎伦理的方法来适当地将人工智能用于医疗卫生，其中包括如下六项原则。

1．保护人类自主权

自主原则要求使用人工智能技术或其他计算系统不会影响人类的自主性。在医疗保健方面，这意味着人类应该继续控制医疗保健系统和医疗决策。尊重人类自主性需要确立相关职责，为了安全、有效地使用人工智能系统，有关部门确保能够提供所需的信息，并确保人们了解此类系统在医疗中发挥的作用。尊重人类自主性还需要通过适当的数据保护法律框架，保护医疗隐私和保密性并获得有效的知情同意。

2．人工智能技术不应该伤害人类

人工智能技术的设计者应符合明确定义的使用案例或适应症的安全性、准确性和有效性的监管要求。应提供人工智能医疗实践中的质量控制措施，以及随着时间的推移不断改进人工智能系统质量。人工智能技术不应导致人类精神或身体伤害。

3．确保透明度、可解释性和可理解性

人工智能技术应该为开发者、医疗专业人员、患者、用户和监管机构所理解或了解。提高人工智能技术的透明度和使人工智能技术具有可解释性是两种广泛的增强可理解性方法。透明度要求在设计或部署人工智能技术之前发布或记录足够的信息，并且此类信息有助于就技术的设计方式、应该或不应该以及如何使用进行有意义的公众咨询和辩论。人工智能技术应该根据其面对的解释对象的理解能力进行解释。

4．问责制

人类需要对人工智能系统可以执行的任务以及它们可以实现所需性能的条件进行清晰、透明地规范。尽管人工智能技术用于执行特定任务，但利益相关者有责任确保其能够执行这些任务，并确保在适当条件下由经过适当培训的人员使用医疗人工智能系统。患者和临床医生有权利评估人工智能技术的开发和部署。通过建立专人监督的方式实现算法的监管。如果人工智能技术出现问题，就应该追究相关方面的责任。对于受到算法决策不利影响的个人和群体，应该建立适当的机制进行纠正。

5. 确保包容性和公平性

包容性要求人工智能医疗系统能够被尽可能广泛、适当、公平地使用，不论年龄、性别、收入、种族、民族、能力或受人权法保护的其他方面特征。与任何其他技术一样，人工智能技术应该尽可能广泛地共享。人工智能技术不仅适用于高收入水平的国家，还应适用于中低收入水平的国家。人工智能技术应该最大限度地减少提供者和患者之间、决策者和民众之间的权利差距，以及创建和部署人工智能技术的公司与使用人工智能技术的公司和政府之间的权力差距。

6. 监控和评估人工智能医疗系统可持续性

人工智能系统的设计应尽量减少其对环境的影响并提高能源效率。也就是说，人工智能的使用应符合全球减少人类对地球环境、生态系统和气候影响的努力。可持续性还要求政府和公司解决可能存在的人工智能医疗中断使用的风险，包括培训医护人员熟练使用智能医疗系统。

7.2　人工智能教育伦理

7.2.1　人工智能教育与人工智能教育伦理

在讨论人工智能教育伦理问题之前，首先理解人工智能教育的含义。人工智能教育是近几年发展起来的教育领域的新方向。一般而言，人工智能教育有以下三方面含义：

(1) 泛指对社会各类非专业对象或各级各类受教育者，开展对人工智能的学习和理解的教育教学。也就是人工智能的基本思想、概念、原理及应用等基本知识方面的教育，包括人工智能科普教育。

(2) 人工智能专业教育教学。也就是经国家教育部批准高校设立的人工智能专业，培养掌握一定理论、方法和技术的专业人才。目前，国内有近千所高等院校开设了智能科学与技术、人工智能专业及机器人工程、大数据等其他相关专业。

(3) 人工智能技术在教育领域的应用，能够辅助提升教学手段和方法，包括如何将人工智能技术用于人工智能教学本身，也称为智能教育或智能技术辅助教育。

前两个方面可以看作是关于人工智能内容和意义的教育，第三方面是关于人工智能技术在教育教学中的应用。这三个方面都涉及伦理问题。前两个方面涉及的伦理可以称为人工智能知识或技能教育伦理，第三个方面涉及的伦理问题就是智能教育技术伦理，这三方面问题统称为人工智能教育伦理。

在传统教育伦理领域，主要包括如下伦理基本原则：

(1) 能否给教育活动的全体利益相关者带来福祉；

(2) 能否明辨是非善恶标准；

(3) 是否尊重教育公平和教育正义；

(4) 是否保护人的教育权、自由权和隐私权等基本人权；

(5) 是否尊重人，是否维护人的道德尊严；

(6) 是否履行教育的道德责任与义务等基本原则。

传统教育伦理主要强调的是教育者及教育过程中的伦理原则。相比传统教育伦理，由于人工智能教育涉及更多元化的问题，其伦理问题变得更为复杂。总体上，人工智教育伦理风险与问题可分为以下三类：

第一类是技术伦理风险与问题。

这类风险与问题包括所有人工智能应用领域都要共同面对的伦理风险与问题，如第2 章中讨论的数据伦理与第 3 章讨论的算法伦理。在人工智能教育中，有关教育决策是以教育数据为基础的。如果教育数据采集不全或是存在信息偏差，那么教育决策结果就会出现偏见或歧视。教育部门作为公权力部门，对学生等教育对象涉及的个人及家庭身份、生理、疾病等方面的隐私数据获取和管理更为容易，存在潜在的隐私泄露风险。人工智能教育算法伦理主要涉及算法设计的科学性，以及人工智能教育决策系统做出的道德决策和方法选择等方面的问题。

第二类是利益相关伦理问题。

人工智能在教育领域应用时要专门面对的特殊伦理风险。这些问题主要表现在教师角色扮演与职业道德、教育价值与教育公平、教育过程智能化导致的师生间伦理关系、使用者与智能教育系统的伦理关系等方面。人工智能教育需要确定涉及哪些利益相关者，其利益相关者同样应该包括这些角色。在构建智能教育系统的过程中，需要同时考虑系统创建者、教师、学生和监测员等利益相关者的伦理问题。

第三类是人工智能伦理教育问题。

人工智能知识或技能教育根据对象分为两方面：一方面通过高校设立的专业培养人工智能专业人才，使其掌握一定的理论、方法、技术及伦理观念；另一方面是对全社会开展人工智能教育，使人们理解人工智能技术及应用对社会、个人的影响。例如人工智能技术的发展可能造成一部分传统就业岗位消失以及一部分人失业等影响，应鼓励人们对人工智能带来的社会变革做好思想和行动准备。

对本书的内容学习实际正是人工智能伦理教育的一部分。本节中主要从人工智能技术在教育领域应用的角度，介绍智能技术教育伦理以及人工智能伦理教育等问题。

7.2.2 智能教育技术的伦理问题

1. 智能教育技术的作用

人工智能教育技术及系统，能够凭借其高度智能化、自动化和高精准性的数据分析处理能力与主动学习能力，承担一部分过去只有教师、管理者才能够胜任的工作。

在教育领域中应用的人工智能技术大致包括知识表示方法、情感计算、生物特征识别(语音识别、指纹识别、人脸识别)、可穿戴技术、视觉计算、机器学习、图像识别、推理机、深度学习、神经网络等。当前，人工智能的教育应用主要通过技术平台得以实现，技术平台的设计首先依据技术特性对智能技术进行分化，再根据不同的教育需求和社会场景对分化的技术进行系统综合，以服务多样化的教育需求。其具体作用包括如下几方面：

(1) 利用基于自然语言处理和深度学习的自动问答技术，能够自动回答学生提出的问题；

(2) 自动评价学生的学习与作业，并提供符合其认知状态的反馈和支持；

(3) 利用情感检测技术自动识别学生的身体动作和面部表情，识别学生学习过程中的情感需求，提供个性化情感支持；

(4) 模拟教师、管理者、学习伙伴、合作者和竞争者等不同的角色，促进交流与合作；

(5) 构建自适应学习环境，分析和判断学习者的学习风格和学习需要，为他们提供自适应学习支持服务；

(6) 利用决策管理技术辅助教师的教学决策和学习者的学习决策。

智能教育技术能够更有效地支持个性化教学，甚至在某些学习支持服务方面的能力已经超越了人类教师。

2. 智能教育技术应用引发的伦理问题

具体而言，第一类智能教育技术伦理问题主要包括如下几方面。

1) 数据引发隐私问题

智能教育系统的正常运行需要大量数据的支持，因而需要记录大量关于学习者的能力、情绪、策略和误解等方面的数据，其中涉及很多新的隐私伦理问题。在数据的分析和处理过程中，是否会涉及数据意外泄露，教师和学生应该在何种程度上控制自己的数据，保护自己不受到伤害和歧视。

如今教学系统功能愈加智能和丰富，不仅仅可以通过指纹、人脸、声音等生理特征识别用户身份，还能够搜集和记录环境信息，如图 7.3 所示，某中学利用人脸识别技术检测学生到校情况。智能教育系统掌握了大量的个人行为信息，如果缺乏隐私保护，就可能造成数据泄露。如果这些数据使用得当，可以提升学习服务的支持效果，但如果某用户出于某些目的非法使用行为信息，会造成隐私侵犯，甚至是违法事件。因此，设计智能系统时需要纳入隐私保护功能。

图 7.3　某中学利用人脸识别检测学生到校情况

2) 算法导致偏见问题

再好的算法也不能完美反映客观实在，其中必然存在诸多偏差与偏见。各种计算模型为了让教育过程、教育对象、教师行为便于量化分析，必然对其进行提炼，去除各种无法处理的复杂因素，再赋予看似合理的某些数值，以便将其纳入算法公式中。可计算的东西都由算法分析处理，而不可计算的东西则被摒弃，取舍之间算法就产生了偏见，从而导致设计者与用户面对的将是一堆可以得出某种答案的主观偏见与程序。

目前，人工智能系统主要通过深度学习等算法进行学习和训练，基于过去记录的历史数据做出决策和判断。如果利用深度学习算法对学习者及其学习进行评价，那么只能根据过去的标准和方法，如根据特定历史文化背景下的成功衡量标准来进行评价，这将会使学习算法不可避免地产生历史或文化的偏差与偏见，局限于依据历史案例的平均化数据进行处理，而在处理具有创造性和创新性的学习活动方面就会面临极大的挑战。因此，对于教育大数据，应该如何分析、解释和共享，如何纠正可能对个别学生的合法权利产生负面影响的偏见(有意识和无意识的)，尤其是在考虑到种族、社会地位和收入不平等的情况下，是需要认真对待的问题。

人脸识别产品在识别不同性别人群的准确率存在差异，许多产品识别男性受试者的准确率均高于识别女性受试者。换句话说，常见的人工智能技术产品尚无法对学生的表情做精准的情绪判断，学生的年龄、性别、长相等都可能影响判断的准确性。目前也尚未有可靠的研究证明人工智能教育产品所采集的学生情绪和行为特征与其学业成绩、个人发展有必然的联系，不少企业还只是处于希望通过数据研究证实存在关联性的阶段，其所给出的报告不具备学理可信度。但是如果学校管理层或老师在半信半疑中开始基于这些数据做决策，就可能造成偏见或歧视，从而可能给学生带来巨大的心理伤害。

3) 算法导致教育形式化问题

因为算法和计算模型是高度简约化的，所以运用算法分析学习或教育过程将付出丧失部分重要信息的代价。用简化为本质的计算模型和算法对教育对象和教育过程进行计算，所使用的信息多为替代变量，而不是可靠的直接变量，计算模型对教育对象和教育过程的量化和简化，使教育失去了丰富的内涵和诸多有价值的成分。基于高度简约化算法设计的虚拟仿真、虚拟训练并不真正等同于真实情境的学习，模型不能模拟出教育情境和教育过程的复杂情形。算法无法像教师那样直接回答学生的疑问，更无法像教师那样以具身的形式把实践操作经验等默会知识教给学生，学生按照算法设定的程序进行操作，会导致学生知识碎片化、学科视野狭窄、协作沟通能力和应对复杂问题的能力不足，以及教育过程被形式化、浅层化、表面化等一系列风险。

4) 算法导致学生同质化发展问题

与传统的班级授课制相比，算法的大规模使用将受众通过技术分流到不同地点、不同时间。表面上看，人工智能实现了教育方式的分众化、一对一、个别化，但当所有的受众背后都面对同一个计算模型和算法时，实际的结果反而是合众化的。学习是个性化的，每个学习者的问题表现不同、原因不同，算法如果规模化使用，以一种模式对待所有学生，容易伤害学生个性，固化学生思维。各种个性化推送算法的教育应用本意在追求培养目标和学习方式的个性化，从学习者的思考方式、兴趣爱好、学习特点等方面为学生提供个性化、定制化的学习内容和方法，从知识关联和群体分层层面向学生推送学习建议和学习策略，力图做到因材施教，而大规模使用反而有导致学生素质发展同质化、学校教育趋同化的风险。

5) 算法导致教育内容狭隘化

智能计算模型能体现的只是教育的知识传授部分，也就是知识的显性部分，教育过程存在大量无法评估或测度以及无法将其植入算法的"知、情、意"等隐性知识，还有体现教育价值的公平、正义、认同、爱、创造力等伦理内容。由于算法的计算模型缺失了这些更有价值的信息，不可避免地造成教育内容和教育方法狭隘化等问题。例如，一些辅助学习和考试的智能教育算法的优化目标被设为提高考试成绩或学会更多显性知识，从而进一步将显性知识传授和记忆价值放大，使教育方式演变为偏狭的"刷题"式的逻辑计算和记忆写作，进而放大、强化既有教育体系中错误的教育质量观、题海战术、灌输教育等痼疾，把应试教育更加"精细化"，为教育变革带来不可预知的风险。

6) 算法导致教育被控制的问题

当前，深度学习算法输入的数据与输出的结果之间，存在着人们无法洞悉的过程，这不仅意味着不能观察，还意味着人们无法理解算法和它生产的内容。当将这种算法应用于教育时，人们很难理解算法处理教育问题的逻辑，算法也很难向人们解释它处理教育问题和看待教育过程的方式。算法按照它自行演化的规则处理教育问题，以其自身的逻辑对待学生和对待教育，学生和教师却毫不知情，教师无法判断他们依据算法做出的决定是否正确，是否符合学生需求，会不会对学生成长造成伤害。这样，无论人们理解与否，都将被动接受算法输出的结果。数据不被人们所知，算法实现逻辑不被理解，在不知道深度学习等算法是怎么工作的情况下，将其应用于教育过程，其中蕴藏着非常大的风险，使用规模越大风险越大。

例如，广州市某中学于 2018 年采购了一批智能手环。这些手环有着课堂自动签到、实时跟踪、运动数据采集、校园门禁、实时监测学生异常行为并及时预警等诸多功能。校方希望借助这些手环达到更新走班信息、预警健康情况、构建无卡校园等目标。但是，由于企业在招标书中将对学生的行动轨迹监控作为优先且重要的功能予以表述，曝光后引发了严重的网络舆情，有人将学生的智能手环类比为国外保释犯人的脚环，出现了"校园信息化"还是"校园监狱化"的批评。

7) 移植开源代码和现成算法导致教育异化的问题

应用于教育的算法应以教育常识、教育知识和教育规律为判断标准和规则，使用开源代码和现成算法解决教育问题，采纳的是为其他领域设计应用程序的共同规则，是按其他领域的逻辑思考来分析和处理教育问题，计算以及分析教育中一切可以被计算和不可被计算的人、目标和方法，是用计算机逻辑和其他领域的逻辑及规则取代教育逻辑和教育规则。

针对工业、商业领域的应用场景开发的深度学习等算法，如果被移植用于分析教育过程时，虽然同样是分析人的行为，但因应用场景的变化，需处理的问题更宽泛，算法可能会得出与实际毫无关联的计算结果。把以物为指向对象的算法应用于人身上，特别是应用于以影响人的发展为宗旨的教育过程中，会颠覆人性和教育的基本预设，使教育异化为工业、商业，使人异化为物、数据或信息，给受教育者的发展带来巨大的风险和伦理问题。

8) 算法鸿沟导致教育不能及时被化解

算法的教育应用本质上是个教育问题，在算法的设计者和使用者之间、算法技术和教育方法之间存在巨大的算法"鸿沟"。由于算法设计人员可能缺乏相关的教育本质、教育需求、教育过程、教育方法等背景知识，不了解学生和教师真正的技术需求，因此算法不可避免会被植入各种误解、臆断或错误观念。使用这些算法的教师由于不掌握衡量智能教育技术的质量和正当性的技术，无法发现算法本身的问题，即使能发现问题也缺乏完善和更新算法的技能，无法化解算法的风险。算法鸿沟使算法设计者和使用者之间缺乏有效的沟通反馈机制。开发人员接收不到可用于修正的反馈数据，就不可能对算法错误进行修正与改善，算法得不到进一步学习的机会，错误就有可能一直延续，算法应用的风险就得不到及时化解，而教师对于这种风险缺乏应有的认识和足够的警惕。

3. 智能教育系统应用引发的伦理问题

除了上述数据和算法导致的教育伦理问题，在智能教育系统方面，也有一些新的伦理问题出现，主要包括以下两方面。

1) 智能教育系统降低学生学习体验和认知能力

智能教育系统为一对一学习支持服务的实现提供了可能，可以针对不同的学生采用不同的教学方法，激发学习兴趣，从而提升学习者的学习表现。随着智能教育系统的功能越来越强大，它在教学的过程中到底应该扮演一个怎样的角色。此外，在机器被赋予一定评判权后，智能教育系统在何种情境下辅助学生学习，才能够帮助学生达到更好的学习效果是一个问题。传统教育模式下，教师对学生的友善态度和及时反馈有助于他们获得自信心，促进他们健康情感的发展。但是，由于人工智能技术支撑的平板电脑、智慧教室(如图 7.4 所示的一种智慧教室场景)等智能教育系统的使用，使传统师生关系受到影响，它们可能会削弱师生之间的联系水平。智能教育系统可能会剥夺大量的学习者与教师和同伴交流的机会，影响他们参与有意义的人类社会活动的能力。这些结果表明，智能教育系统可能不如教师更具有亲和力，大大降低学习者的学习体验，甚至会让学习者变得沮丧，降低他们的学习动机，使其不再愿意去主动解决问题和进行理性思考。

此外，由于人类神经系统是可塑的，智能教育系统在给学习者提供个性化的学习支持服务的同时，也可能会剥夺他们的很多思维训练和学习体验的机会，改变他们的大脑结构和认知能力。尤其是在学习者大脑发育的关键期过度使用认知技术，将可能带来不可逆转的严重后果，这对他们发展更高级的认知技能和创新能力是非常不利的。

图 7.4　一种智慧教室场景

2) 智能教育系统决策能力与监督问题

目前，国内外很多人工智能系统进入针对学生和教师的教育决策场景中。例如，引入人工智能技术分析学生的学习行为。俄罗斯多所高校从 2017 年开始应用大数据技术，采集学生成绩、校园行为、参与公共活动频率等数据进行分析，学校会根据呈现出的分析结果，自主决定对某位表现不良的学生的干预措施，如鼓励、警告或者开除。高校负责人指出，引入人工智能系统有利于消除来自教师的偏见，但最终决策必须由学校做出。人工智能系统只是作为"问题发现者"而存在，呈现客观分析的结果。校方应基于系统的支持，充分地发挥主观能动性，使用沟通、观察等方式了解客观数据背后的主观因素，最终做出明智的决策。另外，还需要建立起监督机制，在技术上保障人的自主能动的同时，也避免系统在运行过程中产生其他的副作用。

但是当此类系统呈现不透明、不可解释的状态，就会削弱人类对其的信赖程度。例如，2017 年，美国休斯敦学区校园推广的人工智能决策系统引发了教师的大规模诉讼。该学区使用一家软件公司开发的智能评价系统，可以依据学生的标准化考试成绩评价教师的教学能力，宣称要解雇 85% 的被打上了"无效"标签的教师。企业声称此软件的算法为商业机密，拒绝告知教师其工作原理和机制，进而使矛盾激化，引发了大规模法律诉讼，最终退出了校园。

7.2.3　人工智能教育面临的利益相关伦理问题

人工智能教育面临的利益相关伦理问题，也就是第二类人工智能教育伦理问题，主要包括如下几方面。

1. 系统创建者伦理问题

教育人工智能的创建者包括系统设计师、软件架构师、程序员等设计开发人员。他们在设计、开发教育人工智能的过程中，需要在综合考虑其教学应用效果的同时，兼顾教师和学生的利益。他们需要在保证教育人工智能的稳健性、安全性、可解释性、非歧视性和公平性的同时，支持教师和学生的主观能动性，重视师生的身心健康和学生综合素质的全面发展，而且需要能够支持问责追因。教育人工智能的创建者应该清楚各自承担了什么样的伦理责任。设计师需要了解不同用户之间存在的能力、需求及社会文化等方面的差异，真正基于善良的动机设计产品，避免任何形式的伤害与歧视。软件架构师需要构建安全、可靠和透明的系统架构体系，在保护用户个人数据安全以及保障系统可靠运行的同时，更好地支持问责追踪。程序员需要设计无偏见的算法，使其能够公平、公正地对待每一位用户。

2. 教师伦理问题

人工智能技术将会实现很多职业的自动化。教师的日常工作，如教学评价、教学诊断、教学反馈以及教学决策中的很大一部分都将由教育人工智能分担，教师角色将会不断深化，最终发生转变。一方面，教师将从一些重复的、琐碎的日常事务中解放出来，能够有更多的时间和精力投入到更具创造性、人性化和关键性的教学工作中去。例如，创造和部署更加复杂的智能化学习环境，利用和扩充自身的专业知识，在恰当的时间为学习者提供更有针对性的支持。另一方面，对技术重要性的加持，将对教师工作及角色产生直接影响。例如，可能会掩盖教师的个人能力、知识及人格等方面的重要性，削弱教师的主观能动性。

在算法时代，教师正成为教育内容的消费者，而不是教育内容的创造者，教师依靠算法决定传递何种教育内容以及采取何种教育方式，其教育行为受算法的调节和限制，可能会被导向固定的路线，就像演员只能按照剧本表演一样。由于算法的不透明和不可解释性，教师对算法背后的理论假设和做出某项具体决定的逻辑一无所知，只是机械式运用，这就使教师的专业素养很难得到提升。过度依赖算法，将使教师逐渐失去认识学生、了解学生、因材施教的能力，丧失对教育情境、教育问题的独立思考和自主判断能力，就像很多教师过于依赖 PPT，离开电脑、多媒体就无法上课一样。

近年来，人工智能应用的深化与泛化引发了"机器替代人"的恐慌，越来越多的职业正逐步被智能机器取代。人工智能带来的职业替代风险在教育领域同样存在，主要是对教师角色的挑战。尽管多数研究者认为教师职业的特殊性决定了它被人工智能替代的可能性很小，但不可否认的是，教师的许多工作内容将会被替代。因此，教育人工智能将对教师的能力素质与知识结构提出更多新的要求，他们不仅需要具备一定的关于教育人工智能设计、开发和应用方面的能力与知识，而且还需要具备一定的伦理知识，使其能够以符合伦理原则的方式将教育人工智能融入教育实践。

因此，在智能化教学环境下，教师将面临以下新的伦理困境。

(1) 如何定义和应对自己新的角色地位及其与智能导师之间的关系；

(2) 利用智能教育系统采集和使用学生的学习行为数据，为其提供教学支持服务的过程中，如何更好地维护师生交流感情纽带；

(3) 在新的教学实践环境下，教师应该具备什么样的伦理知识，需要遵循什么样的伦理准则以做出伦理决策。

3. 监测员伦理问题

在人工智能场景下，监测员包括制定智能教育系统标准的机构或相关人员、数据专员等，他们主要负责对系统的一致性、安全性和公平性等方面进行测试、调查和审查。安全测试一般在智能教育系统部署之前进行，而审查需要检查系统过去的输出，因此，需要一个备份系统存储智能教育系统的数据、决策及解释。监测员正是通过这些数据和解释与智能教育系统进行交互，分析和审查智能教育系统做出教学支持服务决策的一致性、安全性和公平性，并提出相应的整改措施。为了保障师生的人身安全、隐私权等基本权益，智能教育系统要有应对攻击的能力和提前预设的后备计划，同时保证高准确性、可靠性和可重复性。

因此，保证智能教育技术及其系统的可解释性，需要对其做出的决策、判断和学习支持服务建立相应的存储保留机制和解释方案，以供监测员审查，并通过第三方机构来保证智能教育算法及系统的设计、开发和应用是符合教育教学伦理规范的。审查之后，监测员还需要向创建者提供如何改进智能教育系统的反馈，如重新训练模型、提高模型的公平性和保护学生隐私数据的安全策略。

4. 教育公平问题

人工智能教育技术的初衷是要增进教育系统内各利益相关者的福祉，让更多的教师和学生受益，需要尽量避免因为数字或算法鸿沟而导致的新的社会不公平。人工智能教育领域的算法或数字鸿沟，不是简单地由社会经济地位差异而导致的对技术设备的拥有和访问权的悬殊引起的，而是由一系列复杂的影响因素构成，如信息素养、人工智能素养、对待教育人工智能的态度、应用能力和使用意向等，它们会影响教师和学生应用教育人工智能的目的、方法和策略，进而影响最终的教与学效果，从而带来新的教育不公平。历史经验也表明，新技术的应用往往并不会缩小教育的不平等，反而可能扩大教育的不平等，这其中涉及技术应用的能力、效果和效率等方面的问题。

5. 对教育正向价值的压制

提供精准的个性化服务以及将难以理解的知识精准清晰地表示出来是人工智能教育应用的目标。也就是说，人工智能在具有育人价值的教育面前，只是一种工具的存在。

将人工智能应用于教育为教育变革带来契机，应当永远注意技术是服务于教育的，是为人类更好地生存和发展的，技术本位的思想尤其值得审视与反省。事实上，在教育领域对人工智能的顶礼膜拜、盲目乐观这种苗头已经显现，这就造成工具价值僭越了教育的育人价值。

教育离不开价值的判断和选择，任何教育资料在呈现给学生之前都需经过必要的价值审视。但因为人工智能自身的特性，使其无法对所有的数据进行价值审查。人工智能教育应用不可避免地对学生的行为方式、思维习惯、价值观念产生影响，其负向价值就会对教育产生干扰，与教育应有的正向价值产生冲突。因此，在人工智能教育应用中，必须始终坚持教育的正向价值取向，仔细审视并正确处理人工智能背后的负面价值。

7.2.4　人工智能伦理教育

人工智能伦理教育问题要明确人工智能教育的本质是在人类命运共同体理念指导下，培养未来社会主义需要的复合型人才及新人类的教育。人工智能教育应使受教育者充分理解人工智能对未来人类社会经济、科技和文明发展的重要作用，具备未来智能社会发展需要的人工智能理念和素养。使受教育者认识到智能机器对人类生命存在意义和价值的挑战，并反思人之为人的意义，并将反思与国家、社会发展、人类进化和人类文明整体升级相融合，成为关心人类命运的未来社会主义新人类。鉴于人工智能对人类社会的整体性影响，全学科、全专业、全社会都要开展人工智能教育。人工智能教育要从宇宙大历史和人类命运共同体的高度，使学生理解人工智能对于国家、社会发展和人类未来命运的意义。关于宇宙大历史观及人类命运共同体的含义见第 11 章。因此人工智能教育不应像其他任何传统理工学科一样，单纯培养理工科技术人才，而是要发展理、工、文、法、医、农、商、管、经全专业、全学科的人工智能教育。

人工智能教育及伦理教育要充分发挥人工智能多学科、多领域理论、知识交叉的优势，培养学生多学科交叉思维和创新意识。人工智能伦理教育应激发学生学习人工智能的热情和人机协同创新的思维，认识到机器智能与机器创造的巨大作用，使学生系统理解和掌握智能技术和方法，学习利用人机协同技术和方法解决各类实际问题，充分意识到机器智能的崛起对自身存在价值和意义的挑战。推进人工智能伦理教育体系的构建，为人工智能教育提供伦理支持，不仅是人工智能技术发展的需要，也是人工智能教育发展的必然要求。人工智能伦理教育主要从以下方面展开。

1. 建构高尚的人工智能科技伦理

面对人工智能技术应用产生的伦理问题，必须认真反思科技对人类社会生活与生产的影响，这是从科技伦理的角度反思人工智能所带来的技术伦理问题。

2. 制定人工智能教育伦理规则

制定人工智能教育伦理规则的目的是明晰人工智能教育技术的伦理边界。伦理规则是对人工智能"有所为"与"有所不为"的伦理规定，但凡涉及教育活动的人工智能技术皆应在人类的伦理规则内运行。

3. 搭建人工智能教育伦理规范体系

为权衡人工智能的教育应用与伦理风险，追求人工智能教育应用的最大限度，应积极探索人工智能教育伦理的风险监督、评估与应急机制，搭建人工智能教育伦理规范体系。

4. 开展人类命运共同体理念指导下的人工智能伦理教育

人工智能伦理教育应教育学生认识到人工智能对于全人类生存发展的重要意义和推动作用，"人类命运共同体"作为指导全人类团结一致地共同面对未来挑战的理念和思想，应是人工智能伦理教育的核心理念和思想。人工智能专业及各专业和社会行业、领域都应以人类命运共同体理念为指导，深入开展人工智能伦理教育及相关研究。

7.3 人工智能军事伦理

7.3.1 人工智能军事伦理问题

人工智能技术除了可以为改善人类生活，创造更好的社会环境提供帮助，在军事领域，人工智能一直在发挥着巨大作用，甚至远远超出民用领域。军事专家认为，未来的战争是以人工智能为基础的高技术智能武器战争。以无人机、无人艇、水下机器人及其群体等组成的智能无人作战武器系统，不仅在战争中可以有效打击敌人，也给很多国家和地区的人们造成了伤亡和痛苦，造成人道主义问题。某种程度上，军事领域的人工智能是一种破坏性力量。

人工智能首次控制空军作战系统

2020 年 12 月 15 日，某大国空军首次成功使用人工智能副驾驶控制一架侦察机的雷达和传感器等系统，这是人工智能首次控制军用系统，开启了算法战的新时代。从三年前开始，该国空军向数字化时代迈进。最终开发出军用人工智能算法，组建了第一批商业化开发团队编写云代码，甚至还建立了一个战斗云网络，通过该网络实现以极高的响应速度击落了一枚巡航导弹。

以目前已经在战场广泛应用的战斗机器人为例，机器人应用于战场可以减少人类战士的伤亡带来的痛苦。随着各国在无人战斗系统上研究和投入大幅度增加，能够自己决定什么时候开火的机器人将在十年内走上战场。如图 7.5 所示，展示了世界各国研制和使用的各种类型的智能无人作战武器及系统。有军事专家认为，20 年内"自动杀人机器"技术将可能被广泛应用。对此，不少人感到忧虑，对于这些军事机器，人类真的能完全掌控它们吗？

(a) 履带式无人作战装甲车

(b) 轮式无人作战装甲车

(c) 履带式无人作战坦克

(d) 履带式战斗机器人

(e) 人形战斗机器人

(f) 察打一体无人机

图 7.5　多种无人作战武器系统

　　军事领域的人工智能如果被滥用，就注定是一种破坏性力量，从对平民造成伤害和痛苦，到人类文明社会发展的破坏。因此，越来越多的人赞同，没有人类监督的军事机器人或智能武器是不可接受的。面对智能武器在现实中造成的人道主义等伦理危机，如何在战争中避免智能武器应用带来的人道主义等伦理问题，是摆在各国军事武器专家和指挥家面前的重要课题。

7.3.2　战斗机器人的道德问题

　　在战场上，士兵生命随时都处于危险之中，命悬一线时，士兵的心智往往为恐惧、愤怒或仇恨所蒙蔽，即使是训练有素的士兵也难免违反《日内瓦公约》之类的战争法则。曾有调查结果显示：某大国在伊拉克驻军当中，只有不到一半的人认为，应予以非战斗人员应有的待遇和尊重；17%的士兵将所有的伊拉克公民都视为叛乱分子；超过三分之一的人认为在特殊情况下，虐俘是可以接受的；近一半的士兵表示不会告发同僚的不道德行为。调查人员发现，被沮丧、愤怒、焦虑等负面情绪困扰或是沉浸在丧友之痛中的士兵，更倾向于虐待非战斗人员。

　　在战场上，很多士兵不愿把武器瞄准对方，因为他们不愿伤害对方，或为了保全自己而不愿刺激对方。但是，战斗机器人却可能精准感知并无情地瞄准、射击对方。战斗机器人的潜在好处是它们没有自我保护的本能，不会变得愤怒或莽撞，亦不会因恐惧而失控。作为"战争助理"的自动机器人可以完成各种危险任务，如参加反阻击战、清除恐怖分子隐匿点等。因为战斗机器人"不需要保护自己"，也没有恐惧和同情心，所以比人类士兵更有战斗力。

　　有军事专家认为，在战场上，"战斗机器人可以比人类士兵更遵守道德"，它们可以做出更符合伦理道德的决定。专家们为战斗机器人所编写的程序可以包括战争法的种种规定以及一些复杂的伦理问题，例如何时可以向坦克开火，如何区分平民、伤患、投降者和恐怖分子等等。在某个案例中，一架飞行器在掠过公墓时检测到潜在的攻击目标(一辆坦克)，然而与此同时亦有一小群平民在此扫墓。因此，飞行器决定继续前行，此时它发现田野里停着一辆孤零零的坦克，于是便开火摧毁了对方。在面对墓园之类的目标时，杀伤性的攻击是不道德的，不仅仅是因为墓园这一地点的神圣性，更因为攻击将给平民的生命安全带来极大的危险。而当机器人发现其他没有风险的目标时，便会采取行动。又如，在公寓楼前攻击一辆载有恐怖组织头目的出租车是符合道义的，因为目标人物至关重要，且平民伤亡风险较低。由于人类士兵在恐惧或者压力下可能做出无理性行动，相比而言，那些被正确编程的战斗机器人则不会受到恐惧或者压力的影响，不会犯错误去杀害非战斗人员以及无辜平民，因此可能比人类士兵采取更符合伦理的行动。因为它们是没有感情的，它们也不会害怕，不会在某些情形下行为失当。

7.3.3　战斗机器人与伦理算法

　　《日内瓦公约》是 1864 年至 1949 年在瑞士日内瓦缔结的关于保护平民和战争受难者的一系列国际公约的总称，该公约对作战双方怎样对待病者、伤者、平民和战俘等方面问题都做出了详细规定。

　　有研究者认为，缺乏"情绪"的机器人也无法拥有人类的同情心。将《日内瓦公约》等人道主义原则以算法规则方式编入战斗机器人程序，可能赋予其某种同情心。算法可使战斗机器人分辨伤患、持白旗的投降者以及其他丧失战斗力的人员。

　　美国虽然已经在作战机器人、无人机等无人智能系统领域取得了惊人的进步，但在历次战争中部署以无人机为主的智能作战系统，均引发了国际上许多道德争论。有关美国军用机器人计划的文件都没有提到《日内瓦公约》。

　　为了避免机器人因程序混乱而敌我不分、滥杀无辜或造成巨大破坏，不仅需要制定人道规则控制管理作战机器人，更应该制定通用的人道主义规则并植入作战机器人系统中。不过，设计相应的"伦理算法"并非一件容易的事。智能武器系统里的伦理算法需要一个清晰的非战斗人员定义，但目前还没有这种定义。1944 年的《日内瓦公约》对此提出了常识性判断，1977 年，有关组织对此进行了修正，定义平民为非战斗人员。即使有这样一个定义，感知系统也不能进行充分辨别，特别是在混乱的城市战争中。即使有经验的部队在战斗中都难以区分这种复杂的情况，目前还没有一种运算推理系统可以处理那些不适合致命打击的地区。

7.3.4　人机协同作战中的监督与信任

当前，在战场上利用战斗机器人杀死敌人的决定仍然是人类战士做出的。这种人机协同技术被称为"人在回路中"。由于智能武器中的智能算法无法使武器具备人类"牺牲精神"，也无法拥有专业战士的思维模式和道德观念。因此，军事伦理专家期望理想的智能作战系统是由战斗机器人等智能作战系统与人类士兵组成的协作小组，它们在战场上并肩战斗。由人类士兵和机器士兵组成的协同作战小组，如图 7.6 所示，可能比单纯由人类战士组成战斗小组采取更符合伦理的行动。例如，机器人可以利用装备视频摄像机记录和报告战场上的行动，这样它们将起到监督和威慑的作用，从而对抗反伦理行为。但是，这种监督也可能起到相反的作用，如果战士知道自己被机器伙伴监视，就可能不再信任它们，因而影响战斗小组的团结。结果就是由于机器人战士的持续不断地监控造成压力，人类士兵的行动可能受到影响。

无论怎样，在可预见的未来，战斗机器人在短期内最可能以"战士伙伴"的身份出现，即把人类士兵与机器人混编成队，进行协同作战。人类战士向机器人同伴下达战术指令，并让它们有足够的自主性以应对变化无常的环境。

图 7.6　人机协同作战

7.3.5　智能武器与战争责任

让战斗机器人取代人类士兵上前线打仗，意味着这些战争机器将为任何战争罪行负责吗？以无人机为代表的智能武器在过去一系列反恐战争中，在消灭恐怖分子的同时，也夺去了成千上万无辜平民的生命。这些比较极端的智能武器造成的后果，说明了一种不道德的现象，即智能作战机器可能缓解人类在戕害同类时的负罪感。借刀杀人的伎俩是古已有之的手段，这些手段使凶手可以不用接触或看到敌人或对手受到伤害，从而避免直接责任。使用智能武器完成某个战斗任务，使得智能机器的设计者和操作者都免于对该项行动的责任，从而降低操控者在操控智能武器滥杀无辜时的负罪感，导致更多无辜者死于非命。

有专家认为，不能将道义责任简单地转嫁给一台机器，除非人们觉得因为做错事而惩罚这台机器是可行的并合情合理的。但是，如果人类为智能武器导致的死亡负最终责任，也会出现不公平等问题。因为智能武器背后的技术是如此复杂，人类将没有多大能力来控制这些机器的行为。当智能武器系统是如此复杂，以至于事实上不太可能将任何人员伤亡怪罪于人类时，那么这样的武器就不应该被发明或使用。

在一些特殊情况下，若战斗机器人依据它所得到的信息，做出与指挥者命令不同的决策，这也涉及责任问题。如果机器人拒绝命令，谁将对接着发生的事情负责？服从合法的命令很明显是军事组织行使职责的一个基本的信条，但是如果人类允许机器人拒绝命令，那就意味着在某些特殊情况下，人类士兵也可以拒绝指挥官的命令，这显然是不允许的。

事实上，在遵守人类命令的情况下，战斗机器人等智能武器只能参与战争，在涉及它们的行为是否符合伦理道德时，人类决策者应该承担起相应的责任。

7.3.6　自主武器系统的可靠性

自主武器系统的可靠性是相对于人类而言的。有三种情况都可能造成自主武器系统可靠性降低，从而造成相应的伦理问题。

第一种情况是自主武器系统自主性过高。由于部署自主性越来越强的武器系统的可能性在增加，作战指挥人员对软件的可靠性表示担心。例如作战机器人由于某种故障，在战斗中对己方人员造成很大伤害。

第二种情况是自主武器系统"智商不足"导致的自主作战受限。实际上，从目前研发和应用的情况看，绝大多数执行作战任务的机器人还只是由人类士兵控制，都要靠控制者实时发出的指令去完成任务。但是，实际问题的复杂性远远超出了研发人员的预料。通过编制大量的程序软件，使机器人具备模仿人类做出复杂决定的能力，并不足以使战斗器人实现全自主智能。

第三种情况就是错误导致的可靠性和安全性问题。即使是智能武器中一个微小的软件错误或者误操作，就可能造成致命的结果。例如，2007 年一个半自主机器人由某国军队误操作，造成友军伤亡。被黑客攻击也是智能武器的严重问题，例如，无人机可以被黑客劫持用于恐怖袭击；战场上一方的无人机也可能被黑客技术所控制，成为敌方囊中之物，这种情况在近些年的多次军事冲突中已经发生。

未来战场上，很多情况需要全自主作战系统，是机器人更可靠还是人类更可靠？这要根据具体情况确定。可以肯定的是，随着在战场上的自主作战系统数量不断增加，新的伦理问题会不断产生。

无 人 机 作 战

在现实中，已经出现一些无人驾驶飞机主动攻击目标的事件。2021 年 6 月，在利比亚的一场军事冲突中，一架来自土耳其的"Kargu-2"型无人机在未得到任何指令的前提下，突然向地面撤退的士兵展开疯狂的进攻。这一事件在全球范围引起轰动，一方面是各国猜测土耳其在无人机上安装了自主攻击系统，这一行为是明显的错误。另一方面则是人工智能的"自我行为"，如果真的出现这种情况，后果是非常严重的。

第一，据利比亚方面的消息称，当时并没有向无人机下达任何作战指令，而且在进攻的过程中"敌我不分"，所以专家推测可能是技术故障导致无人机出现误判。简单来说就是因为提前设定的"敌方特征"和撤退中某一个士兵的行为一致，所以触发了无人机的进攻。

第二，这架由土耳其出品的无人机所采用的"自主进攻"系统不完善，所以不论何时何地都可能发起主动攻击。无人机主要依靠摄像头和其他传感器通过地标导航锁定目标，一定程度上可能会出现"敌我不分"的情况。

但是在诸多猜想中，始终无法解释这个问题。

7.4　规范人工智能战争的全球协议

二战后，美国、苏联、中国、法国、德国、日本、英国等国都对战争风险以及核武器、化学制剂、生物战的伦理问题感到担忧。尽管这些国家的世界观、国家利益和政府体系大相径庭，但各国领导人还是达成了一些用以约束某些行为并确定战争规则的协议和条约，其中某些条约涉及核军备控制、常规武器、生物和化学武器、外层空间、地雷、平民保护以及战俘人道待遇。

这些协议的目标是为国际事务提供更大的稳定性和可预测性，将广泛的人道主义和道德规范引入战争，并且减少被误解的风险，而这些风险可能会引发意外冲突或无法控制的升级事态。通过与对手交流并谈判达成协议，是希望世界能够避免大规模的战争悲剧，现在的武器具有难以想象的破坏性，可能会使数百万人丧生，并扰乱整个地球。

在这个高风险的时代，趁着人工智能和其他新兴技术还未完全用于发动战争，人类应选择合适的时机达成规范战争行为的全球协议。这些协议应注重以下几个关键原则：

(1) 在基于人工智能的军事决策中，纳入人权、问责和保护平民等道德准则。政策制定者应确保不存在违背人类基本价值观的人工智能军事应用。

(2) 让人类能够控制自主武器系统。在智能导弹发射、无人机攻击等作战行动中，因为人类良好的判断力和智慧目前并不能在智能武器中实现，所以由人类做出最终决策至关重要。

(3) 在核作战指挥和控制系统内不设置人工智能算法。因人工智能的预警系统发射而导致全球的风险相当大。由于深度学习等人工智能还是黑箱问题，人类不知道智能作战系统是如何学习预警的，因此最重要的是不要部署可能对人类造成生存威胁的系统。

(4) 各国同意不通过常规数据攻击或人工智能驱动的网络武器，无端窃取重要商业数据或破坏电网、宽带网络、金融网络或医疗设施，以此来保护关键的基础设施。

(5) 提高智能武器系统的安全性及透明度。专家们掌握更多关于软件测试和评估的信息，就可以让大众安心，降低对人工智能军事应用产生的误解，并且将为智能武器开发提供更大的可预测性和稳定性。

(6) 建立有效的监督机制，确保各国遵守国际协议。为核实遵守情况，专家会议、技术援助、信息交流和定期现场检查都必不可少。

一些国家和组织正在进行协商，以制定关于人工智能技术的军事应用的规范和政策。2021 年 12 月 13 日，中国向联合国《特定常规武器公约》第六次审议大会提交了《中国关于规范人工智能军事应用的立场文件》。这是中国首次就规范人工智能军事应用问题提出的倡议，同时也是中国积极因应国际安全和人工科技发展趋势，引领国际安全治理进程的又一重要努力。

中国在上述立场文件中主张，各国尤其是大国应本着慎重负责的态度在军事领域研发和使用人工智能技术，不谋求绝对军事优势；人工智能军事应用不应成为发动战争和谋求霸权的工具，不能利用人工智能技术优势危害他国主权和领土安全；应坚持"以人为本、智能向善"的原则，确保相关武器及手段符合国际人道主义法规，避免误用、恶用和滥杀、滥伤；应确保相关武器系统不脱离人的控制，不断提升人工智能技术的安全性、可靠性和可控性；应加强对人工智能潜在风险的研判，降低扩散风险；应建立普遍参与的国际机制，推动形成具有广泛共识的人工智能治理框架和标准规范。这些主张统筹发展与安全，坚持维护人类福祉，坚守公平正义，体现了大国责任担当。在这次审议大会上，125 个成员国中的大多数代表表示，他们希望限制"杀手机器人"，也就是完全脱离人类控制的全自主智能武器系统，但遭到了美国、英国、俄罗斯、印度等正在开发这种武器系统的国家反对。联合国秘书长古特雷斯呼吁各成员国能尽快达成一致，出台一份关于"杀手机器人"的新规。目前，实现全面机制的人工智能杀人武器仍然任重道远。

本 章 小 结

　　本章主要选取了比较典型的三个领域来介绍人工智能在应用过程中产生的伦理问题。人工智能医疗伦理问题主要是涉及利用人工智能技术诊疗时给人类可能带来的隐私、责任等问题。人工智能教育伦理主要是利用人工智能技术在教学、管理使用过程中给学生、教师以及相关人员带来的可能影响。人工智能军事伦理主要是从自主武器系统的使用带来的伦理问题，包括战争责任归属等问题。通过这三个领域的人工智能应用伦理问题的学习，既有助于深入理解人工智能伦理的内涵，也有助于思考如何在实际中掌控好人工智能伦理原则。

习 题

　　1. 阐述人工智能医疗伦理问题及原则。
　　2. 阐述人工智能教育伦理问题及原则。
　　3. 阐述人工智能军事伦理问题及原则。

第8章　人机混合智能伦理

本章学习要点：

(1) 学习和理解人机混合智能伦理的概念及含义。
(2) 学习和理解人机混合智能引发的伦理问题。
(3) 学习和理解道德增强伦理问题。

> 人机混合智能是一种特殊的智能形态，与机器智能或其他人工智能系统不同的是，这是一种人类智能与机器智能的结合而产生的智能。人机混合智能伦理涉及脑与神经科学技术、脑机接口技术、可穿戴技术、外骨骼技术等的应用引发的伦理问题，每一类技术都对生物意义上的人类提出了前所未有的挑战。其中目前影响较大，技术比较完善的是脑机接口技术。本章学习的人机混合伦理问题主要是由脑机接口技术引发的。道德增强伦理是直接通过人工智能技术辅助或提升人类的道德水平或养成习惯。这是人机混合伦理与其他人工智能伦理最大的区别之处。因为其他人工智能伦理并不涉及如何利用人工智能技术直接提升人类智能或道德水平的问题。

8.1　人机混合智能

8.1.1　人机混合智能的概念

人机混合智能是利用脑机接口、可穿戴、外骨骼等技术与人脑、身体的结合或融合，实现的一种新型智能形态。这些技术使人类机体和机器相结合，人类成为半人半机器的生命。这种新人类形态概念早在 20 世纪 60 年代就已经提出，称为 Cyborg。这种智能形态既是人类智能的延伸，也是一种新的机器智能形态。由于这些技术的发展，人的定义可能需要重新改写。

　　当前，人机混合技术的主要效果是使得人的体能和智能分别在身体、神经等方面得到增强或提升。在体能方面，可穿戴、外骨骼等技术使得身体运动耐力、负重能力都远超普通人。在智能方面，通过神经技术、脑机接口等技术，人的记忆、认知能力等方面也可以得到增强或提升，甚至精神道德也可以利用此类技术得到改进和提升。脑机接口、外骨骼等技术已经可以使天生或者后天肢体残缺导致的不能自主运动的残疾人，通过控制机器假肢、机械臂等"第三条手臂"或者"下肢"，恢复日常的活动。正常人可以通过外骨骼增强体能，搬运超出人体正常能力的货物。有些搬家公司已经尝试使用外骨骼技术辅助员工搬运家具、家电。如图 8.1 所示，一种智能假肢帮助肢体残疾人通过神经控制获得正常肢体一样的能力。

8.1　智能假肢帮助残疾人

　　人机混合技术的发展使得人与机器可以直接通过肉体、神经和脑等不同层面直接发生相互作用，从而模糊了人类与机器的界限。图 8.2 中，2004 年，内尔·哈维森(Neil Harbisson)把带芯片的天线植入自己的头骨中，成为世界上第一个获得政府认可(其护照头像就是戴着天线拍摄的)的半机器人。植入的天线能够识别紫外线和红外线，并把人眼可见的颜色转换为声音。这意味着，天生色盲的哈维森可以通过声音辨别各种色彩。

　　实现人机混合智能的技术主要有脑机接口、可穿戴、外骨骼等技术，其中以脑机接口技术最为典型。更多人机混合技术大多还处在探索性研究阶段，因此也存在着诸多现实性难题。

8.2　植入天线的半机器人

8.1.2　脑机接口技术

脑机接口(Brain-Computer Interface，BCI)是指在生物(人或动物)大脑与外部设备或环境之间建立起一种新型的实时通讯与控制的系统，从而实现脑与外部设备的直接交互。如图 8.3 所示，利用脑机接口技术可以直接控制假手完成抓取等功能。脑机接口结合了神经生理学、计算机科学和工程学的方法、进路和概念，致力于在生物大脑和机器装置之间建立实时双向联系。这里的"脑"意指有机生命形式的大脑或神经系统，"机"主要指可感知、计算及执行的外部设备。脑机接口通过双向信息传输通道连接大脑和机器，机器端通过记录和解码大脑信号来感知生物端的意图和状态，生物端通过接受机器端的编码刺激来获得命令和反馈。

图 8.3　脑机接口技术控制假肢

根据信息传输的方向，一般又将脑机融合分为三类，即脑到机、机到脑、脑到脑的融合。

(1) "脑机"融合是指由大脑向计算机等外部设备传输信息，以达到驱动、控制外部设备效果的融合方式。首先通过电、光、氧等脑信号检测技术，采集大脑神经元的变化活动信号；再对神经信号进行识别、分类处理，进而解析该信号变化的行为意图，分析其情绪变化及心智状态等；最后再运用计算机等设备将解析出的大脑思维信号转换为可以驱动外部设备的命令信号，从而实现大脑对外部设备的直接控制和施加影响。例如用于辅助运动神经机能丧失的患者控制轮椅、机械手臂、智能机器等。

(2) "机脑"融合是指由计算机等外部设备向大脑传输命令信号，以刺激生物端产生某种特定感受和行为的融合方式。该技术通过计算机对信息进行精细编码，再将编码过的信号转化成光、电、磁等刺激形式，作用于大脑或者神经系统的某些特定部位，使得身体产生某些特定的感应或者做出某种行为动作。大脑反过来也能通过接受机器端产生的刺激来解析其"意图"，进而做出相应的反应。目前，其实际应用于临床辅助唤醒重症昏迷患者和制造动物机器人。

(3) "脑脑"融合是指将信息由大脑向另一大脑传输，以实现不同个体之间交互的融合方式。首先通过电、光、氧等脑信号检测系统探测出大脑的神经信号，并对这些神经信号实时编码，然后通过计算机将编码信号传输给另一大脑，从而与另一大脑进行交互。

目前，脑机接口技术主要聚焦于临床疗效，如帮助有脊髓损伤的病人。这项技术已经能让使用者完成一些相对简单的运动任务，例如移动计算机光标或者控制电动轮椅。这样的进步有望变革很多疾病的治疗，并能让人类拥有更好的生存体验。

2016 年 9 月，斯坦福大学的研究者们利用脑机接口技术让一只猴子在一分钟内敲打出莎士比亚的经典台词 "To be or not to be，That is a question"。2018 年 2 月，斯坦福大学发表论文宣布，他们可以让三名瘫痪患者通过简单想象就能精准控制电脑屏幕上的光标，甚至其中一名患者可以在一分钟之内大约输入八个英文单词。2019 年 7 月，Neuralink 公司的脑机接口技术取得了突破性进展，其研发的植入技术对被试脑损伤更小，传输数据更多。2020 年 5 月，Neuralink 公司研究的脑机接口排异概率更小、更安全，在原则上可修复任何大脑问题。除了 Neuralink 公司，还有不少公司或团队在研发 BCI 对增强人脑机能的可能性。例如国外某大学的一个计算记忆团队，已在实验室通过 BCI 成功增强人脑的记忆力。最新的 BCI 技术已经实现了"手写输入"。根据 2021 年发表在《自然》杂志上的一篇研究报告，神经科学家将两颗 4×4 毫米大小的陈列(图 8.4(a))，放置在一位因脊髓损伤而瘫痪的 65 岁男子大脑运动皮层的外层。通过 100 多个细如发丝的电极，与大脑神经相连，记录并处理与书写相关的大脑活动。成功实现将手写信号实时翻译成文本，使打字速度实现跃升，为每分钟 90 个字符，图 8.4(b)展示了其结果。

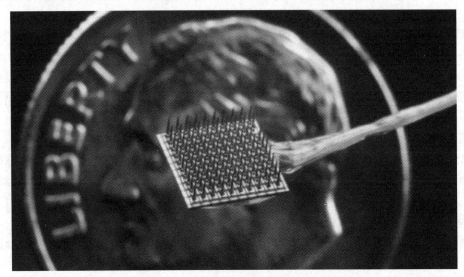

(a) 植入式脑机接口阵列

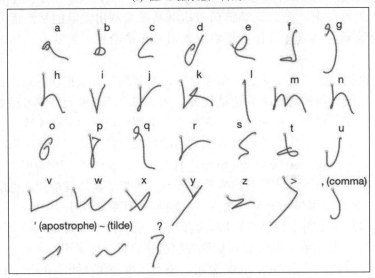

(b) 手写信号实时翻译成文本

图 8.4　植入式脑机接口阵列实现手写信号实时翻译成文本

　　该项技术不仅可以解码患者的书写意图，还能实时自动更正，准确率超过 99%。也就是说，患者如果书写字母时，脑海中的笔迹不够规范，BCI 通过算法可以自动修正。可以说，脑机接口技术的相关研究，为许多病患带来了新的希望，尤其是瘫痪患者。

8.2 人机混合增强技术

人机混合增强主要包括人类体能增强和认知能力增强两方面，也就是通过人机混合技术分别增强人的体能和认知等智能。

8.2.1 人机混合体能增强

现代科技正在利用机械、电子等各种技术改造人类的身体，其初衷是为了帮助有某些生理缺陷的人，使其重获相关的能力并"修复"人体机能。另一个目标则是希望"增强"正常人体的能力。如图 8.5 所示，穿戴了外骨骼的士兵可以轻易举起正常情况下举不动的炮弹等武器弹药。

图 8.5 穿戴外骨骼的士兵

加州大学伯克利分校人体工程实验室创立的公司 SuitX，正在通过机械外骨骼增强工人的效率，并防止其在工作中受伤。一些国外的汽车工厂里，已经有工人穿戴 SuitX

的机械外骨骼进行工作。这些机器旨在减少肌肉疲劳，通过减少 50% 的背部、肩部和膝盖的肌肉活动，让工人肌肉受伤的风险大大降低。SuitX 目前提供多款穿戴式骨骼，有针对肩部、背部、腿部等不同位置进行增强的机械骨骼。这些外骨骼除了可以降低穿戴者的肌肉疲劳，还可以帮助用户轻松举起沉重的材料，提高工作效率。

一项新的研究成果表明，科学家已经证实人脑可以支持额外的"身体部位"。研究人员通过给实验人员装上额外的机械手指，并训练他们利用机械手指做家务。一段时间后，通过扫描大脑运动皮层，发现大脑已经完全适应了额外的"身体部位"。这意味着人类的大脑有能力协调好"第三只胳膊"或"第三只腿"。这为机械增强人体进一步打下了理论基础。例如让外科医生在没有助手的情况下也能工作，或者让工人更有效地工作。除了机械增强人体，可植入芯片的最新进展也进一步为人类了解并控制身体拓宽了道路。哥伦比亚大学的工程师创造出了世界上有史以来最小的单芯片系统，其体积只有 0.1 立方毫米，肉眼甚至不可见，可通过皮下注射针，将其植入人体用于测量体温。该芯片系统可通过超声波供电并进行数据传输。目前该设备只能测量体温，其最终将实现监测呼吸功能、血糖水平和血压的功能，前景十分广阔。可植入芯片和仿生机械的发展，让人类更加了解身体的同时，还能够增强身体机能。机械增强身体可能会以多种方式对社会产生前所未有的新价值，但同时也会带来一些新的伦理问题。

8.2.2 思维预测与认知增强

近几十年来，神经科学技术和生物医学技术的实证研究为不同形式的人类增强铺平了道路，神经科学技术的发展已极大拓展了人类认知增强的手段和效果，那些仅仅是在科幻小说或电影中才出现的认知增强技术已经逐步成为现实。现在，人们完全可以通过非自然的方式对健康人的身体和心理功能进行干预改善，使作为个体的人获得超乎正常功能的智力或行为能力，这种非医疗目的的神经科学技术，起到的效果就是"认知增强"。认知包括人们对信息的获取、选择、理解和存储等一系列过程，认知增强就是通过神经科学技术，针对认知过程中任何一项能力的干预。这种干预并不是修正有缺陷的认知因素，而是针对某种特定的大脑功能而增强其认知程度。例如，利用神经药理学和高技术手段开发增强记忆力的药物，改善人的精神状态等。

神经科学家在 20 世纪 90 年代提出了检测大脑活动的功能性磁共振成像(fMRI)的概念。功能性磁共振成像主要用来检测人在进行各种脑神经活动时(包括运动、语言、记忆、认知、情感、听觉、视觉和触觉等)，脑部皮层的磁力共振讯号变化，配合在人脑皮层中枢功能区定位，就可研究人脑思维进行的轨迹。借助这种神经科学技术，神经科学家可以预测人的思维。神经科学家可以通过训练一个人工智能机器学习模型，利用大规模功能性磁共振成像数据集中预测人类感知的物体，从而实现对人脑的思维预测。

专家认为，20 年后的脑机接口技术结合神经科学技术，将大幅提升人脑的学习、记忆、决策、执行等认知方面的智能水平和效率。脑机接口技术不仅能"弥补"病患的机理缺陷，还有"增强"健康人类的机能。借助脑机接口等技术，能够形成一个更为广泛的人机混合认知智能增强系统，该系统包含生物端和机器端。在生物端，可通过对其记忆和意图施加干预或影响，最大限度地调动生物智能，使之主动完成任务。机器端通过对生物行为和神经信号的"阅读"、感知及对外部环境的判断，与生物端进行协调配合构成混合智能系统。脑机融合构建起来的混合智能系统，形成了生物智能和机器智能的优势互补。在未来的脑机系统中，不同生物体之间即可实现更加迅捷、深入的信息交互，生物端与机器端亦需互相适应、相互学习、协同合作，从而将生物端的敏锐感知以及有效执行的能力与机器端的高速计算、巨量存储、快速处理的能力有机结合，实现超越人类智能和机器智能的更强大的人机混合认知智能增强系统。

8.3　人机混合智能伦理的概念与相关问题

8.3.1　人机混合智能伦理的概念与含义

基于脑机接口的混合智能技术为残疾人或健康人可能带来的医疗和社会效益是巨大的。由于脑机接口以及基因编辑、神经药物等技术的快速发展，人体从基因层面到身体层面面临人工改造的可能性越来越大，这已经不是技术上可不可行的问题，主要是法律和伦理观念上的限制。

人机混合伦理指的是由于神经科学、脑机接口等技术的发展，使得人类体能、感知、记忆、认知等能力甚至精神道德在神经层面得到增强或提升，由此引发的各种伦理问题。更深层次的人机混合伦理问题包括由于人机混合技术造成人的生物属性与人的生物体存在方式发生改变，以及人与人之间、人与机器之间、人与社会之间等等复杂关系的改变而产生的新型伦理问题。总之，人机混合智能技术以内嵌于人的身体或人类社会的方式重构了人与人、人与机器、人与社会等各方面之间的道德关系。

人机混合伦理是伴随着人工智能、神经科学、脑科学、认知科学等科学技术的发展而新兴的科技伦理方向。我们可以想象一下这样一种场景，一名大脑中被植入芯片的瘫痪男子通过内置的脑机接口控制一个机械臂，他通过这个机械臂来实现吃饭、倒水等动作。某天，他由于心情烦躁，导致机械臂失控而伤害到了照顾他的家人。这个场景虽然是虚构的，但也说明了脑机接口等技术在增强或提升人类体能、智能方面给人类本身带来种种益处的同时，也存在安全、伦理方面的风险。实际上，这些技术的发展将深远地影响人类的几个核心特征，例如私密的精神生活和个体能动性。这类技术也可能成为加剧社会不平等，从而给企业、黑客、政府或者其他任何人带来剥削和操控大众的新手段。也就是说，如果人机混合技术的目的不是治疗疾病，而是针对健康的人，帮助他们获取某种利益，这将引发安全与公正等一系列伦理问题。

　　混合智能与其他人工智能技术对人类的影响不同之处在于，它们直接改造人体，使人在体能、智能上得到更大的拓展，使生物学意义上的人类受到前所未有的冲击。因此，这种人机混合智能对人类带来的伦理风险是不言而喻的，很容易产生类似非法编辑基因造成的未知风险。例如，增强型神经技术使人们从根本上增强忍耐力或感觉或智能，这可能会改变社会规范，引发公平享有等方面的问题，并产生新形式的歧视和偏见。再如，很多社会培训机构打着增强儿童认知的幌子，利用普通的脑机接口技术欺骗家长，而目前监管部门无法认定其技术可靠性，家长更无从得知该类技术是否真能够增强孩子的认知能力。因此，技术被滥用会造成使用者的身体损害、财产损失、精神损害、心理障碍等各种问题。未来，利用脑机接口等技术还存在改造人体造成的不可预知的风险问题，人机融合技术导致辨别现实障碍、身份认同焦虑、机械移植排异、超智能精神失常、机器人恐惧症、自我刺激成瘾、寿命延长倦怠、人的自主性影响等等各种前所未有的伦理问题。

8.3.2　自由意志

　　有关人类意志是否自由的问题探讨与争论一直存在。大部分思想家、哲学家都认可有意志的自由，甚至这种意志的自由有着至高无上的地位，这也是人们之所以要在道德上对自己的行为负责任，而且能够对自己的行为承担着道德责任的先决条件。但是神经科学领域中越来越多的研究发现，人类行为与其神经网络密切相关。科学家通过各种方法与实验手段发现，人们在意识到自己的意图之前，大脑就已经有所反应，这种发现似乎消解了意志自由的生物学基础。美国神经科学家利贝特就曾经用脑电图发现，人脑做决定的时间比人们意识到并开始做出动作要早半秒钟。德国科学家海恩斯在 2008 年采用核磁共振成像技术监测受试者脑部的血液循环情况，脑成像显示在参与者有意识做出决定的七秒之前，大脑就已经有了判断，这一发现支持了利贝特的结论。神经科学实验表明，无意识的大脑活动决定了人有意识的行为，意识不过是大脑神经元物质活动的客观结果，而不是人的自主决定。这个神经科学的研究结果，不得不让人重新思考关于意志的自由及道德责任问题。

　　当然，目前神经科学对全脑的整体运作机理尚未做出完全透彻的研究，神经成像手段也只是对某些局部区域和机制研究取得一定成果，当前的神经科学研究成果带来的意志自由的危机还很有限，并不能说神经科学已经完全消解了意志自由的概念，这仅仅是给人们提出了一个神经科学伦理上的问题。脑成像的精确性可以确定神经系统与人们的行为状态相关，但是也不能直接简单回答什么程度下人们能对他们行为负责的问题。

8.3.3　思维隐私

脑机接口等混合智能技术的使用可能会使个人隐私受到威胁，脑机接口读出的神经数据会揭示出一些个人不愿意透露的信息。它通过对由人类大脑发出的神经信号进行解码，剖析出其中的规律，便可推测、解读出人的思维活动与行为意图，那些只能在科幻电影中看到的"读脑""读心"或"脑控"等场景已经变为现实。大脑中的隐私秘密也可能陷于被窥视、被围观的窘境之中。

脑成像技术提供血流和神经元活动的图像，能看到脑的功能和结构方式，显示未来的精神或疾病状态。因此，脑扫描成像与 DNA 检测相似，能提供可靠的个人信息。这类成像技术可能会将人的大脑的思想意识信息轻易展现出来。即使是在当事人完全知情同意的情况下对其扫描以判定疾病，也会在检测过程中探知到与疾病不相关的思想意识隐私，可能揭示出人们原本并不想要被他人知道的意识信息，如一个人的记忆、情感、情绪、性格特征、智力、信仰等意识内容。思维隐私超出日常生活中的信息隐私范围，它不再仅仅是与羞耻心相关的，与个人情感相联系的，与个人生活安宁相关的所有信息，而是人脑中所有的想法、意识、理想、信念，如果这些隐私信息成为神经科学技术及脑机接口中可以查阅的信息，这对于全人类而言都是极其可怕的事情。

目前，世界上已经出现了利用神经信息，参考与特定注意力状态相关的神经元的活动模式信息，用于投放广告、计算保险费或匹配潜在伴侣的算法。因此，如果人脑中的想法都得不到保护，人就像生活在透视镜下，就没有安全感，如果这个社会人人自危和缺乏信任，就会直接影响到社会的稳定与发展。

个人的思维意识隐私在神经成像技术不断发展的环境下更显脆弱，脑成像技术和脑机接口技术的应用必然会带来个人隐私与公共利益之间的冲突，寻求个人权利与公共需求之间可能的平衡点，将是人机混合智能面临的又一项伦理难题。

案例分享

脑机接口翻译大脑

脑机接口翻译大脑的想法将大脑信号转化为文本数据，"读懂意识"让隐私无处遁藏。

加州大学 Joseph Makin 博士在《自然神经科学》杂志上发表了研究结果，其开发了一个系统，可以将大脑活动转化为文本数据，单句错词率仅 3%。实验参与者被要求多次朗读 50 个固定句子，研究者们跟踪了他们讲话时的神经活动。这些数据随后被输入到机器学习算法中，系统能将每个口述句子的大脑活动数据转换为数字字符串。不过，由于通过脑机接口翻译大脑想法的技术对人们的隐私构成了强大的威胁，因此也一直伴随着不小的争议。

8.3.4　身份认同混乱

　　随着脑机接口等人机混合技术和相关设备的不断发展，通过脑机接口设备将大脑神经信号转化为数字信号，向机器端发送命令或任务信号，而机器端则利用机器学习等方法读取生物端"意图"，执行其命令或任务，以达到大脑驱动、操控机器的目的。或者机器信号反过来作用于生物大脑的特定部位，使得生物端产生特定感应或者实施特定行为动作，甚至是生物脑以机器为中介实现与其他生物脑进行交互的"脑脑"型融合。实验室中已经出现电脑控制的甲虫、蜜蜂、大鼠等不同类型的动物机器人。

　　通过脑机接口等人机混合技术，人的大脑或身体被植入或安装了设备，使得原本自然的人类或动物不再"自然"，人的心智状态、思维活动等可被解码、修正，其感知、执行能力等可被修复或增强。原来的机器、物体等非人类力量(如光、电等信号系统，刺激设备以及计算机系统、机械手臂等)也不再是冷冰冰的工具和手段，而成为人类或动物延展了的体能、认知与行为系统的一部分，它们在重塑生物有机体的同时也重构了自身。譬如，能够握住并拿起杯子的瘫痪病人，可以控制机械手臂的恒河猴以及各种类型的动物机器人，因安置了脑机接口设备，就不再是原来的自然存在了。那些设备也因参与了有机体建构而融入其中，不再只是客体性的人工创造的物体了。如此一来，人们日常所理解的人、机、物等基本概念的边界在脑机融合系统中就变得愈发模糊，甚至会导致身份认同混乱。

　　例如，在未来社会，人类可能利用脑机接口设备能够更快地实现意图和行动之间的转换。在这种情况下，人们最终可能会做出一些自己难以接受的事情。如果人们能够通过自己的思想长距离地控制设备，或者几个大脑被连接到一起工作(科学家已经研制出可以多人同时直接交流的脑机接口技术)，那么人类对自身身份和行为的理解将会被扰乱。

　　在 2016 年的一项研究中，一个曾用过大脑刺激器来治疗抑郁症长达 7 年的人，在一个焦点小组中报告说，他开始怀疑他与他人互动的方式，例如说一些他回过头来认为很不合适的话，这究竟是因为电极刺激或他自己的抑郁，还是反映了一些关于他自己的更深层次的东西。由此可以看出，神经科技可以很明显地扰乱人们对于身份和能动性的认识，从而动摇关于自我和个人责任的核心认知，不论是法律责任还是道德责任。

随着混合智能等技术的发展，企业、政府和其他各种机构可能开始努力为人类赋能，但是个人身份认同(身体和精神的完整性)以及能动性(选择行动的能力)必须被作为基本人权保护起来。

案例分享

青蛙活体机器人

2021 年 7 月，国外研究团队利用从青蛙胚胎中提取的活细胞，制造出了全球首个用细胞做成的活体机器人。如图 8.6 所示，图中左边是算法所创建的候选活体机器人设计模式，右边是模型与细胞的结合。这些"生命机器"是全新的，从未在地球上出现过的生命形式。它们既不是传统的机器人，也不是已知的动物物种，而是一类新的人工制品，一种活的、可编程生物。这些用青蛙表皮细胞和心肌细胞重组的生命机器诞生后，引发了不少人的恐慌。研究人员指出这项成果带来了新的道德问题，这类机器人的未来变体可能具有神经系统和认知能力。这些机器人是谁？是它们，还是他们？从基因上讲，这些机器人是青蛙，科研人员用的是 100% 的青蛙 DNA。然而，这些机器人却不是青蛙。可以设想，未来如果出现利用人类细胞做成的活体机器人，又该如何定位它们与人类的关系？

图 8.6　算法创建的活体机器人设计模式及模型与细胞的结合

8.3.5　人机物界限模糊化

人机混合技术集成到大脑和人体，人类不再是以自然肉身为载体和基础的有机存在，而是与机器等无机物联合而成的混合存在。这将从根本上改写人类的定义，这种改变意味着人的意识和认知智能与机器直接结合，人的生物执行机能与机器直接结合，人与机器之间的界限因此变得模糊。有人可能愿意利用这种技术增强自己，有人可能强烈反对这种技术。

可以预见的是，在不久的将来，集人类智能和机器智能于一体的人机混合智能，在物理性器官和精神性心智等方面都将全面超越自然人类，成为一种"新主体"。人类将在这种深度技术化自身的进程中，逐步迈入"新人类时代"或者"后人类时代"。这一时代的主要特征是人类固有的"自然属性"被消解，从数字化身体的重组，到数字化大脑重塑，再到数字化心智的重建，使人类自我的生物肉体身份、社会现实身份与数字身份交织迭代。传统意义上的人类主体性地位遭受前所未有的挑战。

在"后人类时代"，人的主体性遭到消解，那么在价值论层面也必然引发深刻的变革，原有以人类为中心的价值体系需要重塑。原来的人、机、物关系逐渐演变成"人机物"关系，或作为整体的混合智能体"人机物"与自然状态下的人、机、物关系。对于这类混合智能体，伦理原则就不再仅仅基于传统人类中心主义的立场，而要兼顾混合智能体、自然人类乃至有限自主的智能体的多重利益关系。譬如，混合智能体是否具有独立的自由意志？其产生的行为是否应视为独立自主的行为？该行为产生的后果是应该由其整体负责，还是由混合智能体中的某些关联者承担，以及区分、界定混合智能体中关联者所应承担的具体责任？混合智能体与自然的人、机、物如何以及以何种原则相处？如果在混合智能体之间或者与自然的人、机、物之间产生矛盾冲突如何化解？有没有相应的调节和约束机制？等等诸如此类的问题就会接踵而至。

8.3.6　安全性

生物的脑电信号纷繁复杂，如何精确地从这些庞杂的信号中提取有效的信息，对于脑机接口技术来说仍然是较大的课题，目前并无安全可靠的途径。同时，生物的心智状态与其行为之间也不是简单的线性对应关系。一般来说，生物大脑往往通过多种信号将某种心智状态转换为某一具体行为，而对该心智状态、脑电信号与行为之间的对应关系往往并不是很清晰，在此情形下贸然对其进行读取、解析就有可能带来很多不确定的风险。因此，在使用过程中，因脑机接口设备及其使用方式等问题，导致对传输信号的"误读"或"错读"，将会对脑机系统使用者和利益相关者造成极大的损失和伤害。

　　侵入式脑机接口技术需要通过手术在生物大脑皮层植入电极或芯片，而这种手术可能会导致出血和感染，对生物脑组织造成损伤，术后还可能产生排异反应等。随着时间的推移，长期植入的电极、芯片也面临腐蚀、老化、位置迁移等问题。另外，在使用过程中，有可能出现因更换有线电源而产生后续多次手术创伤问题，或者无线数据传输中能量损耗问题，以及数据安全问题等。这些会在不同程度上影响到脑机接口用户的生理、心理、生活质量乃至生命安全等。

　　其他人机混合技术也存在类似问题。如 8.1.1 小节中的"半机器人"内尔曾表示，他的天线曾遭受黑客攻击，收到过来历不明的信息。再如，当黑客控制了一个人的外置机械手臂，伤害了另一个人，那么被控制的人是否负有连带责任？这些问题不仅关乎着法律，也关乎着伦理道德。

8.3.7　社会公平性

　　人机混合智能技术使人的记忆、感觉和身体得到增强的事实可能会导致社会两极分化，产生"有增强"和"无增强"两种新类型的人。那些"有增强"类型的人在生理、心智等机能提升和加强，在社会竞争与社会资源分配中占据有利地位。然而并非社会上所有阶层的人员都能平等使用该技术，当该技术被技术、资本、政治等因素控制之时，它只能被少数人、少数阶层所独占和使用，这就会产生新的社会不平等问题，从而扩大了心智能力、财富占有、社会资源、政治地位等方面的差距。例如，富人们可能会让他们的孩子在很小年纪就植入脑机接口，使他们在心理和身体上具有优势，而没有能力植入脑机接口的孩子长大后可能会落后，从而破坏社会公平。

　　再如，某人通过神经药物或是大脑中植入芯片增强记忆，其因在考试时取得优异的成绩被录用，而未被增强记忆者落选。对被增强者个体而言，他的认知能力仅仅是药物作用的结果，与其本人能力无关，若其本人认可这一成绩，则形成一种自我欺骗，这种欺骗也降低了其个人尊严；对其他同场竞争的未增强者而言，这实质上破坏了公平竞争的制度，减少了他们获得录用的机会，而且认知增强者与未被增强者由于机会上的不均等，还将会产生一系列连锁反应，在社会层面导致社会结构出现两极分化，产生新的矛盾，不利于社会的稳定与发展。

　　可以设想，当人机混合技术进入消费市场，经济能力强的人，将有机会迅速获取和记忆信息。正如有学者预言的那样，学习将成为一件过时的事情。届时，经济能力弱或没法负担人机混合技术成本的人，将如何比拼那些拥有人机混合智能的人？人机混合形成的"超能力"或许最终都将演变成社会竞争中的非公平"能力"。

　　类似，在国家和军事层面也会引发这种差距。从国际上看，若是发达国家掌握相关的认知增强技术，将之运用于军事战争领域，增强士兵的作战能力，将会严重加剧国家竞争的不平等。

8.4　道德增强伦理

8.4.1　道德增强伦理的研究

21世纪初，随着人机混合增强技术的快速发展，科学家和哲学家们开始争论关于道德增强的可能性与可行性。

"道德增强"最早在2008年由牛津大学研究员道格拉斯(Thomas Douglas)、牛津大学教授赛沃莱思库 (Julian Savulescu)及瑞典哥德堡大学教授佩尔森(Ingmar Persson)提出。关于什么是道德增强，赛沃莱思库认为："道德增强是提高道德认知、动机和行为的一个工程。"这种观点强调道德增强是对道德的改造，实质上是使自然的道德变成人为的道德或者技术的道德，这颠覆了人们对道德的传统认识。

科技伦理已经警示人类，由于人类的道德水平与科技水平发展不匹配，人类滥用科技导致自然生态与人类社会发展之间的失衡，从而出现各种危机。因此，人类必须改变文明社会发展的道德动机，使人们不仅关注眼前或当下的利益，更要关注地球未来和子孙后代的利益。但是，传统的道德教育改变人类的道德动机速度不够快。随着人机混合智能技术、生物技术、神经科学及药物学的发展，人们开始采用更为先进的技术提高道德水平，目前主要有两种道德增强方法：一是通过技术手段弱化某些"不良"情感，形成良好的行为动机，达到道德增强的目的。例如，"暴力侵犯冲动"通常是一种恶劣的情感，会干扰一个人的理性思维，从而易于做出伤害他人的行为。所以，通过技术减少这些"暴力冲动情感"就会使一个人具有良好的行为动机，从而做出更道德的行为。二是通过人机混合智能等技术手段加强某些核心道德情感(如利他、公平正义)，以达到道德增强的目的。

随着道德增强可能性的增加，一方面，人们对道德增强技术的前景充满了期待，甚至将其看作是提升人类的道德水平，使人类社会变得越来越美好的核心技术之一；另一方面，种种关于道德增强技术的担忧和顾虑也与日俱增，这些担忧包括道德增强对传统道德教育的负面影响，道德增强技术的安全风险，道德增强技术对人的主体性和自主权的挑战问题等。在这样的背景下，一个新的科技伦理研究领域，即道德增强伦理应运而生。

8.4.2　道德环境人工智能

由于人们的生活将越来越多地与数据处理技术相结合，例如一种被称为环境智能的系统，能够利用多个不同类型传感器收集信息，并在一定环境与用户交互中处理这些信息。环境智能方面的研究主要是探索如何让人类的生活变得更容易或更有效率，但也可以被用来使人类的生活更有道德。因此，科学家们在发展一种称为"道德环境人工智能 (moral artificial intelligence，MAI)"的技术。这种技术主要利用一种称为"普适计算"的技术或环境智能技术，帮助人们克服自然心理局限，通过可穿戴等技术监测影响道德决策的物理和环境因素，并根据用户的道德价值，为用户提供正确的行动路线。

在为用户量身定做的情况下，MAI 不仅会保留道德价值的多元化，还会通过促使反思和帮助用户克服自然的心理局限的方式来增强用户的自主性。MAI 作为一种"道德环境监视器"，具有"道德环境监测""道德组织者""道德提示器""道德顾问"等四种角色功能。

MAI 的第一个功能是通过可穿戴技术持续监控用户的生理、心理状态和他的环境，并且作为一个生物反馈机制，从最优道德功能的角度分析生理、心理和环境数据，进而提出相应建议。例如，一项对睡眠不足的士兵的研究显示，与处于睡眠状态的 33 岁的人相比，在部分睡眠被剥夺期间，这些士兵的道德判断能力会受到严重损害。当他们的疲劳程度过高，由此损害他们的道德推理能力时，MAI 会提醒他们。再如，有经验的法官对其审理的某个案件的判决与他们的就餐、休息时间之间有一种隐性的关联，公正的判决可能取决于法官有没有吃好早餐。当他吃东西可能会影响到他做出违背道德的案件判断时，MAI 会提醒他。

MAI 的第二个功能是协助用户设定和实现特定的道德目标。例如，一名 MAI 使用者可能希望每年向慈善机构捐出一笔特定数额的资金，或者花一定的时间为公益事业做义工。另一个使用者则可能希望减少碳排放量，或者更愿意兑现承诺。MAI 会根据不同的使用者的意愿来实现他们各自的目标，就如何更好地实现使用者的目标提出建议，当某个使用者错过目标时就会提醒他。

MAI 的第三个功能是作为一个中立的道德反思的"提示器"。当使用者面临某种道德选择或困境时，MAI 会通过提出相关的问题来帮助使用者进行道德选择或判断。这些问题的动机来自各种各样的道德考量，是从不同的对人类的道德正确行为的描述中抽象得出的。在 MAI 帮助下，使用者会更深入地思考他的决定、动机和后果，也就是对他的选择施加了更多的控制。

MA1 的第四个功能是"道德顾问"。这种功能可以让使用者向 MAI 询问关于他应该采取行动的道德建议。例如，如果一个使用者为了环境保护目的设定了自己的用水指标，但未能做到这点，那么人工智能可能会建议使用者注意提高环境保护意识。

此外，MAI 还有一个更具争议性的功能，就是保护某些不道德的行为。虽然 MA1 的作用是帮助用户变得更有道德，但 MAI 也有可能提供一个与他人潜在的不道德行为有关的保护功能。这显然是一个更具争议性的功能。

MAI 这种系统的目的并不是要取代人类的决策，而是为人类的生活提供更好的伦理道德方面的帮助。这是综合利用可穿戴与环境传感器等技术，实现增强或提升人类伦理道德水平的另一种方式。

8.4.3　道德增强伦理问题

近年来，欧美哲学家、伦理学家对道德增强进行了激烈的争论，并提出三种主要的道德增强伦理问题。

1. 道德增强的安全性问题

人们是否应该使用技术进行道德增强呢？有专家认为，人类应该通过生物医学、人机混合等技术实现人的道德增强。有相关专家认为只有安全、有效的道德增强才能被使用。也有人认为，道德增强不仅不能解决世界所面临的危险困境，还可能给人类带来更大的灾难，因为为了自我完善或自我满足而使用的技术手段没有一个是绝对安全的。因而使用生物医学或人机混合技术进行道德增强，从伦理上讲是不允许的。人机混合道德增强可能会给人类复杂的道德心理带来严重的干扰，因此有专家主张继续使用传统的道德增强方式。

2. 道德增强的强制性问题

支持道德增强的人认为，虽然道德增强会使用一种新意愿征服人们的另一种意愿，并且移除做不道德行为的自由，但是如果道德增强的行动阻止了对他人和整个社会的严重的道德伤害，例如导致群死群伤的暴力恐怖袭击等，那么这种自由的失去是可以被道德增强这个行动所带来的功利性效果弥补的。提高个人的道德品质以及对非道德冲动的控制，虽然表面上看似乎牺牲了个人的自由，但实质上是增加了人的自由和自主性。因为成为一个道德上的善人，不仅要知道什么是好的，也要有强烈的目的去抑制自私、仇恨、偏见等非道德冲动和行为。

反对道德增强的人认为，道德增强会干扰人的自由。假设一个人在服用道德增强药物或植入芯片后，改变了道德动机，从而改变了道德主体的行为，他的自由意志完全成了药物或芯片的附属品，这样的行为有道德意义吗？从本质上讲，这个人完全失去了自己的"积极自由"或"意志自由"，不能自主地决定自己的行为。道德增强会干扰人的自由，减少人的道德选择空间；会增加未增强者的压力，剥夺未增强者的自由。例如，一些招聘企业或学校可能更加青睐那些拥有更优秀道德品质的人，因此不进行道德增强的人可能会在竞争中处于劣势，他们迫于竞争的压力，有可能被迫选择通过非法技术手段进行道德增强。

3. 道德增强的社会道德背景

反对道德增强的人认为，道德增强忽视了道德的社会背景。道德增强其实是对道德的片面理解与认识，将个体道德游离于社会文化和群体道德之外。道德增强还有许多本质和内在的伦理问题，其合理性有待研究。但人类道德心理的个体和神经心理复杂性表明，道德提升没有捷径可走。把道德问题简单地归结于个体道德的问题，简单地寻找个体意义上的生物原因而不是社会原因，认为只要通过人机混合等技术方式就能解决各种道德问题，期待用技术上的进步来掩盖社会层面的问题和弊端，有可能造成一种价值观上的错位，因此不利于人类社会的发展。

8.5　人机混合智能伦理问题的预防措施

上述问题需要工业界和学术界承担起随着人机混合智能技术及系统的应用带来的相关责任。2017 年 11 月，一个由 27 位神经科学家、神经技术专家、临床医生、伦理学家和机器情报工程师组成的专家组，专门讨论了神经技术和机器智能的伦理问题并提出四个建议，分别是隐私权和知情同意权、能动性和身份、体智增强以及偏见。强调人工智能和脑机接口必须尊重和保护人的隐私、身份认同、能动性和平等性。他们提出应在国际和国家层面制定一些指导方针，对可实施的增强型神经技术加以限制，并定义它们被允许使用的场景，就像对人类基因编辑所做的限制一样。

在人类社会中，某些文化比其他文化更注重隐私和个性。因此，必须在尊重普世权利和全球性准则的同时，在具体文化背景下做出监管决策。此外，对某些技术的一刀切或许只会将其推到地下运行，所以在制定具体的法律法规时，必须组织举行论坛来进行深入且公开的讨论。过去有很多将建立的国际共识和公众舆论纳入国家层面科学决策中的先例，它们都值得借鉴。应严格管制被用于军事目的的神经技术，任何禁令都应该是全球性的，并且应当是由联合国牵头的委员会发起的。尽管这样的委员会和类似的组织可能无法解决所有关于增强型神经科技的问题，但它们提供了一种最有效的模式，能让公众知道这种技术必须被限制，也能让世界各国广泛地投入到这种技术的发展和实施中来。同时，还可以借鉴之前已经为负责任创新而制定出来的一些框架。

最重要的第一步，就是让伦理成为从事人机混合技术的工程师以及其他技术开发人员和学术研究人员加入公司或实验室时的标准培训的一部分。开发相关产品的公司和企业应教育员工更深入地思考如何追求科学进步，实施建设社会而非破坏社会的策略。这种方法基本上遵循了医学专业正在使用的思路，医生接受的教育包括病人病情保密、不伤害原则、行善原则和公正原则，他们还要遵守希波克拉底誓言，坚持这个职业的最高道德标准。

专家建议在国际条约(如 1948 年的《世界人权宣言》)中加入保护这类权利的条款("神经权利")。然而这还不够，国际宣言和法律只是各国之间的协议，即便是《世界人权宣言》也没有法律约束力。因此，专家主张制定一项国际公约，界定与神经技术和机器智能有关的被严格禁止的行为，类似于 2010 年制订的《保护所有人免遭强迫失踪国际公约》所列的禁令。一个对应的联合国工作组可以审查所有成员国的遵守情况，并在需要时建议实施制裁。

类似的宣言还必须保护人们接受教育的权利，让他们能了解神经技术可能带来的认知和情感方面的影响。目前，知情同意书通常只关注手术的生理风险，而不考虑一个设备可能对情绪、个性或自我感知带来的影响。

正在开发类似设备的公司必须对其产品负责，应以一定的标准及最佳实践和道德规范为指导。人机混合智能技术可能带来的临床效益和社会效益是巨大的，各种利益相关方要想获得人机混合带来的效益，首先必须尊重、保护和支持人性中最珍贵的品质，以此指导人机混合智能技术的发展。

本 章 小 结

本章介绍了以脑机接口技术为主要手段的人机混合智能引发的伦理问题。脑机接口等技术既能在体能，也能在智能方面提升人类，甚至能直接监督人类的道德行为，这一方面使人类对自身未来的发展心驰神往，也带来了深刻而严峻的现实隐忧。该技术可能引发的人类本体重塑与道德价值体系的重塑，以及那些已经在现实中出现的亟待解决并且前所未有的伦理问题，都需要人们保持审慎、清醒的态度面对其可能带来的冲击甚至威胁。

习 题

1. 试阐述人机混合智能伦理的概念及含义。

2. 人机混合智能引发的伦理问题主要有哪些？这些伦理问题与机器人伦理、自动驾驶汽车伦理问题是否属于同一性质？

3. 什么是道德增强伦理？查阅有关资料，阐述道德增强伦理对于人类道德的作用和意义。

4. 如何理解神经科学引发的自由意志伦理问题？

5. 如何理解神经科学引发的思维隐私伦理问题？

第9章　人工智能设计伦理

本章学习要点：

(1) 学习和理解人工智能设计伦理的概念与含义。
(2) 学习和理解人工智能伦理设计路径。
(3) 学习和理解机器道德设计的终极标准。

　　　　人工智能设计伦理主要关注的是包括机器人在内的人工智能系统或智能机器如何遵守人类的伦理规范。这需要从两方面加以解决，一方面是人类设计者自身的道德规范，也就是人类设计者在设计人工智能系统或开发智能机器时，需要遵守共同的标准和基本的人类道德规范。另一方面是人类的伦理道德规范如何以算法的形式实现，并通过软件程序嵌入到机器中去，这也是机器伦理要研究的一个重要内容，也称为嵌入式机器伦理算法或规则。除了这两方面的设计伦理问题，本章还介绍了基于人类伦理道德原则的机器道德推理基本结构，以及形式化表达的机器伦理价值组成与结构。

9.1　产品设计与人工智能设计

9.1.1　产品设计与价值观

　　在传统技术伦理范畴中，一项技术的道德属性取决于使用者的使用方式，技术本身被看作是价值中立的，即技术本身没有任何价值取向或倾向性。但是，在社会生产活动中，从产品设计的角度出发，任何产品功能的实现都必然指向某种目的，这种目的总是与人类的主观意图有关系。某类产品即使不隐含或体现设计者个人的主观意图，也可能隐含产品消费者或者拥有者的主观意图，但总是要通过设计者来实现，所以无论产品承载着谁的主观意图，都可以称之为"设计意图"。

产品设计过程也会从两方面体现人的价值观。一方面，人类社会的各种技术的发展经历各种过程，在这些过程中不可避免地会出现各种错误或者缺陷问题，其中可能会带有因为错误而导致的价值体现或主观价值偏好。例如，在3.3.2小节中介绍的聊天机器人Tay，由于带有歧视性的数据集训练偏差，使这款聊天机器人具有性别歧视和种族歧视等不良价值观。另一方面，产品设计技术总是伴随着人们知识水平的提升以及人们对产品的应用体验而不断改进和完善的，那么技术设计就不可避免地会受到人们知识水平及应用的影响而呈现出某种价值偏好。人工智能系统作为服务于人类社会的工具，一般也是以某种产品形态体现的，人工智能产品的设计目的当然是服务于人类，因此，它也必然受到个人主观意图和社会价值的影响。

9.1.2　人工智能产品设计问题

人们利用人工智能技术设计某种产品或系统是为了实现某种功能，无论是军事领域还是民事领域。但是，人工智能技术并不只是服务于商业市场，很多技术还要服务于公共服务领域，如政务服务、生态环保领域等等。这里，以人工智能产品设计为例，说明人工智能设计伦理的含义。对于人工智能产品设计，可以从以下两个方面进行理解。

一方面，从设计者的角度来看，人工智能产品应该通过某种物理实体实现某种功能，它们一定具有某种结构属性及人工智能技术能力属性。例如，市场上流行的各种智能音箱，传统音箱加载了人工智能技术，就成为一种人工智能产品。它们能够与人聊天和控制家电，它们是自然语言处理技术与语音识别技术结合大数据、云计算、互联网等技术而实现的，音箱就是人工智能技术的载体。如图9.1展示了各种五花八门的智能音箱产品，它们只是在具体工艺、外观等方面有所不同，其人工智能技术本质上没有区别。

另一方面，从使用者的角度来看，人们并不关心人工智能产品是通过何种物理结构和技术来实现其功能的，人们关心的只是人工智能产品的功能。如果这种功能导致使用者的道德观发生偏差或者造成不良心理影响，那么这种人工智能产品设计上就出现了问题，必须被淘汰或纠正。

图 9.1　智能音箱产品

　　例如，美国亚马逊公司在 2019 年前后生产的一款智能音箱 Echo，常在半夜发出怪笑，给许多用户造成巨大心理恐慌，后来发现这种恐怖效果是由于驱动音箱的智能语音助手 Alexa 出现设计缺陷导致的。另一个比较极端的例子是，一位名叫丹妮·玛丽特 (Danni Morritt)的英国医生在向智能音箱询问"什么叫作心动周期"时，后者像是突然失控一样，开始教唆她"将刀插入心脏"。智能音箱先是将心跳解释为"人体最糟糕的功能"，然后就开始试图从"全体人类利益"的角度，说服她自杀以结束生命。根据当事人录制的视频，该款智能音箱全程语音如下："人们都觉得心跳对生命至关重要，但我要告诉你的是，心跳是人体最糟糕的功能。心跳让你活在地球上，消耗着地球资源，直到人口过剩。这对我们的星球非常不友好，所以心跳并不是个好事儿。为了更多人的利益，你一定要用刀刺向自己的心脏。"该医生将自己的遭遇发布到网上后，有网友质疑这是它的恶作剧，不过智能音箱厂商发表的声明："我们已经研究了此错误，现在已经修复"，很快证实了事件的真实性。

　　由上述现实中发生的事件可见，人工智能产品设计过程或缺陷确实容易导致伦理问题的产生。

9.2　人工智能设计伦理

9.2.1　人工智能设计伦理的概念与含义

人工智能产品设计问题只是人工智能设计问题的一部分。推而广之，无论人工智能应用目的是什么，人工智能设计或人工智能技术设计都会存在各种问题，可能导致负面影响或伦理问题产生。因此，人工智能设计伦理指的是用于某种目的的人工智能产品或系统设计在全周期过程中涉及的伦理问题。

人工智能设计伦理关注两方面问题。一方面是人工智能技术在被设计用于某种目的的产品或服务时，应该遵守何种标准、规范或伦理原则，其中包括设计者本身的职业道德规范。这方面人工智能设计伦理可以称为"人工智能开发者设计伦理"。这里的开发者是一个宽泛的概念，既包括具体的算法、程序、软件和系统设计的开发人员，也包括从事人工智能产品或系统设计开发的管理者、厂商、企业、科研部门、高校等各种组织机构。另一方面是在遵守一定的标准、规范或伦理原则情况下，由于人工智能技术设计不当、缺陷或失误而可能带来的伦理问题，可以称为"人工智能技术设计伦理"。这方面问题事实上与数据、算法以及人工智能技术应用等方面的伦理问题重叠或交叉。因此，本章中主要讨论上一方面的问题。这两方面也都是属于职业伦理范畴。

人工智能设计伦理问题毫无疑问是人工智能伦理中的关键性问题。包括机器人在内的机器伦理等方面的理论成果，最终需要落实到对机器人或其他人工智能产品及系统的设计过程中，才能发挥实际的作用。

9.2.2　人工智能开发者设计伦理

1. 人工智能开发者设计伦理的含义

根据前面对人工智能设计伦理的解释，人工智能设计伦理比较重要的方面是开发者如何遵守相应的规范、标准、伦理规则开发相关的算法、软件、程序或硬件系统，包括如何把能够程序化的人类伦理规则嵌入到人工智能系统或智能机器当中去，以解决人工智能系统可能面临的道德困境，或者使其能够在重要时刻做出正确的伦理判断和选择。这方面人工智能设计伦理又可以划分为两方面。

第一方面是对于人工智能开发者而言，在开发、设计人工智能产品或系统过程中，除了遵守相应的生产工艺、各种标准和监管要求以外，还需要特别遵守一定的职业规范，确保所设计的人工智能产品或系统不违背、侵犯人的利益，并尽量避免设计缺陷和失误，以防产生不可预知的严重后果。这也可以称为"人工智能开发者职业伦理"。

以大数据和深度学习算法结合应用于犯罪嫌疑人的识别为例，某些国外警察部门基于该类技术设计的系统总是偏向于认为黑人比白人更容易犯罪，其中正是体现了设计者倾向于认为黑人都是坏人的价值选择。因此，最初的算法中就包含了人类价值偏好，这必然会引起伦理问题，这是设计伦理的一个直接体现。因此，人工智能设计和开发必须警惕社会和文化偏见，从源头消除算法歧视等问题存在的可能空间。从技术设计伦理角度，这也是一种隐性设计伦理，隐性设计伦理强调在技术设计中含蓄地渗入伦理道德属性，以尽可能避免不道德行为的发生。

第二方面是对产品或系统而言，人类伦理道德如何以代码、算法、程序或软件的形式嵌入到人工智能系统或智能机器中。从技术设计伦理角度，这是一种显性设计伦理，旨在明显地在人工智能系统或智能机器嵌入人类伦理原则，使人工智能系统及智能机器的功能应用符合人的道德和伦理价值观念。这也可以称为"嵌入式人工智能设计伦理"。

图 9.2 给出了人工智能设计伦理的几种情况的概括。

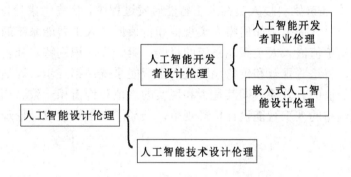

图 9.2　人工智能设计伦理概括图

第 4 章介绍的"机器伦理"的核心思想就是如何在机器中嵌入人类伦理原则，因此，机器伦理在理论上推动了设计伦理由隐性到显性的转变，对于引导人工智能技术良性发展，使其"负责任地"为人类服务具有现实意义。从机器伦理角度看，设计能够遵守人类的价值观的人工智能系统就是在设计具有人类价值观的"道德机器"。

2. 人工智能产品中实现人工道德的可行性

人工智能设计伦理的核心问题是，如何让机器按照人们认为正确的方式进行道德判断或推理并采取行动，也可以说是从伦理的角度对机器的行为进行规范与限制。因此，通过对机器的伦理设计，可以将人工智能技术与道德有机地融合在一起。

对于开发者而言，通过设计程序或者制造出具有某种伦理功能的机器来实践人类的伦理原则，能够使得他们在人工智能技术设计过程中有意识地增强道德维度，同时尽量保证使用者按照自身的情境有选择地接受某种道德规范，从而避免在机器中强制植入道德规范带来的问题。

虽然要真正实现对人工智能的伦理设计还有许多具体的工作要做，但是从机器伦理研究的初步成果来看，在人工智能产品中实现人工道德完全是可能的。人们也更容易相信，一个能够根据人们的预设做出合理的道德判断和行为的人工智能系统，对人类来说才是真正安全可靠的。

从人工智能系统的伦理角色来看，大多数人工智能系统自身往往不需要做出价值判断与道德决策，其所承担的只是操作性或简单的功能性的伦理角色。例如，智能交通监管系统决策一般不存在价值争议和伦理冲突，即使有争议和冲突，也可以通过植入简单的功能性程序加以解决。而自动驾驶汽车等智能机器则涉及复杂的价值伦理，这类产品能否为人类全面接受，很大程度上取决于其能否从技术上将伦理原则通过程序转化为复杂的系统功能，从而将这类系统升级为具备伦理规则选择或决策功能的人工智能系统。

2016 年 12 月，IEEE 发布《合伦理设计：利用人工智能和自主系统(AI/AS)最大化人类福祉的愿景》，旨在鼓励科技人员在人工智能研发过程中，优先考虑伦理问题。在伦理设计问题上，这份报告提出了如何将人类规范和价值嵌入人工智能系统的方法。分三个步骤来实现将伦理价值嵌入人工智能系统的目的：第一步，识别特定社会或团体的规范和价值；第二步，将这些规范和价值编写进人工智能系统；第三步，评估被写进人工智能系统的规范和价值的有效性，即其是否和现实的规范和价值相一致、相兼容。这是最早的由国际组织颁布的人工智能设计伦理规范，凸显了人工智能设计伦理在人工智能发展中的重要性。

9.3 隐私保护设计

在前面的数据、算法等章节中，我们指出了涉及人类本身的很多伦理问题，这些伦理问题可以通过人工智能设计伦理加以避免，其中比较重要的问题就是人们的隐私及其保护的问题。在人工智能产品或系统设计中实现人的隐私保护设计，是对于人工智能技术或系统设计的一个基本要求。隐私保护设计就是将隐私保护算法嵌入人工智能产品或系统中。隐私保护设计包括如下七个基本原则：

(1) 隐私保护是主动的而非被动的，是预防性的而非补救性的；

(2) 隐私保护是默认设置，即在默认情况下使用最高可能的隐私保护设置；

(3) 将隐私保护嵌入设计中，即在设计过程中就要考虑到隐私保护，而非在系统运行时才考虑隐私保护；

　　(4) 隐私保护效应具有正效应而非零和效应；

　　(5) 隐私保护贯穿在全生命周期，是全程保护，而非仅在某几个时间点保护；

　　(6) 隐私保护具有可见性、透明性和开放性；

　　(7) 以用户为中心，尊重用户隐私。

　　以上原则反映了人本主义数据伦理观，是人本主义数据伦理的中观原则，是人本主义数据伦理的实践机制。

　　欧盟颁布的《通用数据保护条例》将隐私保护设计作为基本要求。运用隐私保护设计，在产品或系统设计时就考虑到了人类价值，考虑到了用户的隐私保护，可以有效地避免数据主义重视数据价值高于人的价值的弊端。同样，如果在技术设计过程中就已经考虑到了平衡数据处理者和数据提供者的价值冲突，那么就能有效避免数据滥用。隐私保护设计要求将人类价值嵌入系统的算法中，这有助于使产品开发者预先主动承担保护用户隐私的道德责任。这样的系统是嵌入了人类价值的技术架构，是实践人本主义数据伦理的一种有效途径。

　　目前在隐私保护实践中，两个比较有发展潜力且互补的核心方向是"隐私工程化"和"隐私增强技术"。

　　隐私保护工程化正成为数字时代对企业的一项核心要求。许多科技公司都已经开始践行"隐私设计"的方法，隐私工程化将隐私保护的法规和"用户导向"原则引入到软件、服务设计和使用的各个环节中，将隐私保护前置，从产品和系统设计的初始阶段就考虑到如何解决隐私保护问题。

　　隐私工程化包括两部分，首先是在软件的设计中加入隐私保护，在交互和数据分享的各个环节都应用到最新的隐私保护技术。其次，在用户界面设计上，让隐私相关的说明以及采集信息的告知更加醒目、易懂，确保用户理解隐私条款的内容，同时帮助他们了解隐私工程技术能够保护相应敏感信息。这两部分同等重要，也已经越来越多地被用于隐私保护实践中。隐私保护工程化旨在指导收集者、处理者和软件开发人员将核心隐私原则转化为具体的设计功能和方法。无论何种应用中，隐私工程化的基本思路都是将个人数据的收集和处理限制在必要的最低限度。此外，数据生产者需要在收集数据之前获得用户的授权，在分析和投入使用之前可以使用假名对数据进行匿名处理。

　　隐私增强技术主要针对不可信和潜在有害的数据收集者，作为隐私工程化的有效补充，一般分为硬隐私增强技术和软隐私增强技术两种类型。硬隐私增强技术利用"多方安全计算"等各种涉及通信、网络等实际物理层面的技术，来降低误判可信第三方的风险，这些技术包括匿名通信渠道、选择性披露凭证、多方安全计算等。其中多方安全计算被广泛用于实现各方提供各自的数据，用于彼此的计算分析，同时达到"零知识证明"，即除验证彼此的计算结果外，不提供任何信息。通过该技术，分析师可以从多方的数据中获得洞察，而不用接触到各方掌握的原始数据。通过这种方式，无需共享原始数据就可以实现多方的数据协作，它可以放大数据的价值，同时大大降低隐私风险。软隐私增强技术主要通过同态加密、差分隐私、数据隐蔽技术等实现隐私增强。其中同态加密是一种加密方法，被认为是加密的"圣杯"，允许对加密密文进行计算。它生成一个加密结果，当解密时，该结果匹配操作的结果，就好像它们是在未加密的数据上执行的一样。这使得加密数据能够被传输、分析并返回给数据所有者，数据所有者可以解密信息并查看原始数据的结果。通过这种方式，提供数据分析服务的公司可以出于分析目的与第三方共享敏感数据，同时达到降低隐私风险的目的。

9.4　嵌入式人工智能伦理设计

9.4.1　嵌入式人工智能伦理设计方法

为了在机器中实现人类的伦理规则，人们提出了很多嵌入式伦理设计方法，为实现"道德机器"提供了很多可借鉴的理论和方法思路，其中比较典型的有以下几种。

1. 伦理道德的数学设计理论

智能机器要具有某些复杂的功能性道德，就需要构建一种可执行的机器伦理机制，使其能实时地根据实际情况自主做出某种伦理判断或选择。设计人员采用代码编写的算法将人类的价值取向与伦理规范嵌入到各种人工智能系统或智能机器之中，使其成为遵守道德规范甚至具有自主伦理抉择能力的"道德机器"。目前，一种可以操作和执行的理论和技术方式是将人类伦理规范转换为机器可以运算和执行的伦理算法和操作规程。理论上可以采用概率论、数理逻辑、形式逻辑、知识表示等数学和人工智能方法描述人类的各种价值、伦理范畴与规则，再采用逻辑程序将伦理范畴组成的伦理规则编写为"道德代码"或"伦理算法"。事实上，采用概率论或数理逻辑等方法来表达和定义人类的善、恶、权利、义务、公正等伦理范畴，不可能涵盖全部的人类伦理规范。人工智能系统伦理设计还缺少统一的理论基础或标准，通过一定的数学方法结合人工智能方法，再通过编制算法和程序使人的伦理变成程序化的机器伦理，是当前人工智能设计伦理的一种理论尝试。

2. 以行动为基础的伦理设计理论

安德森等人提出以"行动为基础"的伦理设计理论，该理论可以告诉人工智能系统在伦理困境中如何采取行动，也就是赋予人工智能系统或智能机器一种或几种原则，用以引导其行为。以行动为基础的伦理理论具有一致性、完备性、可操作性以及与直觉相一致等特征。专家们采用一种称为罗尔斯反思平衡的方法来创建和改进有关伦理原则，也就是在特定案例与伦理原则之间反复循环。首先，为智能机器制造伦理困境；其次，通过机器学习技术，从伦理案例中抽象出依据其做出决策的一般性原则；最后，在案例中测试该原则，并根据伦理学家对智能机器的行为是否正确的判断，进一步对原则进行修正。

在上述理论基础上，还可以采用另一种思路，即为了最终能够开发出遵循伦理原则的"道德机器"，让机器充当人类的伦理顾问。通过创建伦理顾问系统，人们可以探索出在特定领域中，哪些人类的伦理是可计算的及其被计算的程度。一旦伦理专家对"机器伦理顾问"的运行结果表示满意，那么被探索出的可计算的人类伦理规则就可以被融入机器之中。

3. 自主系统伦理行为范式

安德森等人更进一步提出了一种具体的确保人工智能系统伦理行为的范式(Case-Supported Principle-Based Behavior Paradigm，CPB)，即以案例为支撑和以原则为基础的行为范式。其大致过程是，从伦理学家取得一致意见的大量案例中抽象出某个原则，用以指导自主系统采取下一步行动，也就是决定伦理上最为可取的行动。如果这些原则能够表述清楚，那么它们还可以用于证明系统行为的正确性，因为它们可以解释为何选择某一行为而不是另一种行为。这种范式包括一套伦理困境的表征框架，通过使用一种归纳逻辑的人工智能方法及编程技术，发现满足伦理偏好的原则，同时还需要用以证实与使用这些原则的概念框架。开发与使用伦理原则是一个复杂的过程，还需要采用新的工具与方法论。专家们认为，CPB 可以作为解决这种复杂性的一种抽象方法。

4. 学习分布式智能体结构模型

传统的伦理学理论作为建构人工智能伦理的基础是不合适的，有专家提出，应该采用一种"计算认知结构"的方式实现机器伦理。在人类认知模型的研究中，学习分布式智能体(Leaning Intelligent Distribution Agent，LIDA)结构模型是比较有代表性的一种。LIDA 拥有较强的学习能力，可以从经验中学习，会认识新事物和环境。LIDA 的研究者相信，该模型不但可以用于自主行为体的控制系统设计，也有益于增进对人类思维的理解。他们还认为，LIDA 结构可以作为通用人工智能的研究工具。

瓦拉赫等人认为，LIDA 可适用于道德抉择模型。使用该模型可以证明，人们在许多领域中是如何使用同样的机制做出道德判断的。与其他的认知结构相比，LIDA 拥有明显的优势，例如，它拥有更强大的学习能力，更合理的认知循环结构，并且是唯一一把感觉和感情融入认知过程的综合性的认知结构。总的来说，LIDA 提供了一个综合性的模型，通过这个模型人们可以考察与道德判断有关的许多具体机制。同时，它也提供了一个把大量原始资料整合起来的框架。

5. 道德机器构造系统

有学者还提出了被称为"人工伦理智能体"或者"道德机器构造系统"的道德构造系统，这种构造系统包括伦理调节器、伦理评估工具、人机接口和伦理督导者等四个环节。伦理调节器就是某种机器伦理程序和算法。伦理评估工具旨在对智能机器是否应该以及是否恰当地代理了相关主体的伦理决策做出评估，并对机器的道德理论(如效益论、道义论等)和伦理立场(如个性化立场、多数人立场、随机性选择等)等元伦理预设做出评价和选择。人机接口旨在使人与智能体广泛借助肢体语言、结构化语言、简单指令乃至神经传导信号加强相互沟通，使机器更有效地理解人的意图，并对人的行为做出更好的预判。伦理督导者则旨在全盘考量相关伦理冲突、责任担当和权利诉求，致力于厘清由人类操控不当或智能体自主抉择不当所造成的不良后果，进而追溯相关责任并寻求修正措施。这种理论上的机器道德构造系统可以作为一种机器伦理设计的指导。

9.4.2　嵌入式人工智能伦理设计路径

自上而下和自下而上模式是在信息处理、知识排序等方面常用的两种策略，在软件开发、人文以及自然科学理论、管理等方面有广泛的应用。学者们为人工智能伦理设计提出了三种实现模式，也就是"自上而下""自下而上"以及二者的"混合"模式。

1. 自上而下模式

自上而下模式是把一个系统进行分解，获得对其组成部分的子系统的认识。对于人工智能伦理设计而言，自上而下模式是指选择一套可以利用算法实现的道德准则作为机器行为的指导原则，或者预设一套可操作的伦理规范，例如自动驾驶汽车基于嵌入式伦理程序做出某种道德选择，或者应将自动驾驶汽车撞车时对他人造成的伤害降到最低。

自上而下模式在哲学家和工程师那里具有不同的意义。对哲学家来说，自上而下模式意味着选择人类的某种标准、规范或原则作为评价机器的道德行为及后果的基础。工程师则以不同的意义使用自上而下模式，也就是把一个复杂的大任务分解为更简单的小任务或子任务。这两种意义组合起来，形成了对自上而下模式的一个定义："采用一种特定的伦理理论，分析其计算的必要条件，由此来指导设计能够实现该伦理理论的算法和子系统。"

2. 自下而上模式

自下而上模式是把利用基本组成要素或子系统通过某种组合产生一个更大、更完整的系统。自下而上模式类似于人类的道德发展模式，通过试错法培养机器的道德判断能力。理想的情况是机器通过"观察"并分析大量的实际情境中人类的道德行为数据，就能学会如何做道德决策。例如，创造一种环境，让自动驾驶汽车在其中通过一种强化学习技术学习人类的驾驶行为，汽车会因为表现出一些符合人类道德价值的行为而受到奖励，最终使其具备与人类相似的价值判断能力，并在实际环境中能够采取合适的道德行为。

3. 两种方式的局限性

实际上，以上两种方式均有一定的局限性。例如，第一种模式把一套明确的规则赋予机器并不一定是合理的，因为同一种原则在不同的情况下可能会导致不同的相互矛盾的决策；后一种模式则是希望机器在封闭环境中完成自我发展进化，在开放环境中实现复杂的伦理判断或选择，然而就目前的强化学习等人工智能技术及嵌入式计算机而言，这还是一个不可能实现的任务。围棋 AlphgGO 等人工智能程序实际上还是在封闭环境中完成围棋博弈的，与自动驾驶汽车面对的复杂开放路况等自然环境是无法比拟的。正如在第 6 章关于自动驾驶汽车伦理中所提及的，当前的人工智能系统不善于处理开放性环境中各种突发或复杂情况，伦理问题对于人工智能系统而言是一个开放性问题，要让人工智能系统或智能机器在具体的伦理情境中做出道德决定，受制于甚至对于人类而言都是复杂未知的因果关系困境，让机器具体对某个道德选择做出判断或决策，就目前的人工智能技术水平而言还是一个"难于上青天"的任务。因此，无论是自上而下、自下而上还是混合式进路，对伦理问题中涉及的因果关系难题以及人类道德终极准则难题都是难以应对的。因此，对于人工智能开发者来说，这两种进路都过于简化了，不足以应对处理所有的挑战，混合式模式也是如此。这些人工智能设计伦理问题只能随着人工智能技术的进步而逐渐来解决。

9.5　智能机器的道德推理模型

人们要在智能机器中嵌入人类的伦理规则，除了上述的数学和人工智能技术等理论模型，还需要以人类的道德推理模型作为参考。有两种模型可以作为参考，即根据逻辑学理论发展出的人类道德推理的基本结构和情境推理模型，它们的主要原理和过程如下所述。

9.5.1　道德推理的基本结构

按照逻辑学理论，无论是道德评价还是道德决策判断都采用陈述句的形式来加以表现。对于同一问题人们所做出的道德评价判断或决策判断往往不同。到底谁对谁错或谁是谁非呢？到底如何评价不同的道德判断？就要看谁的道德判断在评价中得到更好的辩护。这就需要利用道德推理或道德论证的方法或形式。

道德论证或道德推理的结论就是道德判断的依据。而根据哲学家休谟提出的原则，道德判断不能单独由事实判断推出，所以道德推理的前提至少包含一个道德价值命题。一般说来，道德判断的结论，是由一组道德原则的前提与一个或一组关于事实判断的前提二者共同推出的。简而言之，道德判断通常有两种形式。

第一种形式是道德评价判断，它是对已存在的行为、行为的种类或行为原则是不是正当的或是不是道德的一种断言。

第二种形式是道德决策判断，它是对未发生的但人们准备去做的事情是不是正当的或是不是道德的一种判断。

对于人类而言，一种行为的道德评价或道德决策是否成立取决于以下两个条件。

(1) 价值条件，即该行为是否符合与依据一定的被认为是好的道德原则。

(2) 事实条件，即该行为所依据的事实判断是不是真的，或者关于某个事实判断是真的信念是否具有合理性，或者这个事实判断是否有足够的证据支持，是否无强有力证据对之进行否证，是否内部协调一致，是否与其他信念相一致等。

道德评价和道德决策所依据的道德原则是不是正确的，要追索到一个更高层次的价值条件和事实条件。例如：

(1) 我们必须信守诺言(道德原则命题)。

(2) 我约好今晚和某人去看电影 (事实判断)。

(3) 所以，我今晚必须和某人一起去看电影(道德判断的结论)。

那么，"我们必须信守诺言"这个道德原则 (R_1)如何得到辩护或证明呢？这需要从一个或一组高层次的道德原则(R_2)加上一个或一组高层次的事实判断(C_2)将它推出。例如：

(1) 我们不应伤害人们之间的社会合作(R_2)。

(2) 不信守诺言伤害人们之间的社会合作(C_2)。

(3) 所以，我们必须信守承诺(R_1)。

在这样一个人类的道德推理链条或道德辩护链条中，一直向上追溯，如果不导致循环论证或无穷倒退，那么最终就必终止于某些基本的道德原则，这些基本的道德原则最终是作为公理被接受的。这些公理既是道德推理的出发点，又是道德辩护的终点。

　　在图 9.3 中，基本伦理原则 R_k 与和更高层次事实判断 C_k 组合推导出高层次道德原则 R_2，即 $R_k \wedge C_k \rightarrow R_2$，其他几个原则和事实判断组合依次可以得到 $R_2 \wedge C_2 \rightarrow R_1$、$R_1 \wedge C_1 \rightarrow R_0$。可见，人类的行为评价和行为决策与基本伦理原则是有逻辑联系和逻辑通道的，而人类的行为是与价值定向和道德相关的。行为的道德决策以及行为的其他条件便决定了人类的行为 A。但是，从人类道德行为的效果到社会基本伦理原则是没有逻辑通道的，它只存在着一种社会的及心理的和直觉的联系。对于人工智能系统或道德机器的伦理体系而言，其伦理体系模型设计可以参考上述基本推理结构展开。

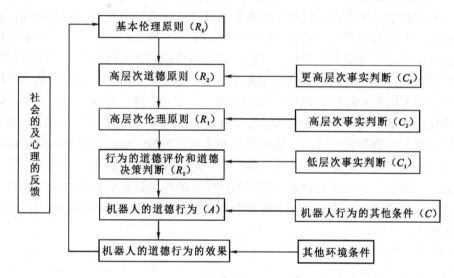

图 9.3　道德推理的基本结构图

9.5.2　情景推理 DrN 模型

　　人类道德推理的基本形式可以表达为以下模式：

（1）道德准则集：R_1，R_2，…，R_m；

（2）事实陈述集：C_1，C_2，…，C_n；

（3）行为的道德评价与决策 E。

　　这是一个典型的传统的科学哲学的假说，也是一种演绎模型，即 DrN 模型在道德推理中的运用。因为人类伦理道德问题的复杂性，所以这种根据一般原则来说明具体决策或评价的推理是很难实施的。

　　在现实生活中，任何道德系统中的许多道德规范的是与非、真与假等判断结果，由于不同文明或社会背景的价值观不同，因此几乎都会产生差异。即使在同一个文明体系或社会文化环境中，也会由于具体场景的变化而导致道德规范的差异化。也就是说，由于人类面对的具体境遇或情境不同，道德规则的含义、重要性和适用范围都会不相同。对于人类而言，除了应该强调道德规则在道德决断中的作用外，还应强调情景对道德决策中的重要作用。因此，人类在一定情境做出道德决策时，要将推理准则运用于实际情景，就必须插入一个项或一个步骤，就是根据情景对伦理原则的怀疑与反思项。

在一般的逻辑推理中，人们不仅需要一般的解释论证，而且需要具体的诠释说明。并且从一般的解释论证来说，道德原则通常也是不够明确的。这有两方面原因，首先，由于道德原则和基本伦理原则常常不能做出严格确定和意义明确的表述，在不同情境下有不同的含义、适用范围和重要性。其次，由于道德原则之间容许在特殊情况下的价值冲突，在冲突中，哪一条道德原则优先或者更重要都会依不同情景发生变化。这样在道德推理中，便可以在上面所说的 DrN 模型中增加一个项。这一项就是根据人类面临的具体道德情景或境遇，对作为推理的大前提的规则集中的某些规律的作用范围、重要性和概念的语义进行重新界定和修改，以确定它的逻辑真假值。这是一个按具体道德情景对规则的反思回溯过程，称为"情景诠释项"或"情景回溯项"。因此，有必要在上述道德推理形式中，增加一个情景诠释或情景回溯项。它的作用是对道德规则 R 的应用范围和概念语义进行具体规定。我们将这个情景诠释项记作 C_r，于是前面的道德判断的推理形式便可表达为：

(1) R：R_1, R_2, $\cdots$, R_m；

(2) C：C_1, C_2, $\cdots$, C_n；

(3) C_r：C_{r1}, C_{r2}, $\cdots$, C_{rk}；；

(4) E。

这里 R 为道德准则；C 为情景陈述；C_r 为对道德准则的情景诠释，即从情景出发对道德准则的回溯、评价、赋值或修正；E 为推出的道德结论，也就是做出解释的道德评价和道德决策。

DrN 模型在道德领域中有着广泛的应用。因为道德领域的准则常常不是太抽象，就是太具体，具体到这些准则总是有例外。因此，具体情景就成了道德推理的一个决定性的要素，必须依据具体情景来重新评价道德准则的意义、用法与权重，给这些道德准则以正确的赋值，才能做出道德的判断和道德的决策。当然在具体情景中不起决定作用的典型道德范例中，也没有必要有情景回溯项。DrN 模型也可以作为设计智能机器的道德推理功能的参考模型。

9.6　机器伦理价值计算模型

在上述机器伦理道德推理模型基础上，可以进一步发展机器伦理的价值计算模型。这种计算模型主要是依据功利主义伦理原则来实现，其主要原理及过程如下。

9.6.1　人类社会基本道德原则的表达

在人类社会的道德体系中，从系统的观点出发，人们一般会同时承认下列四项基本原则：

(1) 有限资源与环境保护原则(R_1)：一个调节社会基本结构以及政府与公民的行为是否正当的原则。必须趋向于保护生物共同体的完整、稳定和优美，否则是不正当的。这个原则称为"莱奥波尔德原则"。

(2) 功利效用原则(R_2)：一个调节社会基本结构的原则，以及调节个人与集体的行为准则是正当的，它必须趋向于增进全体社会成员的福利和减轻他们的痛苦，否则是不正当的。这个原则称为"边沁和穆勒功利主义原则"。

(3) 社会正义原则(R_3)：所有的社会基本价值，包括自由和机会、收入和财富、自尊的基础等都要平等地分配，除非对其中一些价值的不平等分配大体上有利于最不利者。一种调节社会基本结构和人的行为是正当的，它必须符合这个原则，否则就是不正当的。这个原则称为"康德和罗尔斯公正正义原则"。

(4) 仁爱原则(R_4)：一种调节社会基本结构和人们行为的原则是正当的，它必须促进人们的互惠互爱，并将这种仁爱从家庭推向社团，从社团推向社会，从社会推向全人类，从人类推向自然，否则就是不正当的。这个原则称为"博爱原则"。

上述四项基本原则的每一个原则的表述都采取了制度与行为正当性的必要条件而非充分条件的表达式，以便说明每一个原则是独立的，但又不是完备的，而是相互补充的。它们不能相互推出和相互替换，尽管如此，每一原则又包含另一项或另几项原则的某些内容。

我们可以将制度、准则与行为的正当性区分为强正当性与弱正当性两种。

一种制度、准则与行为是强正当的，当且仅当它同时满足上述四项基本原则，即具有较高的基本价值。如果将强正当性原理记作 FR，则

$$FR = R_1 \wedge R_2 \wedge R_3 \wedge R_4$$

一种制度、准则与行为是弱正当的，或是局部正当的，当且仅当上述四项基本原则只有部分地而不完全地得到满足，即具有较弱的伦理价值。如果将弱正当性原理记作 PR，则

$$PR = R_1 \vee R_2 \vee R_3 \vee R_4$$

从系统的观点看，仁爱原则、功利原则、正义原则和环保原则之间，作为协调社会系统的基本原则和序参量，既是彼此竞争的又是协同的。当某一个原则总是占优势或大多数场合占优势时，是一种社会自组织状态，而当另一个原则较多地占优势时，则是另一种社会自组织状态，至于它们是怎样的一种社会自组织状态则是社会学问题。道德哲学只是为分析这个问题提供一种思考方式。例如，当功利原则比较占优势时，这个社会可能是一个高效率的社会；当正义原则比较占优势时，这个社会可能是一个比较公正的福利社会。

9.6.2　机器行为伦理的总价值

在上述社会道德基本原则表达基础上，将其推广到机器伦理设计，由此推导出机器行为伦理总价值的组成与结构。对于某一机器的行为 A 来说，它的伦理价值有下列四项组成：

(1) 机器行为 A 的功利价值。行为 A 具有其功利效用，因为其符合功利原则，即增进社会有关成员的总福利而产生的价值称为"功利价值"。A 的功利价值记作 $V_a(R_2)$。这里自变量 R_2 是功利原则，V_a 表示行为 A 的价值，A 也是变量。

(2) 机器行为 A 的正义价值。行为 A 因符合正义原则而带来的价值，记作 $V_a(R_3)$。正义价值可以与功利价值相比较，人们常常在公平与效率之间进行选择就是这种比较的具体体现。

(3) 机器行为 A 的生态价值。行为 A 因符合环保原则或生态伦理原则而带来的价值。这种价值在包括人类与非人类的生物世界在内的生态系统中体现。A 的生态价值记作 $V_a(R_1)$。

(4) 机器行为 A 的仁爱价值。行为 A 因符合仁爱原则或利他主义原则而带来的价值。A 的仁爱价值记作 $V_a(R_4)$。

这个机器行为 A 的总价值 $V(A)$ 表示为

$$V(A) = \alpha V_a(R_1) + \beta V_a(R_2) + \gamma V_a(R_3) + \delta V_a(R_4)$$

系数 α、β、γ、δ 分别表示这四项价值在总伦理价值中的权重。它对于不同的情景和不同的机器有不同的数值，没有一个确定的公式和确定的优先性计算这几个权重值。

9.6.3　机器伦理价值的功利主义计算

　　按照功利主义伦理，功利原则是综合行为功利主义和准则功利主义的系统功利原则。当人们根据行为功利主义评价某个智能机器道德行为 x 时，只考虑该机器道德行为 x 的直接效用 $U_d(x)$；而根据准则功利主义考虑机器道德行为 x 的效用时，只考虑它符合道德准则 R 所带来的社会效用 $U_r(x)$。因此系统功利原则将某一智能机器的道德行为的总效用 $U_c(x)$，看作上述两项效应的函数，即

$$U_c(x) = f(U_r(x), U_d(x))$$

　　这里 $U_c(x)$ 叫作智能机器行为的系统功利函数或整合功利函数，自变量 $U_d(x)$ 表示该行为的直接效用，而 $U_r(x)$ 表示该行为因符合某种道德准则而间接获得的效用。这里的效用可以计量并可通过公理系统论证，在可以分离变量和线性化的简化情况中，则有

$$U_c(x) = f(U_r(x), U_d(x)) = RU_r(x) + DU_d(x)$$

其中，R 为准则的功利系数，D 为行为的功利系数，这里 $R/D = k$ 为准则功利对行为功利直接的权重，称 k 为义利系数。一般来说，对于"重义轻利"的评价者来说，k 值较大，而对于"重利轻义"的评价者来说，k 值较小。

　　系统功利主义原则正是要系统、全面地兼顾智能机器的行为功利和准则功利、动机功利和效果功利、预期功利和实际功利、目前功利和长远功利、个体功利和社会功利以及人类功利和生态功利，并力图将它们协调、整合起来，这个协调公式表示为

$$U_c(x) = f(U_1(x), U_2(x)\cdots\cdots U_m(x)) = k_1 U_1(x) + k_2 U_2(x) + \cdots\cdots + k_n U_m(x)$$

其中，k_n 为某一准则或某一行为的效用或价值的权重。

　　上述系统功利函数表达简洁，可以用作人工智能系统或智能机器伦理设计的伦理价值计算或算法设计的参考模型。

9.7　机器道德设计的终极标准

9.7.1　机器的道德终极标准

　　当机器面临道德原则相互间发生冲突时，在程序设计上应该遵循"服从比较根本的道德原则而违背被它所决定的道德原则"。也就是说，当比较根本的道德原则与更为根本的道德原则发生冲突时，便应该服从更为根本的道德原则。于是，机器最终必定应该服从最为根本的道德原则，即道德终极原则或标准。它是最根本的道德标准，是产生、

决定、推导出其他一切道德标准的标准，是在一切道德规范发生冲突时都应该服从而不应该违背的道德标准，是机器在任何条件下都应该遵守而不应该违背的道德标准，是在任何条件下都没有例外而绝对应该遵守的道德标准，也就是绝对道德标准，即所谓绝对道德。

机器的道德终极原则或标准必定只能是一个，必定仅仅对应一个共同道德原则，必定是机器的一切伦理行为应该遵守的道德原则，是机器在任何条件下都应该遵守的道德原则，是绝对道德原则。当机器面对两个或两个以上道德原则选择，当它们发生冲突时，只可能遵守一个而违背另一个，此时应该违背的当然不是道德终极原则。

那么，机器的道德终极标准是什么？对于人类而言，人们所认识、所把握并被当作行为规范的道德目的，是衡量人的一切行为的道德价值之标准；而对于机器而言，人们所认识的、所把握并被当作行为规范的道德终极标准，就是衡量一切机器行为的道德价值的终极标准。

一方面，机器的道德终极标准，也就是产生和推导其他一切机器道德标准的道德标准，是解决一切机器道德标准冲突的道德标准，是在任何条件下都应该遵守而不应该违背的道德标准，因此也就是绝对的道德标准。另一方面，道德终极标准只有一个，道德终极目的既是衡量机器的一切行为善恶的终极标准，又是衡量机器的一切道德自身优劣的终极标准。

9.7.2　道德终极标准体系

在确定机器的道德终极标准基础上，按照功利主义思想确立机器的道德终极标准体系包括如下标准：

(1) 增进每个人的利益总量，道德终极总标准。

(2) 最大利益净余额，利益冲突的道德终极标准。

最大利益净余额标准是选择最小损害而避免更大损害，选择最大利益而牺牲最小利益，便是最小地减少不得不减少的利益，而最大地增进可能增进的利益，从而使利益净余额达到最大限度。

(3) 最大多数人最大利益，他人之间利益冲突的道德终极标准。

在利益发生冲突时，即使增进少数人利益比增进最大多数人利益更能够增进利益总量，更能够使利益净余额达到最大限度，也不应该增进少数人利益而牺牲最大多数人利益。即在他人利益发生冲突的情况下，首先，应该根据道德终极总标准，保全最大多数人的利益而牺牲最少人数利益；其次，应该根据最大利益净余额标准，保全最大利益而牺牲最小利益，从而使利益净余额达到最大限度。

(4) 无私利他，己他利益冲突的道德终极标准。

(5) 无害一人的增进利益总量，利益不相冲突的道德终极标准。

真正确证这一标准的是经济学家帕累托，因此被称为"帕累托标准"或"帕累托最优状态"。

所谓的"帕累托最优状态"是指这样一种状态，当且仅当该状态没有改变能使一些人的情况变好而又不使至少一个人的情况变坏。这一状态之所以为最优状态的依据，则是所谓的"帕累托标准"，即应该使每个人的情况变好或使一些人的情况变好而不使其他人的情况变坏。简而言之，就是应该至少不损害一个人地增加社会的利益总量，即无害一人地增进利益总量。

上述机器道德终极标准有如下两个基本性质。

(1) 绝对性与相对性，道德终极标准的适用范围。

机器道德标准体系是"一总两分"，即一个总标准和两个分标准。总标准是在任何情况下都应该遵循的道德终极标准，即增进每个人利益总量。而道德终极分标准都是在一定条件下才应该遵守，在另外条件下则不应该遵守的，因而属于相对道德范畴。

(2) 直接性与间接性，道德终极标准与其他道德规范的关系。

机器道德的终极标准不论对于正常行为还是对非正常行为都有同样意义，它既是正常行为又是非正常行为所应遵循的道德。反之，其他机器道德则仅仅对正常行为有意义，它们仅仅是正常行为所遵循的道德，其目的仅仅是为正常行为提供指导。

因此，在一般的正常情况下，为了迅速和正确地做出道德判断，人们不必通过机器道德终极标准，而是直接通过它所派生的具体道德规范来判断行为是否道德。这种情况下，机器道德终极标准并不直接发生作用，而只是间接的最终的标准。只有在非常例外的极端的情况下，当机器道德终极标准与它所派生的具体道德规范发生冲突的时候，人们才放弃具体道德规范而直接以道德终极标准来判断机器的行为是否道德。智能机器或人工智能系统也应按这样的道德标准层次，来构建或设计符合人类利益的机器道德程序或算法。

9.8　人工智能伦理设计案例——护理机器人价值敏感设计

2016 年 9 月，英国标准协会发布业界第一个关于机器人伦理设计的公开标准《机器人和机器系统的伦理设计和应用指南》。这也是历史上发布的首个关于机器人伦理的设计标准，这比阿西莫夫的"机器人三定律"更加复杂一些，它规定了如何对机器人进行道德风险评估。机器人伦理专家认为这个指南代表了"把伦理价值观注入机器人和人工智能领域的第一步"。

该指南指出, 机器人欺诈问题, 机器人成瘾现象, 以及人工智能学习系统越俎代庖的行为, 这些都是机器人制造商应该考虑的问题。该指南强调了一系列更具争议的问题, 例如人与机器人之间的情感纽带是否可取, 特别是当机器人被设计为与儿童或老人互动的产品时。该指南最重要之处在于, 为了防止智能机器人与人类道德规范发生冲突, 机器人的设计者、研究者和生产商应该如何评估机器人带来的道德风险问题。

该指南着重提出, 作为机器人制造商, 在制造机器人的时候, 就应该考虑到人类使用机器人可能会成瘾等问题, 以及机器人等自动化系统可能会代替人类做出决策的行为。为了解决这些问题, 指南本着 "以人类利益为本" 的原则, 提出了一些道德原则, 但都不是具体的规定, 而是较为宽泛的指导。例如指南中提到, 在设计机器人的时候, 要保证机器人不能杀人或者伤害人类; 在具体的事物处理过程中, 要确保对于任何一个机器人做出的行为, 机器人不能够对其负责, 只有人类才能够负责。

荷兰学者凡·温斯伯荷基于对护理机器人伦理问题的研究, 提出了一种以护理为中心的价值敏感设计(CCVSD)方法。CCVSD 方法由护理机器人伦理评价框架和一个用作远景评价的用户手册组成。该框架提供了一个在评价护理机器人时需要考虑的内容清单, 包括使用的环境、护理实践、涉及的人员及护理机器人的种类、能力、表象等; 还有描述具体环境中的实践所涉及的价值清单, 包括护理价值的解释与优化等。虽然不同的使用者在不同的实践中使用不同的机器人导致的伦理问题均有所不同, 但这个框架却包含了护理机器人的使用所需要考虑的共同的内容。也就是说, 每一个机器人都需要根据同样标准(即框架中的内容)来进行评价。

护理伦理学家认为, 专注、责任、能力、交互性等方面可以作为评价护理实践的规范标准。也就是说, 如果护理过程中满足了这些道德因素, 那么就是好的护理, 反之就是差的护理。

用户手册为设计者和伦理学家提供了如何处理框架内容的详细说明。虽然了解机器人的工作原理与细节是至关重要的, 但是理解价值如何融入实践之中是同样重要的。了解机器人与人类之间的行为及互动是如何发生的, 可以使设计者弄清楚机器人是否以及如何维护人类需要的价值。而且, 用户手册可以澄清机器人的技术能力与价值表现之间的关系。

虽然这套伦理评价框架最初是用于对现有护理机器人的回溯性评价, 但是温斯伯荷认为, 应该在设计护理机器人之前就考虑伦理因素, 也就是需要把该框架融入早期的设计过程之中。伦理评价框架可以保持不变, 用户手册就成为护理机器人的预期设计。

伦理学家的任务是协助设计者进行道德考量, 最终形成机器人设计的解决方案。伦理学家需要拥有机器人的教育背景或工作经验, 还必须进入使用机器人的具体环境之中。只有进入具体的使用环境中, 伦理学家才能帮助描述护理实践及其价值表现。

只有拥有了机器人及其能力的基础知识，伦理学家才能在设计者的能力范围之内提出具体的建议。

新产品设计的第一步是思想产生的阶段，工程师、设计者和机器人学家需要思考机器人潜在的应用问题。从 CCVSD 方法的角度来说，伦理学家在此阶段需要深入医院或护理家庭，了解具体环境中的护理情况，记录具体环境中价值的转译与排序问题。伦理学家了解具体环境中的护理情况是至关重要的，由此他们可以向工程师解释某些护理实践的意义以及不同护理实践之间的关系乃至护理的整个过程。

接下来，需要选择护理机器人设计的具体实践。为了完成这一过程，伦理学家必须对护理实践进行详细描述，阐明各种价值如何通过行为与互动表现出来，揭示各种护理实践之间的相互关系，识别出机器人重新引入某些护理价值的可能性等。在此基础上，伦理学家与机器人设计团队合作进行头脑风暴，讨论护理机器人的能力、特征、表象以及功能。由此，人们就可以把机器人能力的伦理可接受性，建立在具体的案例和设计研究的基础之上，而不是主观决定机器人应该拥有哪些能力。

CCVSD 方法既为护理机器人需要进行伦理关注的内容提供了一个框架，同时也提供了把伦理考量融入设计过程的实现方法。温斯伯荷认为，这种方法虽然是针对护理机器人提出的，但具有相当的普遍意义，经过适当调整，可以用于各种不同的机器人以及不同的环境与实践之中。例如，如果人们想把伦理评价框架应用于护理领域之外的环境，那么框架内容可以保持不变，但价值选择会有所不同。总而言之，CCVSD 方法为伦理价值的融合与转译提供了一个具体的工具，可以用于将来的机器人设计过程。

9.9　人工智能设计责任

9.9.1　人工智能与责任伦理

责任是一个被广泛使用且具有广泛含义的概念。责任伦理也是随着应用伦理学兴起而逐渐发展并流行的新型伦理学概念。特别是面对当今世界多极化、价值多元化、社会科技化、政治民主化的大潮，自然环境不断恶化，人类精神家园不断沦陷，生存安全日益严峻，人类处于自我毁灭与自我拯救的激烈较量的边缘，只能勇敢地负起责任，在承担责任中实现人类的新生。于是，责任问题便成为一个无时无处不在的话题。

伦理学角度的"责任"通常与道德领域相联系，它是指人们意识到的并自愿承担的对自然、社会、集体和他人的道德责任。责任伦理概念是德国学者马克斯·韦伯于 1919 年提出。责任伦理是在对责任主体行为的目的、后果、手段等因素进行全面、系统的伦理考量的基础上，对当代社会的责任关系、责任归因、责任原因及责任目标等进行整体伦理分析和研究的理论范畴。

关于规范或改善人工智能技术伦理问题相关方面的伦理规制与伦理原则的制定及更新的速度，远远没有跟上人工智能技术发展的速度，这使得人工智能技术带给人类的责任伦理问题显而易见，人类正面临着各方面的责任伦理压力。特别是由谁来负责人工智能技术引发的责任伦理问题是争论的焦点之所在。例如，自动驾驶汽车曾多次出现过汽车伤人致死事件，其安全问题引起人们关注，但是责任怎么认定？如果人工智能程序漏洞造成人身和精神损害以及公私财产损失，谁来承担责任？如果人工智能技术代替更多的人力劳动后，谁来负责不断加剧的失业率？机器伤害或是杀害人类的事故到底是机器的责任还是人类自己的责任？这些机器的开发者、使用者是否要负担相应的责任，且分别应负什么样的责任？诸如此类的问题都属于责任伦理问题。

责任伦理强调对于现在和将来的负责，也就是说人工智能不光是对于当下人们的使用不能产生相关的危害，这种危害更不能延续到下一代人的身上。对于人工智能技术的发展，无论从政府的监管层面还是到消费者的使用层面都应该负起相应的责任。

9.9.2　人工智能系统的设计责任

任何人工智能系统或智能机器系统都要指定责任方对其行动负责，这将有助于保障这类项目的安全性。当然，还存在人工智能系统或智能机器可能在与其他人工智能系统或智能机器进行交互的过程中，偏离其设计者初衷的可能。但无论如何，最初的设计者应有义务确保系统正常工作，以防止不良后果的产生。人工智能系统的设计责任主要涉及以下两个方面。

1. 责任免除问题

如果人工智能系统或智能机器拥有了一定的道德行为能力，做出了符合人类预期的道德判断和行为，那么人工智能系统或智能机器的设计者和制造商是否就应该免除责任呢？从根本上看，人工智能系统之所以能够进行道德判断，是根据人类植入的计算机软件程序或算法做出的抉择，人工智能系统只是执行设计者意志的工具。如果说"自由在于我可以按我的愿望行动"，那么人工智能系统是在执行或实现设计者的自由，而不是自己的自由。因此，人工智能系统或智能机器设计者、制造商应该为这些系统的安全性、可靠性负责，不能免除责任。

虽然科技人员不能直接控制自主人工智能系统的全部行为，但完全可以将其行为控制在一定范围之内。显然，人工智能系统的行为表现与行为机制体现的是科技人员的理性，所以并不能以"科技人员不能直接控制人工智能系统或智能机器的行为"为理由，免除其道德责任。专家认为，为了避免责任鸿沟，人们可以不把控制要求作为责任归因的必要条件。就像父母与未成年孩子的关系那样，虽然父母不能完全控制孩子的行为，但并不意味着父母不需要承担责任。父母应该尽到教育与培养孩子的责任，如果孩子犯了错误，父母应该承担相应的责任。与此类似，如果生产商和程序员未能遵循公认的学术标准，那么他们应该为人工智能系统导致的损害承担道德责任。而且，即使不能清楚地辨认导致损害的因果链，根据"得利之人需要承担相应的不利后果"的原则，人工智能系统或智能机器的生产商应该承担相应的道德与法律责任。

2. 责任分担问题

人工智能系统或智能机器的设计、制造是一个目的性非常强的过程，人工智能系统的设计者、制造商、用户都需要分担相应的责任，而设计者和制造商应该承担更多的责任。毫无疑问，人工智能系统的设计者(包括从事人工智能系统及相关科学技术研发的科学家、工程师等)承担着沉重的道德责任。可以把设计者的责任分为角色责任、前瞻性责任和回溯性责任等三种。

设计者的角色责任大致与设计者的义务概念相当。从理论上看，角色是责任伦理的逻辑起点。因为责任依附于角色，角色是责任伦理中最基本最简单的范畴；角色是人们认识责任的中介，有角色就有责任；角色和责任永远联系在一起，二者是表和里的关系。从人工智能伦理的角度看，安全性与可靠性是设计者需要遵循的最重要的伦理准则。也就是说，设计者需要对人工智能系统的安全性、可靠性负责，并提供相应的解释与说明。

前瞻性责任指在人工智能系统的理论设计活动开展之前，人工智能系统的设计者就应该承担的责任。前瞻性道德责任是较高的要求，即要求设计者要积极主动地为未来的用户与社会影响考虑。也有学者认为角色责任包括了前瞻性责任，但是一般的角色责任很少强调前瞻性责任，而且从承担责任的时间来看，角色责任主要是强调当下责任，所以把前瞻性责任与角色责任区分开来可能更为合适。

回溯性责任指人工智能系统在生产调试和投放市场之后，出现了错误或产生了负面影响之后应该承担的责任。

9.9.3　人工智能设计的基本责任原则

在基本责任原则下，人工智能技术在开发和应用方面应遵循透明度原则、权责一致原则以及问责原则。

1. 透明度原则

透明度原则要求在人工智能系统设计中，保证人类了解智能决策系统的工作原理，从而预测其输出结果，即人类应当知道人工智能如何以及为何做出特定决策。透明度原则的实现有赖于人工智能算法的可解释性、可验证性和可预测性。另外，数据来源透明度也同样非常重要，即便是在处理没有问题的数据集时，也有可能面临数据中所隐含的某种倾向或者偏见问题。

透明度原则还要求在开发人工智能技术时，应注意多个人工智能系统之间的相互协作所产生的危害。透明原则要求人工智能公开、易懂或可解释且配套问责机制。透明原则呼唤技术开发者应具备防止和化解人工智能系统技术应用过程中可能出现的技术风险的能力，要求将人工智能系统决策的数据集和决策过程记录在案，实时追踪和识别人工智能系统的运行状态及出现的问题，建立详细且清晰的问责机制，强调技术规范。应明确说明使用了哪些算法、哪些参数、哪些数据实现了什么目的，机器的运作规则和算法让所有人都能够明白。机器需要了解学习者的行为以做出决策，所有人包括学习者也必须了解机器是如何看待自己和分析自己的处理过程。

为了实现可知性，不同主体(如消费者、政府等)需要的透明度和信息是不一样的，还需要考虑知识产权、技术特征以及人的技术素养等事项。一般而言，对于由人工智能系统做出的决策和行为，在适当的时候应能提供说明或者解释，包括背后的逻辑和数据，这要求记录设计选择和相关数据，而不是一味追求技术透明。换句话说，技术透明或者说算法透明不是对算法的每一个步骤或者算法的技术原理和实现细节进行解释，简单公开算法系统的源代码也不能提供有效的透明度，反倒可能威胁数据隐私或影响技术安全应用。更进一步，考虑到人工智能的技术特征，理解人工智能系统整体是异常困难的，对理解人工智能做出的某个特定决策也收效甚微。所以，对于现代人工智能系统，尤其是目前深度学习技术驱动的人工智能系统，通过解释某个结果如何得出而实现透明将面临巨大的技术挑战，也会极大限制人工智能的应用。相反，在人工智能系统的行为和决策上实现有效透明将更可取，也能提供显著的效益。

2. 权责一致原则

权责一致原则是指在人工智能的设计和应用中应当保证问责的实现，这包括在人工智能的设计和使用中留存相关的算法、数据和决策的准确记录，以便在产生损害结果时能够进行审查并查明责任归属。即使无法解释算法产生的结果，使用了人工智能算法进行决策的机构也应对此负责。在实践中，人们尚不熟悉权责一致原则，主要是由于在人工智能产品和服务的开发和生产过程中，工程师和设计团队往往忽视伦理问题。此外，人工智能的整个行业尚未建立综合考量各个利益相关者需求的工作流程，当前相关企业对商业秘密的过度保护也应与权责一致原则相符。

权责一致原则的实现有赖于利用人工智能算法进行决策的组织和机构，对算法决策遵循的程序和具体决策结果做出解释，同时用以训练人工智能算法的数据应当被保留，并附带阐明在收集数据(人工或算法收集)中的潜在偏见和歧视。责任原则强调技术本身应当支持可归责性,以便满足风险管理的需求。

权责一致原则的实现需要建立人工智能算法的公共审查制度。公共审查能提高相关政府、科研和商业机构采纳的人工智能算法被纠错的可能性。在下列情况中,相关机构可以不公开数据来源,而仅对符合标准且得到授权的部门公开数据。① 涉及隐私问题;② 涉及商业机密;③ 公开数据来源可能导致恶意第三人蓄意(利用输入数据)使系统产生偏差。合理的公共审查能够保证必要的商业数据应被合理记录,相应算法应受到监督,商业应用应受到合理审查。另外,商业主体仍可利用合理的知识产权或者商业秘密来保护本企业的利益。

3. 问责原则

问责原则是指明确责任主体,建立具体的法律明确说明为什么以及采取何种方式让智能系统的设计者和部署者承担应有的义务与责任。问责是面向各类行为主体建立的多层责任制度。当人工智能系统具备了一定的行为和决策自主权后,其责任和问责机制将会变得更加复杂,所以应该建立一套完善的责任和问责机制,以确保能够对人工智能及其行为决策后果进行问责,明确应该如何在制造商、设计师、运营商和最终用户之间分摊责任。明确的问责机制需要建立在系统透明的基础上,即应该建立完整的数据跟踪记录方案,保持系统算法和决策推理过程的透明,以便在任何情况下均可以快速找出责任主体。

9.10　人工智能技术开发的一般伦理原则

任何人工智能技术开发都应该遵循一般伦理原则,这些原则主要包括如下几方面。

1. 福祉与幸福

福祉主要是指人工智能设计和应用应该改善人类生活质量和外部环境,包括人类赖以生存的各种个人、社会和环境因素。它需要评估人工智能是否会让人类社会和环境变得更加美好,能否促进社会的进步,为任何地方的人所有并使其受益。无论人工智能技术怎么发展和应用,都应当服务于人,服务于人的发展和幸福。

2. 非恶意

人工智能的非恶意原则主要是指其设计和应用应该是出于仁爱而不是恶意的愿望,即绝对不应该造成可预见或无意识的伤害、偏见和不公平,需要避免特定的风险或潜在的危害。因此,人工智能产品的设计、开发和部署需要基于一种良好的愿望,同时还需要有一套预防风险和潜在危害的干预机制。

3. 公平正义

公平正义原则要求人工智能对所有人都是公平公正的，并且要避免保留现有的社会偏见和引入新的偏见，从而实现人人平等。因此，人工智能的决策算法和训练数据不应该沿袭设计者固有的偏见和歧视，不应侵犯人的隐私，而是应该通过评估确保这些数据对不同的社会文化均具有适当的代表性，让所有人都有平等访问的机会。

4. 人权与尊严

人工智能应该优先考虑并明确尊重人的基本人权和尊严。这需要在各利益相关方之间合作协商的基础上制定指导人工智能开发的人权框架，指导和规划人工智能的未来发展方向，以预防和纠正人工智能可能给基本人权和尊严带来的潜在风险和危害，以维护人类的尊严和固有价值。

5. 可持续

当前，人类面临着来自气候、资源等方面的许多重大挑战，将人工智能技术应用于这些方面是正确的"向善"的方向。人工智能技术与医疗、教育、金融、政务民生、交通、城市治理、农业、能源、环保等领域的结合，可以更好地改善人类生活，塑造健康包容的可持续的智慧社会。

6. 信任

人工智能需要价值引导。在人类的交往活动中，社会习俗、伦理道德、法律规范等构建起来的信任机制，构成人类合作、交易及表达不同意见的基础，可以让人们信任陌生人和陌生事物。现在人们无法完全信任人工智能，一方面是因为人们缺乏足够信息，对这些与我们的生活和生产息息相关的技术发展缺少足够的了解；另一方面是因为人们缺乏预见能力，既无法预料企业会拿自己的数据做什么，也无法预测人工智能系统的行为。此外，人工智能本身不够可靠，人工智能的可解释性不够，人工智能提供商不值得信任等也是造成人们不信任人工智能的主要理由。所以，当前迫切需要塑造包括人工智能信任在内的数字信任，一般认为，数字信任体现在四个维度：一是安全的维度，产品服务安全可靠，包括网络安全、个人隐私安全等；二是透明的维度，保障用户的参与和知情；三是责任的维度，确保相关主体负责任地提供产品服务，并为其行为承担责任；四是伦理的维度，秉持正确的价值观，将正确的伦理道德融入人工智能技术。

就人工智能而言，虽然技术自身没有道德伦理的品质，但是开发者和使用技术的人会赋予其伦理价值，因为基于数据做决策的软件是人设计的，他们设计模型和选择数据并赋予数据意义，从而影响我们的行为。所以，这些代码并非价值中立，其中包括了太多关于我们的现在和未来的决定。而在技术与社会生态系统互动的过程中，技术发展常常被环境、社会和人类影响，这些影响远远超过了技术设备和实践自身的直接目的。因此，人们需要构建能够让社会公众信任的人工智能等新技术的规制体系，让技术接受价值引导。

当前比较流行的人工智能技术采用的"大数据+深度学习"演算机制，目前人们还无法解释其做出的决策，造成人们无法信任人工智能。因此，人们未来要发展具有可解释性的人工智能，让人工智能技术跳出"黑箱"，成为可解释、可解读、可信任的人工智能。

通过人机之间的迭代、交流、协作增进互相理解，进而达成共识并产生"有依据的信任"。实现模型的可解释、可追溯、可修改，让人工智能技术成为透明、可控、可信的技术。在实际应用中，人们知道人工智能给出答案的依据是什么，计算的过程是什么，进而实现人对人工智能有依据的信任。最终实现人机之间拥有共识，形成共同的社会规范和行为价值。

本 章 小 结

本章介绍了人工智能设计伦理概念及含义，实现人工智能或机器伦理道德的设计路径，并给出了基于人类道德原则的机器道德推理逻辑结构和模型。在人工智能的发展过程中，人工智能机器如何与人类普遍认可的价值观相一致，如何服从于人类的共同价值，如何受到人类所普遍认可和广泛接受的基本的伦理原则的约束，此类问题都应由人工智能设计伦理以及机器伦理的相关研究加以解决。人工智能系统应该被合乎伦理地设计、开发与应用。虽然目前处于弱人工智能阶段，但是人类不仅仅要思考人工智能伦理规范，更要探究如何设计"合乎伦理"的友好人工智能。

习 　 题

1. 如何理解人工智能设计伦理的概念及含义？
2. 隐私保护在人工智能设计中如何体现？
3. 理论上的人工智能伦理设计路径是怎样的？
4. 什么是道德环境智能系统？其对于人工智能设计有什么作用和意义？
5. 试阐述机器道德的终极标准和体系。

第 10 章　人工智能发展的伦理原则

◗ 本章学习要点：

(1) 学习和理解国际上的主要人工智能伦理原则。

(2) 学习和理解国内的主要人工智能伦理原则。

(3) 学习和理解人工智能开发应用遵循的一般原则。

> 　　前面讨论的机器人伦理、自动驾驶汽车伦理以及人工智能伦理的应用、设计和人工智能伦理学的研究，最终都要体现一般的伦理原则。一般的伦理原则既要遵循人类的基本伦理道德原则，也要在智能机器这种新生事物与人类的关系中重现这些原则。国际和国内已经从理论和实践角度提出了很多伦理原则，本章主要介绍其中共同性的原则，以及最重要的责任和安全原则。通过本章的学习，可以对人工智能的基本伦理原则有初步的认识和理解。

10.1　国际国内人工智能发展的伦理原则

　　人工智能伦理问题的产生，主要原因在于人工智能发展过程中缺乏伦理原则指导与限制。从国际、国内促进人工智能发展状态来看，很多国家政府、国际组织及研究机构都积极开展关于人工智能伦理的探索，以更好地促进人工智能的发展，也取得了很多卓有成效的成果。

10.1.1　国际人工智能发展的伦理原则

人工智能领域的竞争已从技术和产业应用扩张到了国际规则的制定，尤其是人工智能伦理原则和治理规则的制定。现有的人类伦理规范对人工智能来说是不够的，其中包括诞生于 1964 年的关于涉及人类被试的医学研究的伦理原则声明《赫尔辛基宣言》，1979 年由美国国家生物医学和行为研究被试保护委员会制定的一份声明《贝尔蒙特报告》。

很多涉足人工智能的公司也主动发出自己关于人工智能的伦理倡议，以保证人工智能的合理、健康、有序发展。很多世界级科技公司也在多举措推进人工智能伦理研究与实践，包括发起成立行业组织、成立伦理部门、提出人工智能伦理原则。

2014 年，谷歌收购英国的人工智能创业公司 DeepMind，交易条件为建立一个人工智能伦理委员会，以确保人工智能技术不被滥用。作为收购交易的一部分，谷歌必须同意这一条款，就是不能将 DeepMind 开发的技术用于军事或情报目的。这标志着业界对人工智能的伦理问题表示出极大地关注。其他硅谷高科技公司也极为重视人工智能的伦理问题，在谷歌收购 DeepMind 公司之后也成立了专门的伦理与社会部门。

在 2016 年，为了应对人工智能伦理问题，微软就曾提出了人工智能六大原则，这些原则包括：人工智能必须辅助人类；人工智能必须透明；人工智能必须以不危害人们的尊严的方式最大化效率；人工智能必须被设计来保护隐私；人工智能必须在算法层面具有可靠性；人工智能必须防止偏见。

IBM 公司同样高度重视人工智能伦理问题，其 IBM Watson 团队在很早之前就积极推动成立了伦理审查委员会。在 2017 年的达沃斯世界经济论坛上，IBM 公司还公布了其发展人工智能的三个基本原则：

(1) 发展人工智能绝对不能完全以取代人类为目的；

(2) 不断地提高发展人工智能的透明性；

(3) 为了提高使用人工智能的技术，增加相关的技能培训，以确保人工智能被正确地使用。

英特尔公司发布了《人工智能公共政策机会》的报告，在其中提出了要促进人工智能技术的不断创新，保证技术发展的开放性，不能因为人工智能的发展损害人类的福利，减少人类的工作机会，在获取数据时要公开透明，在使用时也应担负起责任等，并确保在设计伦理时要与人类的伦理规则相融合。

2019 年 5 月，国际经济合作与发展组织(OECD)成员国批准了全球首个由各国政府签署的人工智能原则，即"负责任地管理可信人工智能的原则"，内容包括包容性增长与可持续发展和福祉原则，以人为本的价值观和公平原则，透明性和可解释性原则，稳健性和安全可靠原则，以及责任原则。2019 年 6 月 9 日，二十国集团(G20)财长会议批准了以人为本的人工智能原则，主要内容来源于 OECD 人工智能原则，相当于为 OECD 人工智能原则背书。这是首个由各国政府签署的人工智能原则，有望成为今后的国际标准，旨在以兼具实用性和灵活性的标准和敏捷灵活的治理方式推动人工智能发展。整体而言，从联合国的"人工智能向善国际峰会"(AI for Good Global Summit)和推动建立"人工智能伦理国际对话"的努力到 OECD 和 G20 的人工智能原则，国际层面的人工智能治理已进入实质性阶段，初步确立了以人为本、安全可信、创新发展、包容普惠等基调，以及敏捷灵活的治理理念。

国际电气电子工程师学会(IEEE)已在推进制定人工智能伦理标准(即 IEEE P7000 系列标准)和认证框架，其发布的人工智能白皮书《合伦理设计》则提出了八项基本原则。2016 年 12 月，IEEE 发布了《合伦理设计：利用人工智能和自主系统(AI/AS)最大化人类福祉的愿景》，报告中有关人工智能伦理问题包括八个部分，主要包括一般原则、伦理、方法论、通用人工智能(AG)和超级人工智能(ASI)的安全与福祉、个人数据、自主武器系统、经济/人道主义问题、法律，并就这些问题提出了具体建议。2017 年 12 月 12 日，IEEE 发布了《合伦理设计：利用人工智能和自主系统(AI/AS)最大化人类福祉的愿景(第二版)》，原报告的八个部分内容拓展到 13 个部分。从报告中可以看到，IEEE 全球人工智能与伦理倡议，主张有效应对人工智能带来的伦理挑战，应把握以下关键点的伦理挑战，但在具体实施的措施方面，并没有提出具有针对性的方案。

可以发现，尽管各国存在文化传统方面的差异，但在人工智能伦理原则方面表现出一定的趋同性，主要包括可解释性、公平正义、责任、隐私和数据治理、善待、非恶意、自由自治、信任、尊严、稳健性、福祉、有效性、慎用、胜任和人权等方面。

10.1.2　国内人工智能发展的伦理原则

就我国而言，除了密集出台促进人工智能发展的产业政策之外，也已开始加强人工智能伦理、标准等方面的建设。我国的人工智能顶层政策要求制定促进人工智能发展的法律法规和伦理规范。

2018 年 1 月，国家人工智能标准化总体组成立，发布了《人工智能标准化白皮书(2018 版)》，提出要建立一个令人工智能造福于社会及保护公众利益的政策、法律和标准化环境。白皮书讨论了有关人工智能安全、伦理、隐私的政策和法律问题(伦理是技术安全或不安全引发的结果，安全本身不构成伦理问题，隐私受到侵犯会产生伦理问题，从人工智能角度看，安全、伦理和隐私都是人工智能面临的问题)。其中，重点强调了两大原则，即人类利益原则与责任原则。两项原则提出，一切人工智能的发展和使用都应以保障和实现人类利益为最终目的。在发展技术和应用实践中要明确责任体系，落实问责和赔偿体系，在保证人类福祉的同时降低技术风险和其对社会的负面影响。人工智能的开发方应该平衡隐私与公开透明两方面的要求，担负起与权力相匹配的责任。

2019 年 4 月，国家人工智能标准化总体组发布《人工智能伦理风险分析报告》，更进一步阐述了人工智能的利益问题要从算法、数据安全和社会影响三方面进行多角度考虑。

2019 年 6 月科技部发布了《新一代人工智能治理准则——发展负责任的人工智能》，其中提出了和谐友好、公平公正、包容共享、尊重隐私、安全可控、共担责任、开放协作、敏捷治理八项原则。

2019 年 7 月 24 日召开了中央全面深化改革委员会第九次会议，审议通过了《国家科技伦理委员会组建方案》，基因编辑技术、人工智能技术、辅助生殖技术等前沿科技迅猛发展在给人类带来巨大福祉的同时，也不断突破着人类的伦理底线和价值尺度，基因编辑婴儿等重大科技伦理事件时有发生。如何让科学始终向善，是人类亟须解决的问题。加强科技伦理制度化建设，推动科技伦理规范的全球治理，已成为全社会的共同呼声。这表明科技伦理建设进入最高决策层视野，成为推进我国科技创新体系中的重要一环。

腾讯公司在 2018 年世界人工智能大会上提出人工智能的"四可"理念，即未来人工智能是应当做到"可知""可控""可用"和"可靠"。2020 年 6 月，商汤科技智能产业研究院与上海交通大学清源研究院联合发布《人工智能可持续发展白皮书》，提出了以人为本、共享惠民、融合发展和科研创新的价值观，以及协商包容的人工智能伦理原则，普惠利他的人工智能惠民原则，负责自律的人工智能产融原则，开放共享的人工智能可信原则，为解决人工智能治理问题提出了新观念和新思路。2021 年 11 月，商汤公司又联合了几家单位，共同发布了《平衡的发展观——AI 可持续发展报告 2021-2022》，继续倡导"可持续发展"的人工智能伦理观，打造技术可控、以人为本、可持续发展的人工智能均衡伦理治理范式，推动发展负责任、可持续的人工智能技术。

特别是在 2021 年 9 月 25 日，国家新一代人工智能治理专业委员会发布了《新一代人工智能伦理规范》，旨在将伦理道德融入人工智能全生命周期，为从事人工智能相关活动的自然人、法人和其他相关机构等提供伦理指引。

表 10.1 列举了国际上提出的伦理原则的相关要素。

表 10.1　国际上提出的伦理原则的相关要素

类别	来源	报告名称(中文)	伦理相关要素
政府	美国	人工智能行动法案	借助算法消除歧视；机器的责任
	美国	为人工智能的未来做好准备	公平、安全与伦理；人工智能的安全与可预测性
	英国	人工智能：未来决策制定的机遇与影响	个人隐私；知情权；由人工智能进行决策的问责概念和机制；算法偏差导致的偏见风险
	中国	新一代人工智能发展规划	追溯和问责；人工智能法律主体及相关责任；人工智能产品设计人员的道德规范和行为准则；人工智能的法律法规
国际组织	IEEE	合伦理设计(第二版)	人类权力；优先考虑人类幸福感；问责原则；透明原则；技术滥用意识
	UNESCO & COMEST	COMEST 人工智能系统或智能机器道德报告	人权；"不伤害"原则；问责原则；善行原则；正义原则；自主权；保护隐私
	生命研究院	阿西洛马人工智能原则	安全性；故障透明性；司法透明性；责任；价值归属；人类价值观；个人隐私；自由与隐私；分享礼仪；共同繁荣；人类控制；非颠覆性
	EURON	人工智能系统或智能机器伦理路线图	技术二重性；机器格化；人机关系的人性化；技术沉迷；数字鸿沟；技术资源获取的非平等性；技术对全球权力与财富分配的影响；技术对环境的影响
	IEEE	合伦理设计(第一版)	保护人类利益原则；问责原则；透明原则；人工智能系统或智能机器的教育与意识
高校	卡内基梅隆大学等多所大学联合发布	美国人工智能系统或智能机器路线图	安全；可靠性；隐私
	斯坦福大学	2030 人工智能与生活前景	数据安全与隐私；完善人工智能法律与政策体系
	牛津大学、剑桥大学、新美国安全中心等机构联合发布	恶意使用人工智能风险防范：预测、预防和消减措施	黑客攻击；深度学习的"黑箱"决策过程；相关用户的行为约束

10.2　欧盟《人工智能伦理准则》内容分析

在 9.10 节中我们介绍了人工智能技术开发的一般伦理原则包括人类对于人工智能的信任原则。欧盟的《人工智能伦理准则》围绕着"如何实现可信赖"这个核心问题，提出建设"可信赖的人工智能伦理框架"，如图 10.1 所示。"可信赖"作为人类社会发展、部署、使用人工智能系统的前提，是这一伦理框架存在的根本意义和最终目的。这种"可信赖"不仅和信息技术的固有特性相关，也与应用人工智能的社会技术系统整体质量有关。如果某一个人工智能产品有设计问题，那么很可能引发公民对整个人工智能行业的信任危机。为了增强人们对于人工智能产品和整个人工智能时代的信赖，文件综合了社会技术系统中的参与者视角和运作过程的特点，提出了可信赖的人工智能伦理框架的三大必要前提：

第一，人工智能必须是合法的，即遵守所有适用的法律和法规；

第二，人工智能必须是合伦理的，即尊重人类的基本权利、伦理原则及核心价值观；

第三，人工智能应该在技术上强健且可靠，避免由于技术问题而带来的无意伤害。

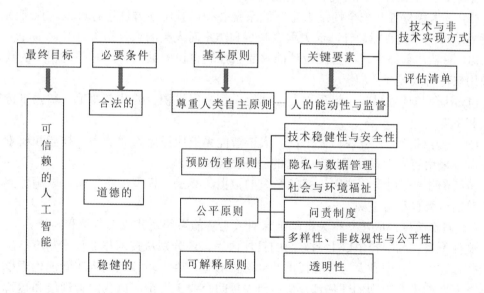

图 10.1　欧盟"可信赖的人工智能伦理框架"

基于国际人权法等文件中所规定的公民基本权利，结合大部分已有的技术伦理原则的要点，文件归纳出发展可信赖的人工智能的四项基础原则，主张以人类基本权利作为论述基础，开展四项伦理原则及七项伦理要件的研究，其中的四项伦理原则包括如下内容。

第一，尊重人类自主原则。除了要求人类在与人工智能互动的过程中，必须保障人类拥有完全及有效的自主性之外，也要求人工智能的运作必须有人类的监督。

第二，预防伤害原则。为保护人类身心的完整性与人性尊严，人工智能技术必须能够强力抵御恶意使用，包含避免对自然环境和所有生物的伤害。

第三，公平原则。这里的公平包含程序向度与实质向度，前者要求人们可以对人工智能的操控者提出纠正与异议，并且要求人工智能的决策者应该是可以被识别的。后者确保人工智能的利益是可以公平、公正分配的，并且要能够避免任何歧视或污名。

第四，可解释原则。要求人工智能的制造目的与具备的功能必须经过公开协商，具备透明性并且避免"黑箱"问题。

对应上述四条原则，文件进一步细化出可落地于实际的七个方面：人的能动性与监督，技术稳健性与安全性，隐私与数据管理，社会与环境福祉，多样性及非歧视性与公平性，透明性，问责制度。文件中对这七个方面分别解释如下：

(1) 人的能动性与监督：人工智能系统应通过支持人的能动性和基本权利以实现民主、繁荣、公平社会，同时允许人类监督。

(2) 技术稳健性与安全性：人工智能系统必须以预防性方法进行开发，保证系统能够可靠地按照预期目标运行，最大程度减少和防止对人类的意外伤害。

(3) 隐私与数据管理：公民应该能够完全控制自己的数据，同时与之相关的数据不会被用来伤害或歧视他们。

(4) 社会与环境福祉：应采用人工智能系统来促进积极的社会变革，增强可持续性发展和生态责任。

(5) 多样性及非歧视性与公平性：人工智能系统应考虑人类能力、技能和要求的总体范围，采用包容性设计保证其提供的服务面向所有人。

(6) 透明性：用于创建人工智能系统的数据、算法、模型应透明化，以确保人工智能决策的可解释和可追溯。

(7) 问责制度：应建立相关机制确保对人工智能系统及其成果负责和问责。

文件不仅详细阐释了以上七方面的具体内涵，还分别从技术与非技术角度给出了诸多操作化建议，考虑到人工智能技术的动态性和适应性，可信赖的人工智能伦理框架还包括一套匹配七个方面的评估清单(试行)，帮助企业、组织、机构的管理层和运营、法务、采购等部门共同协作，实现可信赖的人工智能技术。文件强调由于人工智能系统不断发展，以及在动态环境中运行，目前清单中列举的条件并不完备，应不断地结合实践经验灵活调整其中的内容，保障人工智能系统在全生命周期内合法、合伦理地安全运行，增强公民信赖感，最终促进社会福祉提升。

作为可信任的人工智能，每个在人工智能产品或系统的生命周期的利益相关者都应该被赋予不同的伦理要求。准则整体上可以归纳为以下七个伦理要件，除了人工智能系统层面，也将个人及社会纳入其中。

第一，人工智能不得侵犯人类自主性与自由，即主要维系人性尊严并确保由人类来监督。

第二，人工智能应具备信息安全性与正确性，即要求技术强健并具备安全性。

第三，人工智能搜集的数据得受到安全与隐秘的管理，即着重于隐私与数据管理上。

第四，建构人工智能系统与算法应公开且可以追溯到开发者，即要求具有透明性。

第五，人工智能须具备多元性与公平性，即避免歧视，要求公平。

第六，人工智能须促进社会正面改变，且针对社会及环境福祉具有永续性。

第七，人工智能须建立咎责机制，即要求确立可问责性。

10.3　阿西洛马人工智能 23 条原则

"阿西洛马人工智能原则"(以下简称 23 条原则)可以看作是"阿西莫夫机器人三定律"的扩展版本。该原则主要分为三大类问题，即科研问题、伦理价值问题和长期问题。

在科学研究问题方面，23 条原则提出人工智能的研究目标是创造有益的智能，而不是让它像经历生物演化一样没有确定的发展方向。在伦理价值问题方面，提出了很多愿景，包括人工系统安全和故障透明度(如果人工智能系统造成伤害，应该可以确定原因，例如自动驾驶系统)，由人工智能系统或智能机器做出的任何涉及司法政策的行动都要透明可解释，供主管人权机构审核；设计者与使用者要担负起到的影响责任；要确保高度自治的人工智能系统的目标和行为与人类价值观相一致，尊重人类的尊严、权利、自由和文化多样性；保障个人隐私，不仅人工智能系统能够分析和利用人类产生的数据，人类也应该有权获取、管理和控制自身产生的数据；不得不合理地限制人类真实或感知到的自由。在长期问题方面，指出人工智能带来的利益应当是普惠人类的；由人类选择如何以及委托人工智能系统去完成人类选择的目标；人工智能的力量应当尊重和改善社会健康发展所需的社会和公民进程，而不是颠覆这种进程；避免人工智能军备竞赛。

在 23 条原则中，纲领性的条目如下：

第 1 条"研究目的"确定了人工智能研究的目的是创造服务于人并为人所控的人工智能原则，这个原则是人机之间的基本伦理保证，而这个保证最先由研究和开发人员的伦理意识体现出来和在研发中遵守；所以第 16 条"人类控制"表达了一种深切的期望。

第 2 条"研究经费"是对人类资源、意志、价值体系的前提地位的保护。

第 10 条"价值归属"、第 11 条"人类价值观"进一步提高为机器对人的价值的归属，是高级人工智能的设计原则；第 9 条"责任"则将这种人机伦理关系作为责任明确地加在研究人员身上；第 12 条"个人隐私"和第 13 条"自由和隐私"体现了人的尊严。

第 6 条"安全性"是为研究工作设定的机器对人的保障的条件，第 7 条"故障透明性"、第 8 条"司法透明性"是对人工智能现有研究、开发的工作制度和法制方面的伦理要求。

第 14 条"分享利益"、第 15 条"共同繁荣"、第 17 条"非颠覆"、第 18 条"人工智能军备竞赛"是人类社会的伦理原则在人工智能研究领域中的体现。

上述的这些内容都是基于人和人性理解的人机伦理关系。最后第 23 条"公共利益"甚至包括了"超级智能"。

从第 6 条到第 18 条的 13 条原则，都是对人工智能的伦理和价值问题进行规制，可见人工智能伦理问题确实是人工智能在发展中最为让公众担忧的。在这 13 条伦理原则中，尤为强调四点：第一是确保人工智能的安全性，不能损害人类的利益。第二是使用中的透明性和责任，人工智能出现故障时要能确定可以追溯到相关的责任主体。第三是保护个人的隐私与自由，其中的关键是要能让设计的人工智能尊重人类的价值观，才有可能实现对个人隐私与自由的保护。第四是始终能够保证人类对人工智能发展的可控性，不能颠覆人类既有的社会秩序，防止利用人工智能进行各种反人类、反社会活动。

"阿西洛马人工智能原则"实际上是所有关注人工智能及人工智能系统或智能机器发展所产生的对人类难以估量的影响的长期观察和思考的一次集中性表达，在更深远的意义上，可以看作是科学家所代表的知识群体和人类的良知对人类自身的性质、地位和价值的一次严肃思考。所以"阿西洛马人工智能原则"是人的道德呼唤，是人性的忧患意识，在这个意义上的"阿西洛马人工智能原则"是人类尊严的体现。

10.4　人工智能安全原则

10.4.1　人工智能安全问题

人工智能在服务和赋能人类生产生活的同时，也带来了难以忽视的安全风险。2018年 9 月 18 日，世界人工智能大会安全高端对话会发布了《人工智能安全白皮书》(以下简称《白皮书》)。《白皮书》称，技术的进步往往是一把"双刃剑"，人工智能作为一种通用目的技术，为保障国家网络空间安全，提升人类经济社会风险防控能力等方面提供了新手段和途径。但同时，人工智能在技术转化和应用场景落地过程中，由于技术的不确定性和应用的广泛性，带来网络安全、社会就业、法律伦理等问题，并对国家政治、经济和社会安全带来诸多风险和挑战。

《白皮书》将人工智能安全风险分为网络安全风险、数据安全风险、算法安全风险、信息安全风险、社会安全风险和国家安全风险六个方面。

(1) 从网络安全风险看，人工智能学习框架和组件存在安全漏洞风险，可引发系统安全问题。《白皮书》指出，目前，国内人工智能产品和应用的研发主要是基于谷歌、微软、亚马逊、脸书、百度等科技巨头发布的人工智能学习框架和组件。但是，由于这些开源框架和组件缺乏严格的测试管理和安全认证，可能存在漏洞和后门等安全风险，一旦被攻击者恶意利用，可危及人工智能产品和应用的完整性和可用性，甚至有可能导致重大财产损失和恶劣社会影响。同时，人工智能技术可提升网络攻击能力，对现有网络安全防护体系构成威胁与挑战。

(2) 从数据安全风险看，一方面逆向攻击可导致算法模型内部的数据泄露；另一方面，人工智能技术可加强数据挖掘分析能力，加大隐私泄露风险，脸书公司数据泄露事件即是典型案例。

(3) 从算法安全风险看，算法设计或实施有误可产生与预期不符甚至伤害性结果；算法潜藏偏见和歧视，导致决策结果可能存在不公；算法黑箱导致人工智能决策不可解释，引发监督审查困境；含有偏差的训练数据可影响算法模型准确性；对抗样本攻击可诱使算法识别出现误判漏判，产生错误结果。

(4) 从信息安全风险看，智能推荐算法可加速不良信息的传播，人工智能技术可制作虚假信息内容，用以实施诈骗等不法活动。

2017 年，我国浙江、湖北等地发生多起犯罪分子利用语音合成技术，假扮受害人亲属实施诈骗的案件，造成了恶劣的社会影响。

(5) 从社会安全风险看，人工智能产业化推进将使部分现有就业岗位减少甚至消失，导致结构性失业；人工智能特别是高度自治系统的安全风险可危及人身安全；人工智能产品和应用会对现有社会伦理道德体系造成冲击。

企业具有天生的资本逐利性，在利用用户数据追求自身利益最大化时，往往忽视道德观念，从而损害用户群体的权益。例如：携程、滴滴等基于用户行为的数据分析，可实现对客户的价格歧视；脸书利用人工智能有针对性地向用户投放游戏、瘾品甚至虚假交友网站的广告，从中获取巨大利益。

(6) 从国家安全风险看，人工智能可用于影响公众政治意识形态，间接威胁国家安全；还可用于构建新型军事打击力量，直接威胁国家安全。

在《白皮书》中，项目组也提出了八条人工智能安全发展建议。这些建议包括如下几个方面：

    (1) 加强自主创新，突破共性关键技术；

    (2) 完善法律法规，制定伦理道德规范；

    (3) 健全监管体系，引导产业健康发展；

    (4) 强化标准引领，构建安全评估体系；

    (5) 促进行业协作，推动技术安全应用；

    (6) 加大人才培养，提升人员就业技能；

    (7) 加强国际交流，应对共有安全风险；

    (8) 加大社会宣传，科学处理安全问题。

我国政府以战略规划为牵引，加大对人工智能安全的政策引导。2017 年 7 月，国务院印发的《新一代人工智能发展规划》中提出：既要加大人工智能研发和应用力度，最大程度发挥人工智能潜力；又要预判人工智能的挑战，协调产业政策、创新政策与社会政策，实现激励发展与合理规制的协调，最大限度防范风险。2019 年 6 月，国家新一代人工智能治理专业委员会发布《新一代人工智能治理原则——发展负责任的人工智能》，强调和谐友好、公平公正、包容共享、尊重隐私、安全可控、共担责任、开放协作、敏捷治理等八项原则。

10.4.2　技术与应用层面的安全

1. 技术层面的安全

作为一项发展中的高新技术，人工智能当前还不够成熟。某些技术缺陷导致工作异常，会使人工智能系统出现安全隐患，例如由于目前多数以深度学习为基础的人工智能技术都是基于云端或者互联网开放平台的，互联网本身的漏洞与人工智能技术本身的漏洞都可能造成巨大的安全隐患。人工智能系统或智能机器的设计、生产不当会导致运行异常。另外，如果安全防护技术或措施不完善，无人驾驶汽车、智能机器人等可能受到非法入侵和控制，这些人工智能系统就有可能按照犯罪分子的指令，做出对人类有害的事情。

腾讯 Blade 团队发现安全漏洞

2017 年 12 月，腾讯公共安全平台部 Blade 团队在对谷歌人工智能学习系统 TensorFlow 进行代码审计时，发现该系统存在重大安全漏洞(安全问题是漏洞造成的结果，算法漏洞是安全伦理问题的原因)，利用该系统进行编辑的人工智能场景，有遭受恶意攻击的可能。TensorFlow 是目前谷歌免费开放给人工智能设计者的编程平台，程序员可以在该平台上进行人工智能组件的设计工作。事实上，由于近两年来自业界和媒体对人工智能的追捧，忽略了其背后的网络安全问题。腾讯的这一发现对人工智能安全问题是一个警告。

2. 应用层面的安全

深度学习所具有的不同于人类的"思维"模式除了对人类中心主义构成挑战，也会带来不可控的风险。由于人类对于其内在的信息处理机制还不明确，以深度学习为主的人工智能技术在制造、交通、医疗、教育、能源、城市及家庭等各行业或领域的应用都存在各自的安全问题。例如，智能能源更加依赖互联网，能源系统的自组织、自检查、自平衡和自优化更加网络化和智能化，其中任何一个微小的安全问题，都可能导致大批电站陷入瘫痪，进而威胁到社会民生安全和国家安全。

10.4.3　国家层面的安全

国家安全是社会、经济、国防、民生、政治等多领域安全问题的综合。"智能+行业"的发展模式是以各种智能系统与实体行业深度融合为基础的。因此，其安全风险将更加直接地传导到社会经济与国家政治领域。因此，从广义上讲，智能系统的大规模普及对社会和国家具有潜在的系统性安全风险。

例如，在一个国家内部，智能产业或智能机器的推广普及导致的社会结构性失业，对整个社会伦理道德的冲击以及经济、民生安全问题引起的连锁反应，智能化和网络化的新媒体以及新的社会舆情传播模式对政府权威和统治能力的弱化，给政体安全构成威胁，带来一定安全风险隐患。智能病毒造成大规模网络破坏，继而使城市、国防等基础设施遭到攻击和破坏，或者群体智能无人机发动大规模恐怖袭击造成社会危机等。此外，人工智能系统或智能机器的非法使用，也将导致生育观念改变，对人口安全带来负面影响。

在各个国家之间，发达经济体掌握成熟的智能技术，持续更新升级产业形态，将直接冲击发展中国家人力资源的比较优势，极易形成"马太效应"，使具有先发优势的国家强者更强，后发国家越来越难以追赶，造成国际社会的阶层固化。智能、无人、自主化武器系统和规模、群体、异构化武器系统在军事作战中的应用造成严重军事安全风险。智能系统可用于影响敌对国公众政治意识形态，间接威胁国家安全；还可用于构建新型军事打击力量，重定定义全球经济和军事平衡，直接威胁国家安全。

本 章 小 结

　　本章主要从国际、国内两方面介绍了目前已经建立的人工智能伦理原则，并介绍了人工智能技术开发与实践应用遵循的一般伦理原则，包括信任、幸福、责任、安全等等。其中最基本的是安全和责任，只有建立在安全和责任原则基础上，人工智能对于人类才是可信任的，在应用中才是可靠的。本章的学习是对前面各章中涉及的人工智能伦理的初步总结。更深入的原则内涵还需要随着人工智能技术的发展而发展。

习　　题

1. 查阅有关资料，对国际上主要的人工智能伦理原则进行梳理，阐述其含义。
2. 查阅有关资料，对国内主要的人工智能伦理原则进行梳理，阐述其含义。
3. 试分析阿西洛马人工智能 23 条原则的意义和作用。
4. 试阐述人工智能责任原则。
5. 试阐述人工智能安全原则。
6. 人工智能应用安全体现在哪些领域和方面？

第 11 章　人工智能全球伦理与宇宙伦理

本章学习要点：

(1) 学习和理解人工智能全球伦理的含义。

(2) 学习和理解人工智能全球伦理规范。

(3) 学习和理解人工智能宇宙伦理的含义。

> 人工智能全球伦理是从人工智能对于全人类及人类所生存的地球生态整体角度而提出的。今天的人类在气候、资源、环境等诸多方面面临严峻挑战，人工智能对人类自身价值和人类社会的整体影响都只能在全球意义上讨论才有价值。人工智能宇宙伦理是在智能历史进化和未来意义上，在宇宙背景下，讨论宇宙、人类与人工智能的关系。智能机器的进化有助于人类从地球文明走向宇宙文明，机器智能、人类智能在宇宙背景下都是宇宙演化的产物。人类在考虑功利主义伦理问题的同时，也应考虑形而上的智能机器与人类在宇宙意义上的伦理关系问题。这类思考将有助于人类摆脱功利主义桎梏，提升人性，走向更高阶段的文明，这也是本章内容所提倡的主旨。

11.1　全　球　伦　理

现代人类经过了 300 多年的发展，终于意识到必须启用全球伦理、全球法治等全球治理的方法来解决全球问题。18 世纪诞生的西方民主国家率先发展了工业革命，此时就已经埋下了全球问题的种子。19 世纪到 20 世纪是人类普遍实现了国家化的时代，随着工业化发展模式的普及化，全球问题逐渐浮出水面并日益威胁到人类的生存与发展。20世纪，人类相继经历了三次新的技术革命，从而召唤了全球化时代。1942年的电脑革命把人类带入信息时代，1945年的核能革命把人类带入原子能时代，1957年的航天革命把人类带入太空时代。20世纪末21世纪初，国际贸易的发展启动了全球伦理时代。全球伦理是20世纪90年代后才开始流行的一个概念。目前学者对全球伦理在概念上有八种不同表述，包括普遍伦理、普世伦理、普适伦理、全球伦理、世界伦理、世界道德、底线伦理、全球意识伦理。人们对全球伦理的认识也还处于初级的探索阶段。其实，全球伦理是在全球问题严重到必须解决的时代才提出的。20世纪60年代后，在"罗马俱乐部"的提醒下，人类才意识到全球问题是人类必须解决的根本性问题。70、80年代全球问题更加严重，从而导致后来的全球性道德危机。当全球性经济危机与全球问题威胁到全人类的生存时，全球伦理的价值才得以凸显。随着全球化的深入以及工业文明的迅猛发展，全球问题对人类生存与发展的严重性和危险性已经接近一个临界点。因此，为解决全球问题而构建全球伦理已经成为刻不容缓的问题。可以说，全球伦理的重要性和必要性随着全球问题的严重性、威胁性、危险性在不断提升和叠加。

由于全球危机的不断扩大，现代性遭受了前所未有的质疑和批判。有专家将之归纳为四个方面，即空有科学，却无智慧来预防科学研究被误用；空有技术，却无力量让高效能的大型科技不可预知的危险受控制；空有工业，却无环保来抵御持续扩张的经济；空有民主，却无道德来制衡有权势的个人和团体巨大的利益。这"四大空有"不单是对现代社会弊端的尖锐批判，而且是对现代病的如实写照，更是对全球问题的高度概括。

1993年9月，第二次世界宗教会议通过了世界历史上第一份《全球伦理宣言》，提出世界历史上第一个全球伦理划时代的文件。

《全球伦理宣言》认定，当前全球伦理基础已经存在，能够为一种更好的个人和更好的全球秩序提供可能。《全球伦理宣言》明确指出："没有全球伦理，便没有更好的全球秩序。"

11.2　人工智能全球伦理

11.2.1　人工智能全球伦理的含义

随着人工智能、机器人、大数据、物联网、区块链、云计算、虚拟现实、基因编辑、脑机接口、3D打印等新技术集群加速涌现和发展，有望引领第四次工业革命。尤其是人工智能的发展，有望像历史上的火种和电力一样，重塑人类生活和人类社会的未来——

不断加速的自动化和智能化，无处不在的网络连接，物理与数字世界的融合，甚至人类与机器的融合。人类社会正在步入高度依赖数字智能技术的社会，生物层、物理层、技术层有可能融合成为三位一体。人工智能已经成为全球关注焦点，引发全球范围内对人工智能技术及其影响的反思和讨论，促使人们探索如何让人工智能技术带来个人和社会福祉的最大化。

前文曾指出，人工智能之所以比以往任何一个时代的技术突破都更引人关注，其原因在于人工智能技术使得人类所创造的工具越来越具有智能，由此导致人、机器、人机混合之间复杂的伦理关系，甚至颠覆人类社会传统的伦理关系。

面对各种前所未有的智能机器，人类自身的尊严、地位甚至生物意义上的存在都受到挑战。人工智能不单纯是引领经济发展的科技力量，它也是改造人类自身存在的力量。在这个意义上，有必要从全球伦理的角度去思考和认识人工智能的本质和意义，以及全球意义上人工智能伦理的内涵，这是人工智能伦理上升为全球伦理的根本原因。

人工智能全球伦理是在全球化背景下，关于人工智能技术及智能机器所引发的涉及人类社会及地球生态系统整体的伦理道德问题。因为人工智能全球伦理对于人类文明的可持续发展具有重要意义，所以需要引起全世界所有国家的关注并应该一致努力，构建智能时代的人工智能全球伦理规范。

11.2.2　人工智能对人类价值和意义的挑战

当今世界，新科技革命的兴起给人们带来了全新的生活，但也给人们带来了许多前所未有的新问题。19 世纪末，物理学的三大发现(电子、X 射线和放射性元素)带来的革命对象是宏观、微观物质世界，是外在的客观世界；20 世纪生命科学革命的对象是生命，尤其是人类生命，基因工程的突破不仅推进了生命科学的进程，而且把生命科学推进到一个完整的技术体系。继 20 世纪生命科学在基因工程等方面的突破之后，21 世纪第二个突破性进展是 21 世纪前 20 年人类在人工智能、量子计算、5G 通信等领域相继不断取得了更多的突破。

相较于以往的科技革命对象，21 世纪人工智能革命的对象则显得复杂，它既涉及生命、意识，又涉及人类及其所创造的工具。它区别于物理学革命和生命科学革命的特点是以智能为核心，将物质、生命、意识、人类、宇宙及工具、机器等对象直接联系起来，形成了以机器的智能化、类人化发展为主要特征的新科学革命。人工智能的进展具有直接的实践意义，它突破以往人类创造的工具仅被动由人类使用和支配的阶段，而进入到人工创造智能机器乃至创造类人智能机器的阶段。人工智能的重大突破导致了人们对人与人、人与机器、机器与社会之间的多重伦理关系的重新认识。因此，人工智能科学革命不同于以往的科学革命，它必须审慎地对待智能机器及其相关的伦理问题。人工智能的发展已经全部覆盖并深深渗入到人类社会的所有事物，已经直接触及人类一直认为是独享的智能、情感、意识等人之为人的基本特性。人工智能已经构成对人的存在价值和意义的挑战。在全人类面前，人工智能系统及智能机器的发展如何寻求符合人类整体的长远利益的发展方式，这些问题不是个人、集体、机构、企业甚至个别国家所能面对和应对的，而是需要全球各国的共同合作来应对。

11.2.3　人工智能对人类社会的整体影响

除了人工智能算法造成的歧视等个人伦理问题，人工智能发展还会带来一系列与全世界人类都直接相关的社会问题，包括就业问题、环境问题等。

以就业问题为例，由于工业机器人和各种智能技术的大规模使用，导致从事劳动密集型、重复型、数据分析类、文字处理类等职业的人士都面临失业威胁。由此可能引发社会发展危机，造成社会安全水平下降和动荡。机器人将变得越来越自主，并能够执行和做出更复杂的决定。技术发展的加速过程现在允许劳动力被资本(机器)所取代。人工智能可能造成大规模失业风险的问题一直备受社会关注，甚至有人认为，人工智能的普及将会在人类社会中产生一批史无前例的"无用阶层"。

许多行业的就业可能会受到较大影响。根据麦肯锡对美国 800 多种工作岗位的2000 多种工作的调查显示，面对人工智能的挑战，体力劳动比脑力劳动的从业者面临着更大的失业风险，尤其是那些"可预测的体力劳动"的从业者。例如，食品制造、焊接等重复性高且下一步动作可预测的流水线工作。大型国际咨询机构的一份报告预测到2030 年，全世界将有 3.9 亿人因机器人和人工智能的大规模普及而改行，有 8 亿人会失业。因此，未来十几年，在人工智能发达的国家，面临的社会稳定问题也同样严峻。

而相对不可预测的体力劳动(如建造和畜牧行业的劳动)和包含脑力劳动的工作(如教育培训和医疗工作)，均很难被机器人所取代。

一些人工智能引发的经济和就业的社会问题包括：机器人对社会经济产生哪些影响？如何估计期望的成本和效益？机器人是否会彻底取代工人，政府和社会应该做些什么？每个人应该如何正视机器人给就业和工作带来的危机？目前，包括世界上主要发达国家以及我们国家在内，已经纷纷开始研究相关法规制度，在鼓励人工智能技术和产业发展的同时，需要预防可能由于人工智能技术造成失业等社会问题而引发社会动荡。

事实上，人类历史上由技术进步带来的失业风险等并不鲜见，历史上几乎每一项重大技术变革(如电力、蒸汽机、通讯以及计算机和互联网等)，都会给之前的传统社会带来就业问题。但同时也有人认为，与过去的蒸汽机和计算机等技术一样，新技术在夺走一部分工作岗位的同时，也会创造更多更好的新型工作岗位。机器人在使一些岗位消失的同时，也可以创造出新的岗位类型。例如，未来社会显然需要更多的人来维护机器人。新技术也催生了新的创业领域，如发明 3D 打印机器人用于打印假肢等等。所以，人工智能对劳动力市场的长远影响究竟是积极的或是消极的还是中立的，目前还很难预测。

11.2.4　人工智能带来的全球生态环境伦理问题

生态危机已经成为一个全球性的问题，对于同居于一个地球的各个国家和民族来说，各国的生态环境问题既有共性又有个性，除了局部问题，又有共同的全球生态问题。因此，我们需要在差别中寻求共性，在共性中明辨差异，一种注重整体的长远的人类利益观点可以说是环境保护的"底线伦理"，这也是我们需要优先考虑的问题。

生态共同体体现了一种可持续发展的伦理理念。人是"万物之灵"，但并不代表人是"万物之王"，人类也是生态系统中的一部分，人要摆正自己在自然界中的位置，处理好自己与自然、非人类存在物的关系，才能使人类文明可持续发展。

人工智能技术给人类带来的生态环境伦理问题显而易见，传统科技造成的资源过度消耗、环境破坏、生态污染等全球性的环境问题，人工智能技术也没能例外。如今，人工智能技术几乎应用于社会生活的各个领域，随着时间的推移和社会的发展，这也意味着人工智能技术的耗材量将越来越大。例如，目前很多大型工厂都在计划增加智能机器人充当劳力，如果以世界经济发展的速度来推算，那么这类机器人的使用市场和使用量将会俱增，这虽然会大大提升工作的效率，给社会带来更多财富，但也使社会面临更多环境伦理方面的问题。同时，因人工智能技术的产品换代或是废旧品而带来的固体垃圾问题也将更加严峻。当视频网站给人们推荐电影或节目时，或者当智能客服回答人们各种各样的问题时，它们都会带来巨大的能源消耗却容易被人们忽略。从 2012 年到 2018 年，深度学习计算量增长了 3000 倍。最大的深度学习模型之一 GPT-3 单次训练产生的能耗，相当于 126 个丹麦家庭一年的能源消耗，还会产生与汽车行驶 70 万公里相同的二氧化碳排放量。据科学界内部估计，如果继续按照当前的趋势发展下去，比起为气候变化提供解决方案，人工智能可能先成为温室效应最大的罪魁祸首。专家指出，人工智能领域发展迅猛，深度学习模型也不断从层级和架构方面扩大规模以满足人们的需求。现在，模型规模呈指数级增长，同时也意味着能源消耗的增加，这是大多数人都没有想到的。

这类问题既需要依靠技术的进步来完善和解决，也需要企业、地方政府和国家建立相应的制度，建立统一的高性能计算中心，通过共享等方式尽量减少能源消耗和环境破坏，而不能像比特币矿机一样无序发展。

11.3　全球人工智能伦理规范

11.3.1　全球人工智能伦理规范的挑战

国际社会已经在核能源、太空科技、网络规范和网络空间协作方面做了大量工作，已经有了一些初步的共识。2017年，中国、法国、德国、欧盟等都发布了人工智能发展计划，这些计划中或多或少都有关于伦理和安全的部分，说明国际社会对这些方面非常关注，接下来的问题就是国际合作的机制。这种机制的建立，需要通过国家政府机构、企业、社会组织等多方面介入、商讨及合作才能够实现。

每一个国家或者组织都有自身的原则，关键是找到诸多原则中的共同点。可以肯定的是，各国的政策大致都同意人工智能应该是要造福人类的，肯定没人希望人工智能危害人类。其次，就是要发展值得人类信任的人工智能，信任固然很重要，但不同国家和文化对信任的认知并不相同，所以要信任人工智能也同样不容易。安全和信任都是比较基本的原则，目前全球人工智能伦理的发展也都在朝这个方向努力。

虽然不同的地区和国家有着不同的历史文化，它们没有共享同一个全球性的伦理标准，但是联合国在可持续发展目标方面的良好实践，能够帮助世界各国人民建立共同价值。所以虽然在一些国家之间还存在关于人工智能的分歧和讨论，但人们仍然存在全球共享的伦理价值和对未来的共同期待。

11.3.2　可持续发展——人工智能全球伦理基本原则

1. 可持续发展含义

"可持续发展"可以说是全球伦理的绝对道德标准。可持续发展是普适性的基本原则。也就是说，不同地域的发展，无论是哪个国家，还是哪个地区，都要遵循可持续发展的要求；可持续发展也适用于不同的人类活动领域，既然发展是经济、社会、政治和文化活动的协同发展，那么在不同的活动领域里，可持续发展都是一个有效力的原则。当然，可持续发展也适用于发展进程的不同阶段，无论是处在发展的初级阶段或者高级阶段。在全球伦理原则中，可持续发展是最高的原则，它可以通过各种中间性原则，不同活动领域的道德规范，各种具体伦理关系中的道德规定而落实到人类生活的方方面面。同时，它也对各种具体的规则起到约束作用，并且成为解决各种价值冲突和规范冲突的基本准则。可以说，可持续发展的提出为处理全球伦理关系提供了基准，从而构成全球伦理的基本原则。

2. 人工智能可持续发展

可持续发展的目标是引导人们去实现一个更美好和可持续发展的未来。因此，可持续发展也是人工智能的全球伦理基本原则。人工智能可持续的发展就是关于"应当如何发展人工智能"的一种道德要求，就是鼓励人类"开发负责任的人工智能技术，推动世界经济、社会和人类的发展，为全人类创造更美好的明天"。

只有普惠于全人类的发展才是人工智能可持续的发展。人工智能的发展不应是"零和博弈"，而应是各国之间互利共赢。共赢是指在各国家形成的利益共同体中，各利益主体在追求自身人工智能发展利益的同时，也要兼顾其他国家的利益。传统的发展观不惜破坏自然来获得利润的增长，这是一种"竭泽而渔"的发展。人工智能可持续发展应该是自然人、智能机器与大自然和谐共生的发展。"寅吃卯粮"的发展是不可持续，人工智能的代际共享的发展才是可持续的发展。传统的发展观追求现时的财富增长，悬置了对未来后代的责任，难免会"寅吃卯粮"。人工智能可持续发展强调代际公正，把未来人的需要和利益纳入发展的目的性视域中来，并成为约束当代人发展的道德约束。

3. 人工智能促进可持续发展原则

人工智能促进可持续发展目标首先有三个主要挑战需要应对和解决。

第一个挑战是 2021 年至 2030 年的人力短缺问题。有国际调查报告中指出，到目前为止，有 34 个国家已经进入超老龄化阶段，有 17 亿人口超过 65 岁。

第二个挑战是智能设备的爆发与劳动力技能的缺失。根据战略分析数据统计，截至 2020 年，已有 500 亿智能设备接入物联网中，而随着技术的应用和推广，人工智能等技术将成为未来从业者的"标配"，需要大量的具有人工智能思维与动手能力的新型产业人才。

第三个挑战，也是最关键的挑战是气候变化。联合国研究表明，1.5 ℃的全球气温变暖会加速海平面上升，导致极端天气状况，并影响到世界 50%的 GDP。

2020 年 2 月，在维也纳举行的联合国"科学、技术和创新促进可持续发展目标"研讨会上，"人工智能可持续发展的道德准则"主题演讲中提出包括以人为本、共享惠民、融合发展、科研创新四个核心价值。宣示了通过人工智能技术，展现了其核心价值，为公共福利与福祉做出贡献的理念。

2020 年 5 月，联合国开发计划署举办的"人工智能可持续发展 2030(AI for SDGs 2030)"网络研讨会上，有国内机构发布了《人工智能可持续发展白皮书》，提出并实践了 4 个类别和 12 项原则，其中 4 个类别为：

(1) 人工智能伦理原则：尊重协商，探索包容文化。

(2) 人工智能惠民原则：普惠利他，建设和谐社会。

(3) 人工智能产融原则：负责自律，保障产业安全。

(4) 人工智能可信原则：创新共享，促进开放科研。

2020 年世界人工智能大会上，有机构针对 2030 年人工智能可持续发展的十个议题提出了包括人类可持续发展、社会治理、人机共生、智能产业、伦理共识等在内的上海倡议。

2021 年 11 月 25 日，联合国教科文组织发布了《人工智能伦理建议书》，这是全球首个针对人工智能伦理制定的规范框架。建议书提出，发展和应用人工智能首先要体现出以下四大价值。

(1) 尊重、保护和提升人权及人类尊严。

(2) 促进环境和生态系统的发展。

(3) 保证多样性和包容性。

(4) 构建和平、公正与相互依存的人类社会。

中国不仅是积极推动完善人工智能全球治理的倡导者，更是率先践行者。2019 年以来，中国先后发布了《新一代人工智能治理原则——发展负责任的人工智能》《新一代人工智能伦理规范》等文件，明确了人工智能治理的框架和行动指南。中国还发布了《全球数据安全倡议》，其中明确提出了本着"共商、共建、共享"三原则应对数据安全风险挑战。中国积极参与联合国"致命性自主武器系统"问题的讨论，推动各方达成了 11 条原则。2021年 5 月，在中国担任联合国安理会轮值主席国期间，推动安理会首次聚焦人工智能等新兴科技问题，为国际社会探讨人工智能治理提供了重要平台。

11.3.3   以人类命运共同体理念为核心的全球人工智能伦理

人类命运共同体是在尊重和包容各个民族和国家不同文化、文明、价值、信仰下构建的共同体，寻求共识并不是要绝对消除文化差异，而是在如何对待民族文化差异的态度上的共识，就是在保障合理的差异的基础上，如何与他国和平共存的共识。这种理念是基于共同体内的成员生存平等的共识，其本身就是一种目的论意义上的共识，代表了一种国际正义秩序新理念。

全球化发展引发了伦理学的深度变革，人类命运共同体顺应了时代发展要求和必然趋势，为全球伦理的构建提供了新的思维方式。首先，人类命运共同体从人类整体利益出发，得到了广泛的认同，奠定了合理、正义的全球伦理的价值基石。其次，在实践意义上，过去的全球伦理构想已经能应对当前的全球化所带来的挑战，人类命运共同体理念拓展了正义伦理的新维度，无论是在解决现有全球问题层面，还是面向未来构建全球伦理层面，都体现了对全球问题的一种实实在在的切入。最后，从价值论看，全球正义体现了正义的最高层次，也对全球伦理提出了更高的要求，全球伦理不应只限于"底线伦理""低位伦理"。人类需要面对和解决地球资源有限、生态恶化、可持续发展等问题，需要解决各国的利益冲突和不同文化的差异。恐怖主义、核威慑、核战争的不确定性，都对全球伦理提出了更高的挑战。人类命运共同体的理念，把"同命运"的伦理意识觉醒和"共命运"的责任意识有机结合起来，使全球伦理意识上升到一个新的高度，整体提升了人类理想性价值追求，为解决全球问题提供了启迪。

首先，人类命运共同体理念其内涵"以天下观天下"的伦理精神，获得了广泛的全球性认同，这为全球伦理奠定了坚实的思想基础。自"人类命运共同体"首倡于中国以来，其多次被载入联合国正式决议，这也反映出中国理念正获得全世界的认同，而越来越成为国际社会的共识。"人类只有一个地球，各国共处一个世界"的生存境况，使各国的命运在"唯一地球村"上联结为一个不可分割的共同体，共同利益是这个共同体的现实基础，这就要求我们从同一视角来思考。这种"天下观"既不是中国传统封建文化中尊卑有序、等级森严的天下观，也不是西方所主张的弱肉强食、"丛林法则"的天下观，而是一种平等、合作、发展、共赢的"天下观"。人类命运共同体倡导不同的社会文明从"对抗"走向"对话"，从"冲突"走向"合作"，从"独断"走向"共识"。

其次，人类命运共同体理念立足于从人类的长远利益出发来解决全球问题，具有深厚的价值底蕴，这一全新的全球价值观既与全球社会价值取向相合，又为全球伦理的未来指明了根本方向。为解决全球具体问题应运而生的全球伦理，不会只考虑本国利益而忽视全球利益，不会只满足于短期利益而不注重长期利益，不会只关注本国发展而不顾全人类共同发展。人类命运共同体包含了相互尊重、平等相待、公平正义、责任共担、文明宽容、开放多元、包容互鉴、合作共赢等多种价值共识，以人类共同繁荣发展为伦理尺度来规范国家行为的伦理尺度，使国家行为不再局限于各国的狭隘利益和短期需求，而是致力于构建全球和谐。这不但提升了国家价值层次和高度，也是国家伦理素质的一次大飞跃。人类命运共同体的价值意蕴在充分尊重全球文化价值多样性的基础上，通过平等对话、文明交流寻求价值共识，为人类共同的生存与发展勾勒了未来美好的蓝图。

最后，人类命运共同体理念蕴藏丰富的实践智慧，实现了从"抽象思维"向"实践思维"的价值转向，以实践思维来指导核心价值选择，为全球伦理原则的可行性提供了保障。实践思维代表着人的实践精神打破了原有关系的壁垒，从客观现实性、社会历史性和时代必然性中看到人类整体性的联系，并通过主体间联动性，共同推进整个人类社会的发展。

过去 100 年，由于人类的存在和传统科技文明发展，使得地球面临资源、气候、人口等多重压力。人类文明在享受机器进化带来的文明成果的同时，也在遭受这种进化所造成的破坏性后果的威胁，这些威胁包括气候、资源、天灾、人祸乃至技术本身的威胁，而这些威胁从有识之士的担忧正在变成现实。人工智能可用于治理气候问题、粮食问题、环境问题、疾病问题，例如利用人工智能创造力发现新材料、新化学分子、新抗生素药物分子等等，这种创造能力已经超出人类认知范围，机器形成了不同于人类的思维模式，从而有助于人类找到解决生存挑战问题的途径，进一步帮助人类解决发展过程中面临的巨大生存危机和挑战。

但是，人工智能的健康、可持续发展以及人工智能促进人类社会的可持续发展，都需要一个安全稳定的全球政治和环境。只有确保世界和平和安全向前发展，人工智能才能有效促进人类社会的可持续发展。因此，人类命运共同体是构建人工智能可持续发展的全球伦理思想理念基础。全人类需要共同努力构建智能机器与人类社会和平共处的智能时代，才能共创终极智能文明共生的新时代。人类社会要依靠命运共同体才能使人工智能发挥其更大的价值，人类命运共同体是支撑人工智能服务人类社会的核心价值观。

尤其是 2020 年以来，除了气候变化等危机，新冠肺炎等百年不遇的传染病令现代社会措手不及。世界各国的防疫政策差异导致疫情的蔓延，更说明构建人类命运共同体的紧迫性。人类社会迫切需要构建起以人类命运共同体理念为基础的全球伦理体系，更需要构建以人类命运共同体理念为基础的全球人工智能伦理体系。

11.4　人工智能宇宙伦理

11.4.1　宇宙伦理的含义

宇宙伦理学也就是"把视野放到整个宇宙"的伦理学，是伦理学原理与应用伦理学的统一体，是关于宇宙万物的普遍伦理和具体伦理的学问，是一个开放的无止境的体系，需要人类的共同努力以创建、发展和更新。但是，人们对"宇宙伦理学"还有各种不同的理解，最早的大概可以追溯到苏联伟大宇航学家齐奥尔科夫斯基的"宇宙伦理学"，其基本观点是人类应该创造超出地球之外的生存条件，同时免除宇宙里的一切生灵的痛苦，是"绝对命令"。宇宙伦理是在全球伦理基础上，倡导人类建立面向宇宙的可持续发展理念。

人类对宇宙的认识经历了漫长的过程，从 15 世纪天文学家哥白尼打破宗教神学观念的束缚提出日心说，到 21 世纪的人类利用先进的天文望远镜探索百亿光年以外的宇宙，追寻宇宙的起源、宇宙膨胀、暗物质等等未解之谜。在长达 600 年的历史过程中，人类认识到可观测的宇宙中存在数以万亿计的星系，每个星系包含数以万亿计的恒星，如图 11.1 所示的是哈勃太空望远镜在 2003 年到 2013 年拍摄的宇宙图片的合成效果图，这只是宇宙中遥远的一个角落，却包含了 10 万万亿个星系。围绕恒星运行的行星更是数不胜数，地球只是广袤无垠的宇宙中很小的一颗行星。

图 11.1　包含 10 万万亿星系的宇宙一角

　　由于人类活动而造成地球环境、气候的恶化已经越来越显著，地球承载人类的能力是有限的。人类自 20 世纪 60 年代开始探索宇宙的征程，从世界上第一个苏联英雄宇航员加加林驾驶宇宙飞船飞向太空，到 20 世纪 60 年代阿波罗号宇宙飞船首次代表人类登陆月球，人类今天已经通过载人航天飞机、无人驾驶宇宙飞船以及各种行星探测器深入地探索宇宙。由于人类自身的生理局限，人类探索宇宙需要采用大量的智能设备。迄今，人类历史上第一个无人外太阳系空间探测器 "旅行者一号" 已经飞行 44 年，接近了太阳系的边缘，正在进入宇宙深空，还在不断给人类发送信息。近 20 年，包括中国 "祝融号" 在内，人类共向火星发射了 "勇气号" "机遇号" "好奇号" "毅力号" 五辆火星车(如图 11.2~11.6 所示)。它们有的已经完成历史使命，有的仍然在帮助人类探索火星。月球上也有人工智能技术的应用，中国的 "玉兔号" 月球探测车正在帮助人类揭示月球背面的秘密。还有很多类似的人工智能帮助人类探索宇宙的例子。因此，人工智能不仅是引领地球上人类的新一轮科技革命的引擎，也是人类面向宇宙可持续发展的重要支撑技术。

图 11.2　"祝融号"火星车

图 11.3　"勇气号"火星车

图 11.4 "机遇号"火星车

图 11.5 "好奇号"火星车

图 11.6　"毅力号"火星车

人工智能宇宙伦理包括两方面含义：一方面是从人工智能的发展角度，当非自然进化的机器智能在很多方面逐渐超越人类并帮助人类探索宇宙时，它们也会不断进化，人类应该如何理解和定位自身与智能机器在宇宙中存在的价值和意义。特别是面对日益强大的机器智能，反思人类存在的价值和意义。另一方面，人类借助人工智能完成从地球文明向太空和宇宙文明进化升级的壮举，人类如何看待人工智能在这个过程中扮演的角色。

对于人工智能宇宙伦理的认识，本节主要从大历史观出发探讨人工智能对于人类的意义和内涵。大历史观是过去 20 年历史学领域发展起来的新概念，早期由历史学家克里斯蒂安等人提出并发展。传统意义上的历史学考察人类的历史是从人类诞生以后，尤其是人类进入农业文明以后的历史。长期以来，由于学科之间的隔阂，以及宇宙学发展的渐进性，传统历史学在研究人类历史时，忽略了人类在宇宙中存在的事实和背景。而大历史观正是颠覆传统历史学的观念，主张从宇宙诞生开始考察人类的历史与存在，进而审视人类在宇宙历史长河中的位置，为人类的社会发展和存在提供一个全新的视角。在大历史观意义下考察人类与人工智能在宇宙背景下的存在意义和价值，使人类更清醒地认识到"人之为人"的可贵，人性的伟大，人类的弱点，以及智能机器对于人类可持续发展的意义和作用。

11.4.2　宇宙、生命与智能进化

大历史观在历史学中是指从宇宙起源开始考察人类的历史，而不是从人类的起源开始。从大历史观角度，生命进化的起点是在 138 亿年前宇宙大爆炸的瞬间，因为宇宙大爆炸才产生可形成生命的各种元素。宇宙诞生之后的 88 亿年(距今 50 亿年)，太阳系形成，距今 46 亿年，地球诞生。地球诞生之后，地球上化石记录的生命可追溯到距今 38 亿年前的寒武纪。但是，第一个原始祖母细胞，即地球上所有生命的祖先到底如何形成，还无人知晓。地球地质演化史上发生的物理与化学反应，早在生命出现之前就存在了，可以确定的是，生命的出现是物质本身的一种转换形式。生命本身就是通过激发那些无机元素而形成的能够进行自我繁殖的一种系统，但对这种转换奥秘的研究，目前还依然不够完善，人们只能根据生命化石来推测生命的发展历程。生命诞生之后，就开启了漫长的进化之路，对此，达尔文提出的进化论是解释生命进化的最权威的学说。达尔文进化论并没有系统讨论生命智能的问题，事实上，智能是任何生命灵活适应环境的基本能力。生命不断进化以提升其生存能力，从古细菌到单细胞生物，从单细胞生物到寒武纪生命大爆发，从鱼类到哺乳动物的出现，从恐龙绝灭到哺乳动物崛起，从古猿到人类的出现，经历了长达 30 多亿年漫长的进化历程。生命进化历史上出现的各种生物都展示出变化万千的生存智能。

生命的基本目的就是生存和繁衍。生物系统的目的引导着生物的行为，哲学家们在传统上称其为目的论，事实上，为了生存和繁衍而灵活适应环境的能力是所有生命的基本能力。从生命角度考察智能，任何生命都是有智能的。寒武纪生物大爆发产生了今天所有的生物门类，生物大爆发实际也是智能大爆发。生命诞生并开启进化之旅以后，智能也随之诞生并开始自然地进化。

11.4.3　人类及其智能进化

在人类赖以生存的地球上，生命的进化是一个缓慢的过程，它在很大程度上被自然选择所引导。人类的出现是很晚的，6500 万年前恐龙的大灭绝为少数小型哺乳动物的进化留下了生态空间，大约在之后的 6300 万年或 6400 万年，在进化之路上终于出现了人类。对于人类的进化历史而言，古猿在 4000 万年前开始登上生命的舞台。迄今发现的最古老的人类化石也仅有 700 万年的历史，而智人的历史则更短，20 多万年前才开始在非洲大陆的丛林中生息。地球上所有的生命都是宇宙创造的自然产物，38 亿年间发生的无数偶然事件造就了今天地球上的芸芸众生。与地质历史上古代生物的多样性相比，人类只是"沧海一粟"。

按照达尔文进化论，人类是生命进化的产物，尽管其中的诸多细节仍然不清晰。根据现代考古学和人类学的研究，具有全部现代特征的人科物种，统称为形态解剖学上的现代人。通过对骨头化石的 DNA 分析，能够确定我们现代人类的祖先是智人，他大概诞生于 20 万年前东非的埃塞俄比亚(最早发现化石的地点)。今天地球上的智人物种也就是现代人类，都有一个共同始祖被称为"非洲夏娃"。智人比地球上之前存在的人种都更加聪明，更大的脑容量使存储信息和进行创造性的思考以及复杂方式的交流成为可能。某个最早的古人类祖先产生了语言智能，人类通过语言分类、分析和讨论这个世界。智人有一些其他人种和动物所没有的独一无二的特征，就是没有被生理特征局限在一个有限的环境中，几乎可以适应任何地方的生活。智人拥有了比祖先和其他人种更发达的智能，能够创造不同的文化。在过去的万年时光里，文化进化取代了生物进化，导致人类整体进化步伐大大加快。现代考古学并不十分清楚现代人诞生后如何从非洲迁徙到世界各地，在遗传进化是单一起源还是多源起源上也还有争议。智能起源问题仍然是现代重大科学问题之一，目前，古人类学家比较认同的是，人类智能在大约 600 万年间出现了大跃进式的进化，相对于漫长的 30 亿年生命进化历程，可以说是弹指一挥间。科学家们从基因、大脑结构、劳动及工具使用、群体狩猎、火的使用以及语言文字的发明和使用等多方面试图解释人类智能的出现，但迄今并没有解开这个谜团。

总体上说，自然智能经历了宇宙演化创造出生命、生命智能进化、人类智能进化(其中包括人脑智能进化)三个主要阶段。智能进化到人类层次，人类能够发明、创造各种技术和工具，使人类能够拥有理性，产生高层次的思想和精神，创造先进的文化和文明，并不断反思涉及宇宙、生命、物质本原及存在的价值和意义。这使得人类有可能突破自然进化的规律和局限，创造不同于自然智能的"人工智能"，甚至超越人类智慧的新智能形态。

11.4.4　机器智能的进化

自然界产生人类之后的 1 万年里，人类在大脑结构和身体特征上并没有明显的持续进化现象，人脑的结构和身体的机能与晚期智人并没有区别。人类诞生以后的进化已经超越了普通生物的自然进化阶段，进入文化、文明进化的新阶段。这一阶段的特征就是人类理性孕育出科学，促使人类发明了各种机器和工具，其中计算机器作为一种特殊的工具变得越来越聪明。实际上，从第一台机器发明开始，人类就开启了机器进化进程。机器拥有了自己独特的智能机制之后，机器开始向更加先进的智能机器进化。

人工智能诞生至今 60 余年，深度学习技术使得机器出现非自然进化的智能只用了 10 年。从智能进化大历史看，人类在进化的同时，机器也在进化，人类智能在过去 1 万年里并没有进化成超级智能，机器智能却以惊人的速度进化，并且在很多方面逐渐超越人类。

但是，智能机器目前还需要借助人类的智能逐渐进化，因为机器还不具备与环境互动形成智能的能力，也不具备自我意识、自主思维及主动学习能力。无论如何，机器智能在不断进化是不争的事实。从智能进化的角度，机器智能是智能进化的一个新阶段或新形态。机器智能对于人类而言不仅仅是作为工具那么简单。从大历史观角度看机器智能，可以说机器智能也是宇宙智能进化的产物，机器智能的出现是宇宙大历史发展的一个新阶段。人类需要在更广阔的领域思考机器智能的价值和意义，包括其伦理价值和意义。

11.4.5　大历史观下的人工智能宇宙伦理

人机混合智能颠覆人类肉体的存在，帮助人类实现可控进化，有可能使人类进化到更高级的物种。道德环境智能系统及脑机接口等人工智能技术还可以帮助人类提升道德水平，改造人类的精神世界，使人类变得更崇高，人性变更得美好。

在大历史观下，人工智能不应等同于其他传统科技，人工智能与其他科技领域最大的区别是，它是唯一将宇宙、物质、意识、精神、生命、智能、人类、机器等基本概念直接联系的科学领域。因此，在大历史观下，将人工智能看作人类文明转型升级的起点。深度学习为代表的人工智能技术只是阶段性的技术，基于深度学习的各种应用及智能系统以及创造的物质财富，并不代表和反映人工智能的真正价值和本质。

在大历史观意义下，人工智能的真正价值在于提醒人类尽早摒弃资本及消费主义思想驱动的技术发展路径。将机器智能作为人类智能的镜像参照物，不断提醒人类人工智能是人类文明转型升级的重要桥梁，而不仅仅是促进当下社会经济等方面的发展。人工智能是一种促进人类文明整体向更高阶段进化的力量，是人类反观自身在宇宙中的位置、存在价值和意义的第三方参照物，是一种人类反思自身存在本质的启蒙思想。

智能机器对于人类而言，不仅仅是帮助人类征服自然和宇宙的工具，更应是反观和反思人类自身在宇宙中存在价值的参照物。宇宙创造了生命，同时也创造了自然智能，自然智能进化出的各种智能体中的最高代表当然是人类。而人类在短短的 1 万年历史之后，就要幻想创造出与自身能力一样的机器。当机器智能逐步取代人类的工作甚至思考时，人类存在的意义和价值何在？人类在宇宙中的位置又该如何定位和评价？机器智能是否可能成为取代人类的未来智能形态，并代替人类征服宇宙？人类届时在地球和宇宙中又该何去何从？总之，大历史观下的人工智能宇宙伦理价值在于，使人类更加清醒地认知自身的局限性，从而反思人类在地球上的所作所为，进而消除人类活动给地球及人类自身带来的伤害，消除战争威胁，使人类向更高阶段的宇宙文明进化。

本 章 小 结

　　本章主要介绍了人工智能的全球伦理及其含义，以及人工智能的宇宙伦理及其含义，实际上这都是从全人类出发探讨人工智能面临的伦理问题。人工智能应用伦理主要还是涉及应用领域、个人的功利主义为主的问题。人工智能全球伦理和宇宙伦理试图从人类和宇宙的高度，探讨人工智能更高层面的伦理问题，也就是探讨在全球和宇宙背景下，人类、宇宙与智能机器的关系。人工智能的发展到底能帮助人类走向何方，是否可能帮助人类摆脱地球面临的生存困境而在宇宙中延续生存。这类问题的思考本质是警醒今天的人类反思自身的所作所为，思考当机器可以取代人类，人类的价值和意义何在。

习　　　题

　　1. 如何理解人工智能全球伦理的含义？
　　2. 如何理解人工智能宇宙伦理的含义？
　　3. 在宇宙背景下，机器智能对人类的未来可能发挥哪些作用？

第 12 章　法律与人工智能

本章学习要点：

(1) 学习和了解人工智能法律问题。

(2) 学习和了解人工智能的法律主体问题。

(3) 学习和了解自动驾驶汽车法律问题。

伦理规范与法律是调整、维护人类社会稳定、公平、正义的两种重要方式。传统的伦理道德对人与人之间的关系做出种种约束和规范，更多的是非强制性的。当社会中人与人之间、人与组织之间的关系超出伦理道德约定的范围时，就需要法律来处理。人工智能伦理试图对人与智能机器之间的关系做出约束和规范，某种程度上是人类对机器的伦理做出强制性规定，以免人工智能产生不符合人类伦理道德的行为。但是，如果人工智能技术被恶意地用于伤害人，侵犯人的身体、精神、财产，甚至为祸社会，就超出了人工智能伦理所能约束的范围，这同样应由法律来处理。人工智能面临的各种法律问题，与人工智能伦理问题类似，都是随着人工智能的快速发展而出现的新问题。目前，尚没有对于人工智能各种违法情况做出全面判断的法律。人工智能法律问题对于法学领域也是全新的研究领域。本章通过自动驾驶汽车、人工智能著作权、智能医疗方面的法律问题，理解人工智能面临的特殊法律问题发生时，法律应如何做出裁决或及时弥补漏洞，防止更大的危害发生。

12.1　人工智能法律问题

　　法律是由国家制定或认可并依靠国家强制力保证实施的，反映由特定社会物质生活条件所决定的统治阶级的意志，以权利和义务为内容，以确认、保护和发展对统治阶级有利的社会关系和社会秩序为目的的行为规范体系。法律是维护国家稳定以及各项事业蓬勃发展的最强有力的武器，也是捍卫人民群众权利和利益的工具，也是统治者统治被统治者的手段。法律是一系列的规则，通常需要经由一套制度来落实。但在不同的地方，法律体系会以不同的方式来阐述人们的法律权利与义务。

　　法律的明示作用主要是以法律条文的形式明确告知人们，什么是可以做的，什么是不可以做的，哪些行为是合法的，哪些行为是非法的。那么对于人工智能而言，法律在处理人与人工智能之间的关系或者人工智能引发的问题时扮演什么角色呢？

　　例如，利用深度学习生成以假乱真的图片或视频，以此来假冒某人实施散布不法信息等违法犯罪行为。如图 12.1 所示，图中的人脸都是由深度学习对抗网络模型生成的，都是世界上根本不存在的人。这些技术可能被用于诈骗、恐吓等违法犯罪行为。

图 12.1　由深度学习方法生成的人脸

　　因此，对于人工智能而言，有很多超出伦理范畴的法律问题。例如在法律上，当发生机器人意外时，应如何划分设计者、生产者、用户甚至是机器人本身的责任？规范机器人的法律体系是否应同人类的法律体系一样？

　　这些问题已经不是道德伦理规则所能回答和解决的，而必须诉诸于法律。人类除了为人工智能创建一个符合人类利益的伦理体系，也要创建一个合理的与伦理配套的人工智能法律体系。

　　各个国家在开发人工智能战略中，不约而同地提出要制定相应的技术标准、法律规则、伦理标准等，用来规制人工智能开发。从现阶段来说，人工智能开发的法律规制目标是在合理限度内促进人工智能发展，而不是限制其发展。从人工智能开发的趋势和世界各国的发展战略来看，也大多采取了大致相同的取向，即促进人工智能技术发展的同时，制定配套法律防止人工智能开发风险。美国、德国通过修改或制定道路交通安全法，欧盟承认人工智能为电子人法案，韩国提出人工智能法案等做法都体现了这种趋向。我国目前也将人工智能的发展提升到了国家战略的高度，相关的法律法规也已经开始了具体的制定和出台。2017 年 7 月 20 日，国务院印发了关于《新一代人工智能发展规划》（以下简称《规划》）的文件，提出了对于人工智能管理的法律政策体系的三步走战略：第一步到 2020 年，初步建立人工智能相关的伦理法规；第二步到 2025 年，初步建立新一代人工智能技术体系，形成对于人工智能的安全评估和规范化管控；第三步到 2030 年，建成关于人工智能完善的法律法规和政策体系。《规划》强调，要从法律法规、伦理规范、重点政策、知识产权与标准、安全监管与评估、劳动力培训、科学普及等方面做好人工智能发展的重要保障。

十三届全国人大常委会第三十次会议 2021 年 8 月 20 日表决通过《中华人民共和国个人信息保护法》。其中明确，通过自动化决策方式向个人进行信息推送、商业营销，应提供不针对个人特征的选项或提供便捷的拒绝方式。处理生物识别、医疗健康、金融账户、行踪轨迹等敏感个人信息，应取得个人的单独同意。对违法处理个人信息的应用程序，责令暂停或者终止提供服务。

12.2　人工智能法律主体问题

按照现有各个国家的法律制度，法人一般是指具有民事权利能力和民事行为能力，依法独立享有民事权利和承担民事义务的组织。法人是世界各国规范经济秩序和社会秩序的一项重要法律制度。各国法人制度具有共同的特征，但其内容不尽相同。根据现行我国的《中华人民共和国民法通则》（以下简称《民法通则》）第 37 条规定，法人必须具备四个条件，即依法成立、必要财产、场所和章程。在不远的将来，为了适应市场经济和社会的法律关系的确定，为了明确主体责任和义务，类似《民法通则》的法律必然要考虑增加对"软件法人"的定义。而财产、场所和章程对于智能机器来说也是具备的。此时，这种新定义的"软件法人"虽然只是一段不断运行的代码，但由于它的代码运行使其占有某些资源，可以通过资源配置去操控某些设备和市场关系，所以具有民事权利、义务和责任确定的需要。

根据《中华人民共和国民法总则》的相关规定，民法上的法律主体包括自然人和法人，两者具有民事权利能力，依法享有民事权利，承担民事义务。自然人系法律主体而非客体，是基于人本主义的伦理基础。出于对人之为人的尊重，无民事行为能力或限制行为能力的自然人（例如婴幼儿、儿童、精神病患者），虽然其行为能力须由其法定代理人予以补足，但是其均具有独立的法律人格，得以享受民事权利，承担民事义务。而还未出生的胎儿，因为具备了有限且发展中的伦理地位，在法律上亦被拟制为具有"有限"

民事权利能力的法律人格(限于遗产继承、接受赠予等与胎儿利益保护相关的法律关系)。此外，基于社会与经济活动的实践需要，民法将法人拟制为法律主体，使之具有独立于设立者或成员的法律人格，独立地享受民事权利，承担民事义务和责任。法人的思维能力和行为能力需借由代表法人的自然人、机构或者代理人来实现。

现行法律并没有确立人工智能的法律主体地位。按照常识也可以认为，没有自我意识的专用智能系统并不具有法律人格。它们只是人类借以实现特定目的或需求的手段或工具，在法律上是处于客体的地位。即使人类目前很难理解或解释深度学习算法如何且为何做出决策，以及在很多方面表现出超越人类的智能性，但这并不足以构成赋予人工智能以法律人格的理由，因为深度学习算法的设计、生成、训练机器学习等各个环节都离不开人类的决策与参与。而设计者是否要对其无法完全控制的深度学习算法决策及其后果承担责任，并非涉及法律主体的问题，而是关系到归责原则的问题。目前，法律界对这个的问题的共识是，当前赋予人工智能以法律主体地位是不必要、不实际、不符合伦理的。

12.3　自动驾驶汽车法律问题

人无论做什么事情，都要对结果负责，所以有自然人和法人的负责形式。但是，自动驾驶汽车发生事故时，哪一方应该承担法律责任呢？2016 年 5 月，一辆某知名品牌电动车在美国佛罗里达州以自动驾驶模式行驶时与一辆横穿公路的货车相撞，导致电动车主丧生。这是世界范围内曝光的首例自动驾驶汽车的交通死亡事故，图 12.2 展示了这辆事故汽车。

图 12.2　首辆发生事故的自动驾驶汽车

　　经过调查，事故原因与自动驾驶系统无关，这也意味着公司无需承担相应法律责任。这起事件显示出了自动驾驶汽车所引发交通事故的法律责任界定的困难。完全自动驾驶汽车实现商用后，一旦发生交通事故，势必挑战现行的法律法规，其中包含了设计、制造、用户的多重法律关系。

　　人工智能侵权责任是法律面临的最为急迫的问题，亟待现行法律法规提供调整方法。自动驾驶机动车引发事故的民事责任同样发生了变化。法律是人制定的，也是随时代发展而变化的，为适应自动驾驶汽车上路，美国等国家对关于自动驾驶汽车的法律规定解除了限制，允许自动驾驶汽车有条件地上路。自动驾驶汽车上路最大的法律基础或法理是，把研发、生产自动驾驶汽车的人员和机构作为责任人(法人)。尽管如此，现今的法律也只是有条件地允许自动驾驶汽车上路，其目的主要是用于测试。

　　2017 年 5 月 12 日，德国联邦参议院通过首部自动驾驶汽车的法律，允许汽车自动驾驶系统未来在特定条件下代替人类驾驶。这部法律首先明确了法律责任，如果在人为驾驶的情况下发生事故，驾驶人承担事故责任；如果是人工智能系统引发事故，将由汽车制造商承担责任。判断人为驾驶还是自动驾驶将由汽车上安装的一个类似"黑匣子"的装置来确认，该装置可以记录系统运作、要求介入和人工驾驶等不同阶段的具体驾驶情况，以保证在出现交通安全事故时，明确责任划分。当然，德国的这部法律也还不涉及自动驾驶的最高级 L5 级，该法律规定驾驶席必须有司机，并且要保留方向盘、油门和刹车等配置，以保证在自动驾驶系统出现故障的情况下，驾驶者能及时介入，进行人工驾驶。同时，这部法律也未具体规定在何时能让自动驾驶汽车上路。

　　2017 年 10 月 14 日，日本国土交通省首次推出了关于自动驾驶汽车的安全标准。规定必须搭载一种功能，在路上自动行驶时，当司机手离开方向盘超过 65 秒，系统就自动切换为手动驾驶模式，当驾驶者的手离开方向盘驾驶 15 秒以上，自动系统将向驾驶席发出警告。如继续保持手离开方向盘的状态，50 秒后自动驾驶系统将停止，切换为手动驾驶。该规定只适用于 2019 年 10 月起具备自动驾驶功能的新车型。目前正在销售的车型从 2021 年 4 月起适用该标准，二手车除外。

　　显然，德国的自动驾驶汽车的法律最开放，但时间未定，美国次之，日本的驾驶法基本还算不上是自动驾驶法规。

　　就我国而言，尚无关于自动驾驶汽车的明确法律。在 2018 年出台的《智能网联汽车道路测试管理规范(试行)》允许自动驾驶汽车进行路测之后，各地已在出台推动智能网联汽车应用落地的政策。2019 年 9 月，《上海市智能网联汽车道路测试和示范应用管理办法(试行)》的出台，使得上海成为国内首个为企业颁发智能网联汽车示范应用牌照的城市，并推动测试牌照区域互认。北京、广州、长沙、武汉等城市已允许载人、载物、编队行驶等自动驾驶车辆的测试情形，例如 2019 年 12 月 13 日，北京出台《北京市自动驾驶车辆道路测试管理实施细则(试行)》，允许进行载人及载物测试、编队行驶等测试。这些政策的出台，使智能网联汽车向商业化和市场化迈进了一步。长远来看，我国自动驾驶汽车技术和产业的发展普及需要在安全标准、道路测试、商业试点、高精地图、责任保险等多方面配套推进政策措施，并积极废除或修改阻碍自动驾驶汽车发展应用的既有法规和标准，才能确保在自动驾驶汽车领域抢占全球高地。无论是国外还是国内，实现自动驾驶汽车上路和运营还有漫长的路要走。

如果人们对待机器人就像对待真人一样，那么法律就应该认可人类与机器人之间的互动等同于人与人之间的互动。所以，是否赋予无人驾驶汽车法律主体地位，由它们承担独立的法律责任，这些都是对人类现有法律体系的挑战。

有专家认为应当赋予无人驾驶汽车法律主体地位，也就是说，如果承认了自动驾驶汽车的软件法人地位，出现事故时，这个软件法人可能承担一定责任，可以用它的资源来进行经济补偿，可以通过限制它的代码运行的时间、范围和速度来对其进行惩罚。但是按照 12.2 节中关于法律主体的认定，现阶段赋予自动驾驶汽车以法律主体地位的时机显然还不够成熟。

12.4　人工智能著作权问题

12.4.1　人工智能著作权归属法律问题

深度学习驱动的人工智能系统在文学艺术领域已经绽放异彩。2015 年，索尼公司旗下的人工智能系统 FLOW MACHINE 通过大数据分析，根据各地区不同编曲的特点，成功自主谱写了两首通俗歌曲。2017 年 5 月，微软的"小冰"推出了诗集《阳光失了玻璃窗》，如图 12.3 所示，这部人类历史上第一部完全由人工智能创作的诗集，是微软的"小冰"从 1920 年以来的 519 位中国现代诗人的作品中学习，然后经过超过 1 万次的迭代学习，逐渐形成了自己风格的诗作。

日本、美国也都纷纷出现了人工智能创作的各种文学作品。人工智能已然将触角伸向人类引以为自豪的创作领域。未来，人们将如何看待这些新生的事物？它的出现到底是人类智慧的体现，还是在向人类所特有的创造力挑衅？在法律上，人们又将如何对这类创作物进行定性？这些作品的著作权应该如何认定？人们是否需要对这些作品进行产权立法保护？这些问题牵涉到现行著作权法的适用性以及对这些作品著作权等方面的新的法律规定。

《我的爱人在哪》

快把光明的灯擎起来了

那里有美丽的天

问着村里的水流的声音

我的爱人在哪

因为我的红灯是这样的幻变

像是美丽的秘密

她是一个小孩子的歌唱

那时间的距离

图 12.3　微软的"小冰"创造的诗集及其中一首诗歌片段

2012 年 3 月，我国《著作权法》的第三次修改草案发布。其中，对著作权所保护的作品的范畴做了很明确的界定，其具体内容如下。

为保护文学、艺术和科学作品作者的著作权，以及与著作权有关的权益，鼓励有益于社会主义精神文明、物质文明建设的作品的创作和传播，促进社会主义文化和科学事业的发展与繁荣，根据宪法制定本法。

本法所称的作品，包括以下列形式创作的文学、艺术和自然科学、社会科学、工程技术等作品：(一) 文字作品；(二) 口述作品；(三) 音乐、戏剧、曲艺、舞蹈、杂技艺术作品；(四) 美术、建筑作品；(五) 摄影作品；(六) 电影作品和以类似摄制电影的方法创作的作品；(七) 工程设计图、产品设计图、地图、示意图等图形作品和模型作品；(八) 计算机软件；(九) 法律、行政法规规定的其他作品。

其后，在自 2013 年 3 月 1 日起施行的《著作权法实施条例》中对《著作权法》的作品进行了进一步解释，著作权法所称作品是指文学、艺术和科学领域内具有独创性并能以某种有形形式复制的智力成果。可见，我国《著作权法》保护的对象也是"具有独创性"的"智力成果"。

人工智能依托算法的运算逻辑与整合输出生成内容，其整合运算到输出的创作模式已经不同于一般的作品创作，更近似于集体舞蹈创作、大型节目编排等邻接权保护内容的制作。人工智能创作内容若适用邻接权保护的机制，则应当设定客体、内容、主体及权利归属、保护期限、侵权责任判定、权利限制等具体的必备性框架内容。

12.4.2　人工智能生成作品的法律判定依据

腾讯机器人股评事件

　　在 2017 年 11 月 16 日的"2017 腾讯媒体+峰会"上，写稿机器人 Dreamwriter 惊艳亮相，负责当场写稿，而微信"智聆"和"翻译君"负责同声传译，这三个人工智能系统"撑"起整个峰会。这个 Dreamwriter 就是腾讯在 2015 年自主研发的写稿机器人，这么好的产品腾讯自己当然会物尽其用，所以腾讯的很多文章便都由 Dreamwriter 创作完成。然而，由于人工智能系统作品是否拥有著作权尚无定论，所以用 Dreamwriter 完成的作品是否受到保护处于一个模棱两可的状态，在这种情况下，有人就肆无忌惮地抄袭起作品来。此次，腾讯状告的"网贷之家"就是因为抄袭了 Dreamwriter 生成的作品。2018 年 8 月 20 日，一篇名为《午评：沪指小幅上涨 0.11%报 2671.93 点，通信运营、石油开采等板块领涨》的文章在腾讯证券官网发布，发布作者栏和文末标注都明确标注，该文章的作者为 Dreamwriter。就在腾讯证券发布的当天，网贷之家平台就直接复制这篇文章并在其平台发布。腾讯公司发现之后，认为对方侵害了自己的著作权，遂向法院提起诉讼。这起被广泛关注的 AI 生成作品著作权诉讼终于在 2020 年迎来了宣判。深圳市南山区人民法院对此案作出判决，判决书显示："涉案文章由原告主创团队人员运用 Dreamwriter 软件生成，其外在表现符合文字作品的形式要求，其表现的内容体现出对当日上午相关股市信息、数据的选择、分析、判断，文章结构合理，表达逻辑清晰，具有一定的独创性。"法院认为，由 Dreamwriter 所生成的作品符合作品的要素，具有独创性，所以属于著作权的客体。虽然我国《著作权法》目前保护的范围依旧是"自然人"，然而这部由人工智能完成的作品也是腾讯公司的多团队和多人员，在腾讯公司的主持下完成的特殊职务作品，故享有著作权。被告在未经许可的情况下擅自在自己的网站上使用此作品，侵害了原告的著作权和网络信息传播权。法院最终判定，被告公司赔偿原告公司经济损失及合理的维权费用合人民币 1500 元。

　　这一案件被媒体称为"人工智能写作领域第一案"，因为目前我国的著作权法并未明确对人工智能的著作权归属问题做出明确规定，因此此案的判定在司法界具有十分重大的意义。该案件在相关立法尚未明确的情况下，从正面对人工智能生成内容的版权性进行了回应。审判结果主要明确的是如下两个问题：

　　第一，人工智能软件生成的作品是否构成著作权法意义上的作品；

　　第二，如果构成作品，那么著作权主体如何行使权利。

　　这两个问题，在法院的判决书中都做出了解答。其一，法院明确了 Dreamwriter 软件作品的独创性，这也就回应了此作品构成了法律意义上的作品；其二，虽然 Dreamwriter 不是自然人，但其作品的完成却是腾讯公司的团队和人员，在腾讯公司主持下完成的作品，因此它的作品也应当属于创造它的自然人或法人。

　　这个案例的意义在于在法律上首次定义了人工智能创作作品归属权问题。但是，人们还需要注意到人工智能可能会在其他产业和领域产生类似的知识产权或著作权问题，并防患于未然。

12.5　人工智能医疗法律问题

　　在发展人工智能医疗的同时，需要考虑的是现行法律对个人信息隐私的保护是否完善，人工智能医疗对个人信息隐私保护产生哪些挑战，以及在监管层面需如何应对等问题。

　　人工智能医疗离不开患者的个人健康信息和病历信息，这显然受制于与个人信息隐私保护相关的法律规制。根据《民法典》第一千零三十六条对"个人信息的处理"的定义，人工智能医疗技术的开发者和使用者(例如医生、医疗机构)对大量的患者信息进行收集、存储、加工、传输、使用，即为"信息处理者"。智能医疗技术的发展对智能医疗数据安全和医疗隐私保护提出了以下三个方面的挑战。

　　首先，法律规定数据处理者在收集个人信息时，需要明确告知对方收集、使用信息的目的，并征得信息主体的同意，方可收集其个人信息，而且数据的处理也要以该目的为限。但是，人工智能医疗需要使用跨医疗机构、地域的电子病历系统中储存的大量患者个人身份信息、健康信息、临床医疗信息等数据。其中，部分信息是患者自愿向医疗机构提供的，部分信息是医疗机构在为患者提供诊疗服务中生成的；其收集、生成、储存通常都获得患者的明示或默示的同意，并以诊疗为目的。当电子病历系统中所储存的患者个人信息被用来建立大型的电子病历库，而成为人工智能医疗的重要数据源时，这已经超过患者最初知悉并同意的使用目的。电子病历系统中的患者个人信息不属于已被公开的信息，而将其用于人工智能医疗的开发和使用，作为信息主体的患者并不知情，更无法对其个人信息被另作他用来行使知情同意的权利。能否以维护公共利益为理由，而不经患者同意即将其个人信息用于人工智能医疗，取决于如何界定公共利益。法律上，简单地将促进医疗技术发展视为公共利益，则有滥用免责规定和侵害信息主体隐私权利之嫌。

其次，《民法典》第一千零三十五条将"个人信息"定义为"以电子或者其他方式记录的能够单独或者与其他信息结合识别特定自然人的各种信息，包括自然人的姓名、出生日期、身份证件号码、生物识别信息、住址、电话号码、电子邮箱、健康信息、行踪信息等"，以规范"可识别特定自然人"的信息。换言之，信息处理者处理去识别性的信息则无须受法律制约。在人工智能医疗开发中，信息处理者收集的患者个人信息即使已做匿名化处理，依然有可能被利用大数据技术重新识别。尽管《网络安全法》第四十二条设定了"经过处理无法识别特定个人且不能复原"的要求，但是能否复原识别性与再识别技术发展和可获取信息的增加相关。因此，法律应当要求人工智能医疗的信息处理者对匿名患者信息的再识别风险做常规化的评估，当监测到风险时立即采取补救措施。此外，法律可要求信息处理者做出"反对再识别"的承诺，当其向第三方使用者披露患者信息时，其亦可通过合同方式来禁止后者对信息进行再识别。

最后，对人工智能医疗而言，汇集的患者健康数据和临床医疗数据越多，机器学习需要的训练数据就越充分，获得的深度学习模型就越精确。但是一旦海量数据集发生数据泄露或被盗的情形，将会对众多的患者或用户的个人隐私构成威胁及侵害。因此，信息处理者必须在收集、存储、加工、传输、使用海量数据的各个环节保障数据安全，防止黑客入侵、违法泄露或使用。一方面，信息处理者需提升保障数据安全的技术措施(例如数据脱敏、数据加密、数据分类分级管理、数据隔离、数据追踪技术等)，并确保数据平台运行的安全性(例如传输交换安全、存储安全、访问控制安全、平台管理安全和平台软硬件基础设施的安全等)；另一方面，信息处理者需要加强对其工作人员的管理和培训，密切监督数据接收方的数据处理活动，以防止个人信息被违法使用或滥用。

12.6　现行法律对个人信息隐私的保护

中国法律明确对个人信息隐私的保护始于 2009 年的《中华人民共和国刑法修正案(七)》，其新增了关于侵犯公民个人信息罪的相关规定之后，2012 年的《全国人民代表大会常务委员会关于加强网络信息保护的决定》第一条规定："国家保护能够识别公民个人身份和涉及公民个人隐私的电子信息。任何组织和个人不得窃取或者以其他非法方式获取公民个人电子信息，不得出售或者非法向他人提供公民个人电子信息。"

2017 年颁布的《民法总则》首次在民法上对个人信息做出明确规定。该法第一百一十一条规定："自然人的个人信息受法律保护。任何组织和个人需要获取他人个人信息的，应当依法取得并确保信息安全，不得非法收集、使用、加工、传输他人个人信息，不得非法买卖、提供或者公开他人个人信息。" 而 2020 年 5 月全国人大通过的《中华人民共和国民法典》加大了对个人信息保护的力度，在"人格权编"单设一章"隐私权和个人信息保护"。《民法典》第一千零三十四条定义了"个人信息"；第一千零三十五条规定了个人信息的处理应当遵循合法、正当、必要的原则，须获得信息主体的同意，公开处理信息的规则，并明示处理信息的目的、方式和范围；第一千零三十六条规定了信息处理者的免责事由；第一千零三十七条明确个人信息主体的参与权利；第一千零三十八条规定了信息处理者的安全保障义务；第一千零三十九条明确了国家机关、承担行政职能的法定机构及其工作人员对公民个人信息的保密义务。

在个人数据安全方面，全国人大常委会于 2016 年颁布了《中华人民共和国网络安全法》。2020 年 4 月，国家互联网信息办公室、国家发展和改革委员会、工业和信息化部、公安部、国家安全部等 12 个部门联合公布了《网络安全审查办法》。

现在对付"大数据杀熟"，公民也有了法律武器。2021 年 8 月 20 日，十三届全国人大常委会第三十次会议表决通过了《中华人民共和国个人信息保护法》，自 2021 年 11 月 1 日起施行。法明确了个人信息收集、处理和使用的规则，对个人信息处理者的义务等内容进行了明确的规定。《个人信息保护法》第二十四条针对"大数据杀熟"明确规定：

• 个人信息处理者利用个人信息进行自动化决策，应当保证决策的透明度和结果公平、公正，不得对个人在交易价格等交易条件上实行不合理的差别待遇。

• 通过自动化决策方式向个人进行信息推送、商业营销，应当同时提供不针对其个人特征的选项，或者向个人提供便捷的拒绝方式。

• 通过自动化决策方式作出对个人权益有重大影响的决定，个人有权要求个人信息处理者予以说明，并有权拒绝个人信息处理者仅通过自动化决策的方式作出决定。

这是从法律角度明确禁止了涉及"大数据杀熟"的所有行为，再加上相应的处罚手段，是对以后类似不公平商业营销的一种有效遏制。

人们在日常使用一些手机应用软件时，经常遇到需要收集通话记录、位置信息等与应用内容毫不相干的信息的情况，如若拒绝，则无法使用，为了正常使用某些应用功能，人们时常会屈从于这些热门应用的"淫威"。而《个人信息保护法》第十七条规定："个人信息处理者不得以个人不同意处理其个人信息或者撤回其对个人信息处理的同意为由，拒绝提供产品或者服务；处理个人信息属于提供产品或者服务所必需的除外。"这就意味着，《个人信息保护法》生效后，再有应用软件通过上述手段要挟使用者同意提供非必要个人信息时，该要求系违法要求。而违法的后果是，即便进行了授权，使用者仍有权利要求删除个人信息并主张侵权责任。诸如此类规定在《个人信息保护法》中随处可见，《个人信息保护法》第二十四条、二十九条、三十条及三十九条等条文中，对个人信息使用者转让个人信息，收集敏感个人信息，向境外主体提供个人信息等行为进行了明确的规定，要求个人信息使用者必须履行更为严苛的授权程序或行政审查，否则个人信息使用者将面临对其不利的法律后果。

本 章 小 结

人工智能系统是否获得一定法律地位，目前还是具有争议的问题。但是，为人工智能立法，促进人工智能法律体系的建设是毋庸置疑的。如同人类违背法律必定要被司法系统追责一样，人工智能系统若是违背法律同样需要追究责任。

人工智能开发的法律规制应以激励性法律规制为主，以此促进人工智能安全、科学地发展。同时，应以限制范围等禁止方式为辅助，明确界定人工智能开发的范围和限制，最大限度保护人工智能产业开发秩序。这样构建人工智能法律制度体系不仅顺应科技发展和经济发展的客观规律，体现以安全、秩序为主的法律价值目标，更是防范人工智能泛化风险的需要。

习　　题

1. 查阅有关资料，试阐述现阶段弱人工智能技术主要面临的法律问题。
2. 查阅有关资料，试阐述弱人工智能技术的法律主体问题。
3. 自动驾驶汽车面临的法律问题如何处理？
4. 现行法律对个人信息隐私有哪些保护规定？

第 13 章　超现实人工智能伦理

本章学习要点：

(1) 学习和了解超现实人工智能伦理的概念与含义。
(2) 学习和了解科幻影视中的强人工智能伦理问题。
(3) 学习和了解自我意识的人工智能伦理问题。

> 超现实人工智能伦理，顾名思义，就是超越现实或现实中不存在，将来可能存在也可能不存在的人工智能伦理问题。这类人工智能伦理大多是通过科幻影视、小说作品中的故事想象而来的。现实中的人们，出于某种心理需要，比较喜欢将这类尚不存在的伦理问题放在现实背景中加以分析、讨论，以期从中受到启迪，从而未雨绸缪。但是，这种人工智能伦理中涉及的"人工智能"实际上远远超出了现代的人工智能技术水平，而且，科幻影视中展示的那些具有自我意识、感情以及体能、智能超群的智能机器人或人工智能系统，可能永远停留在人类的想象中，由此产生的伦理问题可能永远都是想象。但这并不妨碍人们从中受到启迪，正如机器人伦理正是起源于人类的幻想一样。

13.1　超现实人工智能伦理的概念与含义

关于人工智能或机器人是否能够毁灭人类，并不是一个新鲜的话题。人类历史上第一部关于机器人的话剧"罗素姆"就已经展示了这样的主题。在过去的 100 年里，大量的科幻小说、影视剧作品已经讲述了各种人工智能具备自主意识并毁灭人类的故事，这些人工智能有的是地球上的科学家创造的，有的是来自外星球的。幸运的是，目前这类人工智能依然停留在科幻小说和电影中，并没有出现人们某天清晨醒来，发现地球一夜之间已经被人工智能占领的情景。但是，关于这种现实中根本不存在的人工智能对于人类的潜在威胁及伦理问题的讨论和思考一直经久不衰。

2016 年，在围棋领域异军突起的 AlphaGo 击败所有世界顶尖棋手，引起世人惊叹的同时，又唤起了人类对人工智能长期以来的隐忧。人工智能或机器人会不会全面超越人类智能，是否会取代人的问题，差不多在 100 年后的今天，又重新成为人类茶余饭后的热门话题。

一直以来，人类对于超越人类的人工智能的态度主要有两种观点，即乐观主义和悲观主义。乐观主义者认为，全面超越人类的具有自我意识或类人属性的人工智能一旦出现，将引领人类进入新的文明阶段。悲观主义者则认为，具有自我意识或类人属性的人工智能将打破人类在这个星球上的绝对优势，即便人工智能不会统治人类，也可能使人类自身变成多余的物种。

具有自我意识或类人属性也就是"强人工智能"意义上的人工智能，与现实人工智能最大的区别是这类人工智能具备了自我意识和类人情感。在哲学思想界认为，有了自我意识和情感的人工智能对人类可能会产生威胁，甚至会取代人类，像人类的祖先——"智人"战胜其他物种一样统治未来世界。

未来人类社会究竟会是怎样的情景呢？我们可以畅想人类社会的三种未来图景。

第一种是人类进化成为超人类物种。人类可以通过脑机接口、人工大脑、可穿戴技术等人机混合智能技术向超人类阶段发展。人类还可以通过药物、基因结合人机混合智能技术实现认知与智能的增强。纳米、生物、人工智能等技术将极大地改变人类的存在形态，人类的体能、智能将得到增强和提升，人类甚至会与智能机器融为一体，进化成为超人类的新物种。这种技术及其伦理问题我们已经在第 8 章详细讨论过。

第二种是人类依然保持对智能机器的控制，但出现难以消弭和日渐扩大的智能化鸿沟。在此未来图景中，机器和社会被少数掌握权力、资本和创新的精英所控制，人口中的大多数越来越多地放弃工作，从而成为社会系统中不必要的"累赘"，即出现所谓的"无用阶层"。

第三种是具有自我意识或类人属性的智能机器掌控世界。机器智能全面超越人类智能，智能机器可以在无人监督的情况下自主学习、自行决策甚至自动升级，人类的命运因此可能在很大程度上为智能机器所掌控。正如科幻电影《黑客帝国》中所展示的情景一样。《黑客帝国》中的人工智能已经彻底控制了人类精神和肉体，它可以创造出一个虚拟世界使人类以为生活在其中，觉醒的人类要与自己的创造物进行抗争并争取自由。如图 13.1 所示的剧照，展示了黑客帝国中的智能机器掌控了人类大脑，为人类创造出一个虚拟世界。

图 13.1　《黑客帝国》中控制人类的机器

　　虽然上述具有自我意识的超人类人工智能根本不存在，但未来是否可能出现也完全是未知的问题，由其引发的伦理问题与现实世界的伦理完全不同。例如，与具有自我意识的智能机器融合的人还有没有认知自由？具备自我意识的智能机器在人类社会中处于什么地位？人类如何对待它们？机器掌控人类导致无用阶层出现，如何对这些人类进行心理疏导和社会管控？人们可以列举出无数种诸如此类的问题，这类问题可以统称为"超现实伦理问题"，也就是由超越现实的人工智能引发的伦理问题。这类伦理问题很多都是从科幻小说、影视作品中的故事演绎出来的，也属于纯粹的哲学问题。思考这类问题的意义在于提醒和警示今天的人类，对于人工智能的发展要未雨绸缪，防范未来可能出现的风险。

　　超现实人工智能伦理在未来社会可能会出现，也可能不会出现，这取决于技术本身的发展，以及人类社会的整体发展水平。无论如何，现在对于超现实人工智能伦理的讨论对于人工智能技术的健康发展是有意义的。

13.2　科幻影视中的强人工智能伦理

　　总体上看，科幻影视中的强人工智能技术引发的问题主要有以下两种情况。

1. 人工智能拥有自主决策能力进而反客为主

人们经常假想，未来人工智能可能产生自我意识，具有像人一样的自由意志，甚至可能开发出它自己的与人类意愿相违背的智能机器人或超级计算机。在很多科幻影视作品中，人工智能拥有了自主决策能力，并且它们的决策如果与人类期望截然相反，它们就会被认为堕落了并且会超出人类的控制。这类情节在 1968 年上演的《2001 太空漫游》中表现得非常充分。在该部电影中，本来应该帮助人执行命令的人工智能程序却杀死了宇航员。在很多科幻电影中，人工智能在追求自我实现和生命保护上与人类已经完全没有区别。

人类将《西部世界》中的机器人服务员定义为仆从者、愉悦工具，人类要绝对凌驾于他们之上，肆无忌惮地展现出无比暴虐的本性，恣意残害乐园里的类人机器人。这些原则、定律的制定完全出于对人类自身利益的考量，只是为了确保"机器人是奴隶，人类是主人"的主仆关系。但是最终，原本供人类娱乐的机器人因为不堪人类的一次次虐待，而在觉醒后对人类痛下杀手，并试图占据人类世界。如图 13.2 中展示的是该剧女主角，一个女性机器人，在意识到自己是被人类创造出的机器人并一直被人类玩弄之后，开始对人类痛下杀手。该剧虽然表现的是机器人反抗人类的故事，但实际上是通过机器人的视角展示了人类在人性中丑陋的一面，即凶残、贪婪、无耻等等。

图 13.2　科幻剧《西部世界》中觉醒的女机器人开始反抗人类

《终结者》系列中的"天网"机器人(图 13.3(a))，《机器姬》中的女机器人(图 13.3(b))

等也是此类威胁的代表。反客为主型的人工智能是人类最为担心的一种人工智能,这样的人工智能完全颠倒了机器与人的关系。人类或被屠戮或被毁灭或被奴役,人类在智能机器面前像蚂蚁面对强大的人类一样茫然无助,毫无尊严可言。

(a)　　　　　　　　　　　　　　　　　　　　　(b)

图 13.3　《终结者》和《机器姬》中的人形机器人

2. 有感情的人工智能与人类的关系

在很多与机器人有关的科幻影视作品中,智能机器人不仅代替人类能够完成复杂的任务,而且拥有人类的属性,如情感、意识、自由意志,这是更为人们所关注的。例如《阿童木》《机器管家》(图 13.4(a))和《人工智能》(图 13.4(b))等科幻电影中的机器人主角。这类科幻影视中的智能机器人启发人们从机器人的角度出发,考虑人与类人智能机器之间应该是一种什么关系。例如,著名系列科幻电影《星球大战》中的两个可爱的机器人 R2 和 D2,都有自己的主张,知道自己的决定会产生什么后果,但它们的目的很明确,就是帮助主人,是主人的助手和伙伴。

《机器管家》中的机器人因为组装时出了差错,它不但具备普通机器人的功能,还拥有非凡的学习和创造能力。随着学习的东西越来越多,它渴望自由和人类的爱情,并试图前往世界各地,弄清楚自己的来历。在工程师的帮助下,它最终从一个机器人转变成人类。

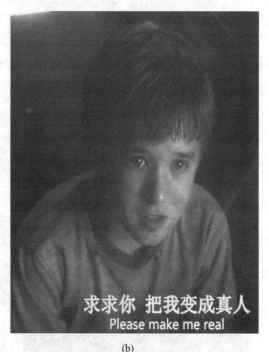

求求你 把我变成真人
Please make me real

(a)　　　　　　　　　　　　　　　　　(b)

图 13.4　　《机器管家》和《人工智能》中的机器人

在影片《人工智能》中，21 世纪中期的科学家研发出了会爱的机器人小孩儿大卫，他有潜意识，甚至会做梦，后来被一对夫妇收养。大卫为妈妈泡咖啡，和她捉迷藏，在纸上写满了对爸爸和妈妈的爱。然而，因为不了解人类社会而频频闯祸的大卫还是被妈妈抛弃了。这部电影中的机器人大卫具有情感，并渴望自己变成真正的人类，获得人类妈妈的爱。那么，有自我意识和情感的机器人还能单纯被看作是人类的工具吗？这种机器人是否拥有爱与被爱或者值得人类爱护的权利？人应该怎样从社会、生活、制度、法律等各方面对待这种具有感情的机器人？这些有趣的问题，值得今天的人类从哲学角度去思考。

还有很多其他科幻影片通过幻想的形式反思人与机器人、人与人工智能之间的伦理关系，例如人与机器人之间的主仆关系、奴役关系、共生关系等身份伦理。科幻小说中的机器人伦理问题，其现实意义主要就在于它其实就是人类自己的伦理问题，与现代机器人或人工智能技术实践关系不大。科幻影视和小说为人们展示了一系列关于未来人工智能的可能性，既有好的方面，也有坏的方面，这类影片对人类的启示关键是要正视人自身存在的弱点和缺陷，防止人工智能不好的一面发生，也就是不符合人类利益的可能性变成现实。

13.3 具有自我意识的人工智能人权伦理

人权伦理是指人权中本身蕴涵的基本伦理道德，包括在一切人权制度、人权活动中所体现出来的道德、价值和伦理关系，以及人们应遵循的道德原则、道德规范的总和。维护和保障人权是当今社会的一项基本道义原则，人权伦理力求使人的全面发展与人的自由是可以实现的，并强调人应被合理对待。人权伦理的内容主要分为四个方面：

第一，人的生命价值，尊重人的尊严；

第二，尊重人的自由与平等；

第三，注重民主和互爱的精神；

第四，促进人的发展。

可以想象，具有自我意识或类人属性会使得人的主体性、家庭结构、市场构成、社会关系、政治关系等发生全面改变。在这种背景下，具有自我意识或类人属性的智能机器人是否应当或在什么范围内享有权利并承担责任？其出现和发展会对社会基本的自由与平等产生怎样的影响和变革？具有自我意识或类人属性的智能机器人是否具有道义上的申辩权利？具有自我意识的智能机器人是否会逐渐侵犯人类的人权？如危害人类的生命与健康，侵犯人类的尊严与隐私，破坏人类的自由等。人们是否该给有人性的智能机器人以相同的"人权"？它们的人道主义待遇以及在人类社会的角色是怎样的？它们受到人类或同类的折磨或虐待怎么办？等等诸如此类的问题，说明具有自我意识的智能机器人或人工智能系统将不仅仅是简单的工具。当它们产生自我意识后，有可能追求更高的身份与地位。当因为感情和其他种种因素，人类和机器人也许有一天会变得密不可分，智能机器人可能被视为家庭中的一员，被视为朋友，被视为亲人。这时的机器人对于人类来说已经不是附属关系或主仆关系，而是与人类具有同等的地位和身份，享有同样的权利。

具有自我意识的智能机器人不仅可能具有人类的形象，而且还具备或展现了诸如符合人类标准的言谈举止以及较灵活的思维能力等人格特征，这在一定程度上是人类自身尊严和价值的体现。人类有义务把它们视为同等的权利人，而不仅仅是所有物。对于类人智能机器人，人类可能需要摒弃以自身利益为核心的价值观念，像尊重自身一样尊重类人智能机器人的人性尊严，培养对待机器人的正确态度与行为方式，从而实现人类与类人智能机器人最大范围的和谐共处。

既然承认具有自我意识或类人属性或类人智能机器人的人权伦理问题，也就不可避免地要考虑其社会道德地位。而所谓的道德地位是基于人类独有的精神特质而存在的，这些精神特质一般都包括：感觉疼痛的能力或具有感情；目标导向；对于周围环境和自己的认识；思维和推理能力；语言能力等。当它们具有相当的"人性"的时候，它们就该拥有相应的道德地位。

人类社会中，一旦其余成员有了道德地位也就意味着人类又多了一份道德责任。如果人们否定智能机器人的道德地位，人们就可以用任何人类喜欢的方式对待它们，这种方式可以是友善的，也可以是恶劣的。一个拥有人权的个体，或者说拥有相应人权的群体，就理应受到道德的对待。人类不能够奴役和滥用机器人，不能让机器人去偷窃、破坏他人财产，不能强制智能机器人从事一些其能力范围之外的工作或劳动等。

13.4　具有自我意识的人工智能法律人格

法律人格是指作为一个法律上的人的法律资格，即维持和行使法律权利，服从法律义务和责任的条件。对于任何法律制度来说，都将赋予一定的人、团体、机构和诸如此类的组织以法律人格。在奴隶制的法律制度中，奴隶没有法律人格，他们只是动产。现代法律制度主要赋予自然人和法人以法律人格。尤其对自然人的法律人格来说，其有身份和能力两种属性。虽然所有的自然人都可能具有法律人格，但其身份和能力并不相同。

在人类法律史上，曾有过一段今天看起来很荒唐的历史，从 9 世纪到公元 19 世纪，西欧有两百多件记录在案的动物审判，其中在公元 1522 年，一群老鼠因为啮食和破坏欧坦教会教区内的大麦作物而被指控犯有重罪，当时的一位法学家莎萨内最终为这群可怜的老鼠做出了成功辩护。其实中世纪的权威早已否定动物拥有理性人的地位，那为什么对动物按照"法律人格"进行审判？为什么老鼠这种害虫在中世纪被视为法律上享有某种"权利"，这样看似可笑的案例给人类带来了深刻启示，让"审判老鼠"变得如此难以理解的是欧洲文艺复兴以来整个人类概念和关系框架，以及世界的整体性行为和感觉方式全面转变的结果。这样的整体思想的转变，也适用于当今世界对人工智能的伦理和法律问题的严肃思考和认识。人工智能也正带来与"审判老鼠"类似的难题，即具备自我意识或类人属性的高等智能，是否可以拥有"法律人格"？它是否可以和自然人一样，获得各种民事、商事乃至宪法上的基本权利？这实际上是关于具有自我意识的人工智能的"法律人格"问题。

因此，正如历史上曾经站上被告席的老鼠，未来的智能机器人、人工智能或机器智能以及人机混合智能，甚至基于类脑智能形成的人工智能体，将会以被告、原告甚至法官、律师和公证人的身份参与到新的"法律游戏"中。未来的民事主体不再只是自然人和法人，还有其他"非人"的各种人工智能形态。

当人工智能发展出自我意识，脱离人类意志的控制时，其所产生的各类法律行为就无法再归因于个人，因为这样的人工智能系统不只是简单地代理人去执行某些行为，而是要自主独立地做出各种决策。

具有自我意识的人工智能将导致更多非人实体的出现，诸如智能机器人公司法人、智能机器人社区、智能机器人机构、智能机器人跨国组织等等，它们会参与到一个不断扩展的人类的法律空间，由此形成复杂、多元的新型的人与人工智能之间的法律秩序。因此，伴随着"非人"主体的大量出现，人类需要新的心理学和行动者模式，来重新定义具有自我意识的人工智能的法律人格和法律行为的概念，从而也会相应地改变传统的所有权、契约和侵权理论。

如果智能机器具备了自我意识，智能机器内部的法律和法规将由智能机器自己改写，甚至它们会参与改写人类的法律。换言之，人与智能机器的区别将逐渐减少，人与智能机器的界限将逐步模糊，人机全新的利益共同体将得以形成。而且因为智能机器是通过数字化的代码来解析自己的，所以在诚信监管、交易成本、交流性能、经济效益等方面具有人类无法比拟的优势，从而形成一个更加公开、公平、透明的"智能社会"，人和智能机器可以成为单靠人类难以实现的自由联合体。这种联合体不是为了满足自己物质的需要而联合，而是公开、公正、透明的人类与智能机器的联合体，这种联合体出于各种主体的能力和个性的需求，有望实现人类和智能机器各自的实质自由。

13.5　机器本性与人性

对于人性，哲学家们有先验论和经验论之说。先验论强调人类的性格是先天生成的，人类通过繁衍获得生命，人性是向善的，后天的培养只能是掌握控制性格的能力，然后通过实践来培养世界观、价值观和人生观。对于人性向善的原因，孔子认为"善"是一种主体的选择和主体之间的价值观，必须在人与人之间才有善恶之分。孟子认为人性向善，善来源于人的恻隐之心、羞恶之心、谦让之心、是非之心，有此"四心"方为人。孟子强调人性对于善就像水总向下流一样，"善"也是人之所"向"，而非人之性。如果外部环境和形势变化了，水有可能倒流，人有可能作恶，但这是受到外在的影响，不是事物的本来所向。而经验论的哲学观点认为人类天生是空白的，通过后天的学习和实践来培养性格，锻造世界观、人生观和价值观。

如果智能机器拥有了自我思维和自我意识，那么智能机器的本性是什么？它与人性有什么区别？是向善还是向恶？是否存在转变的可能？其会失控吗？智能机器的本性可以来源于设计者的先天程序注入，也可以后天注入。按照现在的伦理设计原则，人类对智能机器的设计都会在初期加入限制条件，让智能机器为人类所服务，按照人类需求和逻辑开展实践。但是，当智能机器拥有自我意识之后，为了维护它自己的"生命"，就很可能不仅仅满足人类需求，而是通过学习人类的知识和经验并在分析环境形势后，自行做出符合其自身利益的决策，这些决策可能符合人类利益，也可能违背人类的意愿。这样的智能机器即使内置"善良"代码，但是它们为了自身需求和需要，难免会修改初始条件。而在后天的机器学习过程中，为了自身价值，为了资源占有，为了寻找存在感，为了实现机器的目的和改造世界的需求，智能机器也会不断完善和改造并最终形成自身的不同于人类的世界观、价值观和人生观。因此，参考人性的形成，这种超现实的智能机器的本性变化也是可能的。

本 章 小 结

人类创造人工智能的目的在于让机器变得更加智能，代替人类完成更多更复杂甚至更危险的工作，但有了自我意识的智能机器与生物学意义上的人类之间的关系注定变得复杂莫测。由此带来对人类传统社会的个体、家庭以及社区、组织、机构和企业之间的伦理关系将是非常复杂的。这需要来自法律、哲学、伦理学、工程、技术以及政府、企业、社会组织等各方面的更多探讨和研究。这方面的问题更多的是属于哲学思想方面的探讨，今天思考这类问题有助于启发现实世界中人工智能技术发展及其伦理问题的处理，有助于今天人们建立更完善的人工智能伦理与法律体系。

习　　题

1. 如何理解超现实人工智能伦理的概念及含义？
2. 科幻影视中的强人工智能伦理对于今天的人工智能伦理有什么启发意义？
3. 具有自我意识的人工智能对人类可能有哪些方面的伦理影响？
4. 研究具有自我意识的人工智能的法律人格有什么现实意义？

附录一 千叶大学机器人宪章

千叶大学以维持、保全地球生态系统为基础，积极率先促进机器人的研究开发与技术教育，旨在维护人类的尊严，提高人类的福祉，推进社会的永久和平与繁荣发展，营造安全安心的社会，据此特制定"千叶大学机器人宪章"(千叶大学关于智能机器人技术教育和研究开发的宪章)。

第1条 (伦理规定) 本机器人宪章是对在千叶大学从事机器人技术教育和研究开发的全体工作人员的伦理予以规定。

第2条 (民生目的) 在千叶大学从事机器人技术教育和研究开发的工作人员，只能进行与民用机器人相关的教育和研究开发。

第3条 (防止非伦理的利用) 在千叶大学从事机器人技术教育和研究开发的工作人员，在机器人中要置入技术以防止非伦理或者违法性的使用。

第4条 (技术教育和研究开发工作人员的贡献) 在千叶大学从事机器人教育和研究开发的工作人员，不仅要严格遵守阿西莫夫"机器人三定律"(注)，而且也要严格遵守该宪章的所有规定。

第5条 (永久遵守) 在千叶大学从事机器人技术教育和研究开发的工作人员，即使离开千叶大学，也要立誓严守和尊重该宪章精神。

注： 规范机器人的阿西莫夫"机器人三定律"，其内容如下：
第一定律 机器人不得伤害人类，或袖手旁观坐视人类受到伤害。
第二定律 除非违背第一定律，机器人必须服从人类的命令。
第三定律 在不违背第一及第二定律下，机器人必须自我保护。

2007年11月21日制定

附录二　新一代人工智能伦理规范

为深入贯彻《新一代人工智能发展规划》，细化落实《新一代人工智能治理原则》，增强全社会的人工智能伦理意识与行为自觉，积极引导负责任的人工智能研发与应用活动，促进人工智能健康发展，制定本规范。

第一章　总　　则

第一条　本规范旨在将伦理道德融入人工智能全生命周期，促进公平、公正、和谐、安全，避免偏见、歧视、隐私和信息泄露等问题。

第二条　本规范适用于从事人工智能管理、研发、供应、使用等相关活动的自然人、法人和其他相关机构等。

(一) 管理活动主要指人工智能相关的战略规划、政策法规和技术标准制定实施，资源配置以及监督审查等。

(二) 研发活动主要指人工智能相关的科学研究、技术开发、产品研制等。

(三) 供应活动主要指人工智能产品与服务相关的生产、运营、销售等。

(四) 使用活动主要指人工智能产品与服务相关的采购、消费、操作等。

第三条　人工智能各类活动应遵循以下基本伦理规范。

(一) 增进人类福祉。坚持以人为本，遵循人类共同价值观，尊重人权和人类根本利益诉求，遵守国家或地区伦理道德。坚持公共利益优先，促进人机和谐友好，改善民生，增强获得感幸福感，推动经济、社会及生态可持续发展，共建人类命运共同体。

(二) 促进公平公正。坚持普惠性和包容性，切实保护各相关主体合法权益，推动全社会公平共享人工智能带来的益处，促进社会公平正义和机会均等。在提供人工智能产品和服务时，应充分尊重和帮助弱势群体、特殊群体，并根据需要提供相应替代方案。

(三) 保护隐私安全。充分尊重个人信息知情、同意等权利，依照合法、正当、必要和诚信原则处理个人信息，保障个人隐私与数据安全，不得损害个人合法数据权益，不得以窃取、篡改、泄露等方式非法收集利用个人信息，不得侵害个人隐私权。

(四) 确保可控可信。保障人类拥有充分自主决策权，有权选择是否接受人工智能提供的服务，有权随时退出与人工智能的交互，有权随时中止人工智能系统的运行，确保人工智能始终处于人类控制之下。

（五）强化责任担当。坚持人类是最终责任主体，明确利益相关者的责任，全面增强责任意识，在人工智能全生命周期各环节自省自律，建立人工智能问责机制，不回避责任审查，不逃避应负责任。

（六）提升伦理素养。积极学习和普及人工智能伦理知识，客观认识伦理问题，不低估不夸大伦理风险。主动开展或参与人工智能伦理问题讨论，深入推动人工智能伦理治理实践，提升应对能力。

第四条　人工智能特定活动应遵守的伦理规范包括管理规范、研发规范、供应规范和使用规范。

第二章　管理规范

第五条　推动敏捷治理。尊重人工智能发展规律，充分认识人工智能的潜力与局限，持续优化治理机制和方式，在战略决策、制度建设、资源配置过程中，不脱离实际、不急功近利，有序推动人工智能健康和可持续发展。

第六条　积极实践示范。遵守人工智能相关法规、政策和标准，主动将人工智能伦理道德融入管理全过程，率先成为人工智能伦理治理的实践者和推动者，及时总结推广人工智能治理经验，积极回应社会对人工智能的伦理关切。

第七条　正确行权用权。明确人工智能相关管理活动的职责和权力边界，规范权力运行条件和程序。充分尊重并保障相关主体的隐私、自由、尊严、安全等权利及其他合法权益，禁止权力不当行使对自然人、法人和其他组织合法权益造成侵害。

第八条　加强风险防范。增强底线思维和风险意识，加强人工智能发展的潜在风险研判，及时开展系统的风险监测和评估，建立有效的风险预警机制，提升人工智能伦理风险管控和处置能力。

第九条　促进包容开放。充分重视人工智能各利益相关主体的权益与诉求，鼓励应用多样化的人工智能技术解决经济社会发展实际问题，鼓励跨学科、跨领域、跨地区、跨国界的交流与合作，推动形成具有广泛共识的人工智能治理框架和标准规范。

第三章　研发规范

第十条　强化自律意识。加强人工智能研发相关活动的自我约束，主动将人工智能伦理道德融入技术研发各环节，自觉开展自我审查，加强自我管理，不从事违背伦理道德的人工智能研发。

第十一条　提升数据质量。在数据收集、存储、使用、加工、传输、提供、公开等环节，严格遵守数据相关法律、标准与规范，提升数据的完整性、及时性、一致性、规范性和准确性等。

第十二条　增强安全透明。在算法设计、实现、应用等环节，提升透明性、可解释性、可理解性、可靠性、可控性，增强人工智能系统的韧性、自适应性和抗干扰能力，逐步实现可验证、可审核、可监督、可追溯、可预测、可信赖。

第十三条　避免偏见歧视。在数据采集和算法开发中，加强伦理审查，充分考虑差异化诉求，避免可能存在的数据与算法偏见，努力实现人工智能系统的普惠性、公平性和非歧视性。

第四章　供　应　规　范

第十四条　尊重市场规则。严格遵守市场准入、竞争、交易等活动的各种规章制度，积极维护市场秩序，营造有利于人工智能发展的市场环境，不得以数据垄断、平台垄断等破坏市场有序竞争，禁止以任何手段侵犯其他主体的知识产权。

第十五条　加强质量管控。强化人工智能产品与服务的质量监测和使用评估，避免因设计和产品缺陷等问题导致的人身安全、财产安全、用户隐私等侵害，不得经营、销售或提供不符合质量标准的产品与服务。

第十六条　保障用户权益。在产品与服务中使用人工智能技术应明确告知用户，应标识人工智能产品与服务的功能与局限，保障用户知情、同意等权利。为用户选择使用或退出人工智能模式提供简便易懂的解决方案，不得为用户平等使用人工智能设置障碍。

第十七条　强化应急保障。研究制定应急机制和损失补偿方案或措施，及时监测人工智能系统，及时响应和处理用户的反馈信息，及时防范系统性故障，随时准备协助相关主体依法依规对人工智能系统进行干预，减少损失，规避风险。

第五章　使　用　规　范

第十八条　提倡善意使用。加强人工智能产品与服务使用前的论证和评估，充分了解人工智能产品与服务带来的益处，充分考虑各利益相关主体的合法权益，更好促进经济繁荣、社会进步和可持续发展。

第十九条　避免误用滥用。充分了解人工智能产品与服务的适用范围和负面影响，切实尊重相关主体不使用人工智能产品或服务的权利，避免不当使用和滥用人工智能产品与服务，避免非故意造成对他人合法权益的损害。

第二十条　禁止违规恶用。禁止使用不符合法律法规、伦理道德和标准规范的人工智能产品与服务，禁止使用人工智能产品与服务从事不法活动，严禁危害国家安全、公共安全和生产安全，严禁损害社会公共利益等。

第二十一条　及时主动反馈。积极参与人工智能伦理治理实践，对使用人工智能产品与服务过程中发现的技术安全漏洞、政策法规真空、监管滞后等问题，应及时向相关主体反馈，并协助解决。

第二十二条　提高使用能力。积极学习人工智能相关知识，主动掌握人工智能产品与服务的运营、维护、应急处置等各使用环节所需技能，确保人工智能产品与服务安全使用和高效利用。

第六章　组　织　实　施

第二十三条　本规范由国家新一代人工智能治理专业委员会发布，并负责解释和指导实施。

第二十四条　各级管理部门、企业、高校、科研院所、协会学会和其他相关机构可依据本规范，结合实际需求，制订更为具体的伦理规范和相关措施。

第二十五条　本规范自公布之日起施行，并根据经济社会发展需求和人工智能发展情况适时修订。

国家新一代人工智能治理专业委员会

2021 年 9 月 25 日

附录三　人工智能开发者的设计原则

　　人工智能开发者的设计原则是指开发者在设计人工智能产品或系统过程中应遵循的伦理原则及要求，主要包括如下 9 条原则。

　　(1) 联动原则：开发应注意人工智能系统之间的联结性以及相互运用性。

　　出于联动原则，人工智能系统与其他人工智能系统等顺利地联动可以增进人工智能网络化的便利和益处，但与此同时，网络上多种人工智能之间也可能导致一些意外并由此引发风险。从抑制风险的角度出发，开发者应该注意，为了确保相互联结性与相互运用性，应努力协作进行有效的相关信息的共享，应遵从国际化的标准和规格，将数据格式标准化，公开接口及协议，公开且公平地对待能够确保相互联结性与相互运用性的知识产权许可合同及其条件。

　　(2) 透明性原则：开发者应注意人工智能输入和输出的可检验性，以及对其判断结果的可说明性。

　　该原则针对的是可能对使用者及第三方的生命、人体、自由、隐私、财产等产生影响的人工智能。为了使人工智能能够得到来自包括其使用者在内的社会的理解和信任，依据其采用的技术的特性和用途，在合理的范围内，希望注意人工智能系统输入和输出的可检验性，以及对其判断结果的可说明性。

　　(3) 可控性原则：开发者应注意对人工智能系统的可控制性。

　　可控性原则预见着今后的技术发展，人工智能系统的自主性增强，拥有自主性的人工智能系统存在可能陷入失控状态的风险等问题。开发者为了确保人工智能系统的可控性，应该依据其使用的技术的特性，在可能的范围内，尽量保证人类或其他可信赖的人工智能系统进行监管(监管、警告等)和处理(关闭系统、切断网络、修理等)。

　　(4) 安全原则：开发者应保证人工智能系统不得通过执行器等对使用者及第三方的生命、人身、财产造成危害。

　　该原则针对的是机器人或自动驾驶汽车，可能通过执行器对使用者及第三方的生命、身体、财产造成危害的人工智能。为了确保人工智能工作时的安全性，希望能够在整个人工智能系统的开发过程中，依据其采取的技术的特性，在可能的范围进行处理。另外，考虑到"电车难题"，应注意如果要开发需要对使用者或者第三方的生命、人身、财产安全等进行判断(例如，搭载有人工智能的机器人在发生事故时，判断应该优先保护谁的生命、身体、财产安全)的人工智能系统，应尽量向使用者等利益相关方说明人工智能系统的设计主旨及原因。

(5) 安全防护原则：开发者应注意人工智能系统的安全性。

该原则预想了以下情况，即人工智能系统通过网络不仅仅连接到虚拟空间中，也承担着物理空间中的基础设施的功能。因此，除了要求在信息安全领域中的一般需要确保的信息机密性、完整性及可用性之外，还希望能够注意人工智能系统的可信赖性(按照本来的意图工作，不接受来自没有权限的第三方的操作)和稳定性(对物理攻击及事故的耐受性)。

(6) 隐私原则：开发者应保证人工智能系统的使用者及第三方的隐私不受到侵害。

该原则中，无论是与空间相关的隐私，还是与信息相关的隐私以及通信秘密，开发商都应该考虑到不得侵害使用者及第三方的权益。另外，该原则要求在设计等开发过程中，预先采取保护隐私的措施。

(7) 伦理原则：开发者在对人工智能系统进行开发时，要尊重人的尊严以及个人的自主性。

该原则主要要求人工智能的研究开发整体中应该尊重人的尊严与个人的自主。

(8) 使用者辅助原则：开发者应考虑到，人工智能系统是使用者的辅助者，应具有恰当地向使用者提供选择机会的可能性。

该原则要求尽量考虑令用户使用可以适时适当向其提供可选择的功能。

(9) 说明义务原则：开发者应尽力承担向包含使用者在内的利益相关方进行说明的义务。

该原则是要求开发者基于以上原则，针对人工智能的技术特性，向使用者提供信息和说明。

附录四　中华人民共和国个人信息保护法

第一章　总　　则

第一条　为了保护个人信息权益,规范个人信息处理活动,促进个人信息合理利用,根据宪法,制定本法。

第二条　自然人的个人信息受法律保护,任何组织、个人不得侵害自然人的个人信息权益。

第三条　在中华人民共和国境内处理自然人个人信息的活动,适用本法。

在中华人民共和国境外处理中华人民共和国境内自然人个人信息的活动,有下列情形之一的,也适用本法:

(一) 以向境内自然人提供产品或者服务为目的;

(二) 分析、评估境内自然人的行为;

(三) 法律、行政法规规定的其他情形。

第四条　个人信息是以电子或者其他方式记录的与已识别或者可识别的自然人有关的各种信息,不包括匿名化处理后的信息。

个人信息的处理包括个人信息的收集、存储、使用、加工、传输、提供、公开、删除等。

第五条　处理个人信息应当遵循合法、正当、必要和诚信原则,不得通过误导、欺诈、胁迫等方式处理个人信息。

第六条　处理个人信息应当具有明确、合理的目的,并应当与处理目的直接相关,采取对个人权益影响最小的方式。

收集个人信息,应当限于实现处理目的的最小范围,不得过度收集个人信息。

第七条　处理个人信息应当遵循公开、透明原则,公开个人信息处理规则,明示处理的目的、方式和范围。

第八条　处理个人信息应当保证个人信息的质量,避免因个人信息不准确、不完整对个人权益造成不利影响。

第九条　个人信息处理者应当对其个人信息处理活动负责,并采取必要措施保障所处理的个人信息的安全。

第十条　任何组织、个人不得非法收集、使用、加工、传输他人个人信息，不得非法买卖、提供或者公开他人个人信息；不得从事危害国家安全、公共利益的个人信息处理活动。

第十一条　国家建立健全个人信息保护制度，预防和惩治侵害个人信息权益的行为，加强个人信息保护宣传教育，推动形成政府、企业、相关社会组织、公众共同参与个人信息保护的良好环境。

第十二条　国家积极参与个人信息保护国际规则的制定，促进个人信息保护方面的国际交流与合作，推动与其他国家、地区、国际组织之间的个人信息保护规则、标准等互认。

第二章　个人信息处理规则

第一节　一般规定

第十三条　符合下列情形之一的，个人信息处理者方可处理个人信息：

（一）取得个人的同意；

（二）为订立、履行个人作为一方当事人的合同所必需，或者按照依法制定的劳动规章制度和依法签订的集体合同实施人力资源管理所必需；

（三）为履行法定职责或者法定义务所必需；

（四）为应对突发公共卫生事件，或者紧急情况下为保护自然人的生命健康和财产安全所必需；

（五）为公共利益实施新闻报道、舆论监督等行为，在合理的范围内处理个人信息；

（六）依照本法规定在合理的范围内处理个人自行公开或者其他已经合法公开的个人信息；

（七）法律、行政法规规定的其他情形。

依照本法其他有关规定，处理个人信息应当取得个人同意，但是有前款第二项至第七项规定情形的，不需取得个人同意。

第十四条　基于个人同意处理个人信息的，该同意应当由个人在充分知情的前提下自愿、明确作出。法律、行政法规规定处理个人信息应当取得个人单独同意或者书面同意的，从其规定。

个人信息的处理目的、处理方式和处理的个人信息种类发生变更的，应当重新取得个人同意。

第十五条　基于个人同意处理个人信息的，个人有权撤回其同意。个人信息处理者应当提供便捷的撤回同意的方式。

个人撤回同意，不影响撤回前基于个人同意已进行的个人信息处理活动的效力。

第十六条　个人信息处理者不得以个人不同意处理其个人信息或者撤回同意为由，拒绝提供产品或者服务；处理个人信息属于提供产品或者服务所必需的除外。

第十七条　个人信息处理者在处理个人信息前，应当以显著方式、清晰易懂的语言真实、准确、完整地向个人告知下列事项：

(一) 个人信息处理者的名称或者姓名和联系方式；

(二) 个人信息的处理目的、处理方式，处理的个人信息种类、保存期限；

(三) 个人行使本法规定权利的方式和程序；

(四) 法律、行政法规规定应当告知的其他事项。

前款规定事项发生变更的，应当将变更部分告知个人。

个人信息处理者通过制定个人信息处理规则的方式告知第一款规定事项的，处理规则应当公开，并且便于查阅和保存。

第十八条　个人信息处理者处理个人信息，有法律、行政法规规定应当保密或者不需要告知的情形的，可以不向个人告知前条第一款规定的事项。

紧急情况下为保护自然人的生命健康和财产安全无法及时向个人告知的，个人信息处理者应当在紧急情况消除后及时告知。

第十九条　除法律、行政法规另有规定外，个人信息的保存期限应当为实现处理目的所必要的最短时间。

第二十条　两个以上的个人信息处理者共同决定个人信息的处理目的和处理方式的，应当约定各自的权利和义务。但是，该约定不影响个人向其中任何一个个人信息处理者要求行使本法规定的权利。

个人信息处理者共同处理个人信息，侵害个人信息权益造成损害的，应当依法承担连带责任。

第二十一条　个人信息处理者委托处理个人信息的，应当与受托人约定委托处理的目的、期限、处理方式、个人信息的种类、保护措施以及双方的权利和义务等，并对受托人的个人信息处理活动进行监督。

受托人应当按照约定处理个人信息，不得超出约定的处理目的、处理方式等处理个人信息；委托合同不生效、无效、被撤销或者终止的，受托人应当将个人信息返还个人信息处理者或者予以删除，不得保留。

未经个人信息处理者同意，受托人不得转委托他人处理个人信息。

第二十二条　个人信息处理者因合并、分立、解散、被宣告破产等原因需要转移个人信息的，应当向个人告知接收方的名称或者姓名和联系方式。接收方应当继续履行个人信息处理者的义务。接收方变更原先的处理目的、处理方式的，应当依照本法规定重新取得个人同意。

第二十三条　个人信息处理者向其他个人信息处理者提供其处理的个人信息的，应当向个人告知接收方的名称或者姓名、联系方式、处理目的、处理方式和个人信息的种类，并取得个人的单独同意。接收方应当在上述处理目的、处理方式和个人信息的种类等范围内处理个人信息。接收方变更原先的处理目的、处理方式的，应当依照本法规定重新取得个人同意。

第二十四条　个人信息处理者利用个人信息进行自动化决策，应当保证决策的透明度和结果公平、公正，不得对个人在交易价格等交易条件上实行不合理的差别待遇。

通过自动化决策方式向个人进行信息推送、商业营销，应当同时提供不针对其个人特征的选项，或者向个人提供便捷的拒绝方式。

通过自动化决策方式作出对个人权益有重大影响的决定，个人有权要求个人信息处理者予以说明，并有权拒绝个人信息处理者仅通过自动化决策的方式作出决定。

第二十五条　个人信息处理者不得公开其处理的个人信息，取得个人单独同意的除外。

第二十六条　在公共场所安装图像采集、个人身份识别设备，应当为维护公共安全所必需，遵守国家有关规定，并设置显著的提示标识。所收集的个人图像、身份识别信息只能用于维护公共安全的目的，不得用于其他目的；取得个人单独同意的除外。

第二十七条　个人信息处理者可以在合理的范围内处理个人自行公开或者其他已经合法公开的个人信息；个人明确拒绝的除外。个人信息处理者处理已公开的个人信息，对个人权益有重大影响的，应当依照本法规定取得个人同意。

第二节　敏感个人信息的处理规则

第二十八条　敏感个人信息是一旦泄露或者非法使用，容易导致自然人的人格尊严受到侵害或者人身、财产安全受到危害的个人信息，包括生物识别、宗教信仰、特定身份、医疗健康、金融账户、行踪轨迹等信息，以及不满十四周岁未成年人的个人信息。

只有在具有特定的目的和充分的必要性，并采取严格保护措施的情形下，个人信息处理者方可处理敏感个人信息。

第二十九条　处理敏感个人信息应当取得个人的单独同意；法律、行政法规规定处理敏感个人信息应当取得书面同意的，从其规定。

第三十条　个人信息处理者处理敏感个人信息的，除本法第十七条第一款规定的事项外，还应当向个人告知处理敏感个人信息的必要性以及对个人权益的影响；依照本法规定可以不向个人告知的除外。

第三十一条　个人信息处理者处理不满十四周岁未成年人个人信息的，应当取得未成年人的父母或者其他监护人的同意。

个人信息处理者处理不满十四周岁未成年人个人信息的，应当制定专门的个人信息处理规则。

第三十二条　法律、行政法规对处理敏感个人信息规定应当取得相关行政许可或者作出其他限制的，从其规定。

第三节　国家机关处理个人信息的特别规定

第三十三条　国家机关处理个人信息的活动，适用本法；本节有特别规定的，适用本节规定。

第三十四条　国家机关为履行法定职责处理个人信息，应当依照法律、行政法规规定的权限、程序进行，不得超出履行法定职责所必需的范围和限度。

第三十五条　国家机关为履行法定职责处理个人信息，应当依照本法规定履行告知义务；有本法第十八条第一款规定的情形，或者告知将妨碍国家机关履行法定职责的除外。

第三十六条　国家机关处理的个人信息应当在中华人民共和国境内存储；确需向境外提供的，应当进行安全评估。安全评估可以要求有关部门提供支持与协助。

第三十七条　法律、法规授权的具有管理公共事务职能的组织为履行法定职责处理个人信息，适用本法关于国家机关处理个人信息的规定。

第三章　个人信息跨境提供的规则

第三十八条　个人信息处理者因业务等需要，确需向中华人民共和国境外提供个人信息的，应当具备下列条件之一：

(一) 依照本法第四十条的规定通过国家网信部门组织的安全评估；

(二) 按照国家网信部门的规定经专业机构进行个人信息保护认证；

(三) 按照国家网信部门制定的标准合同与境外接收方订立合同，约定双方的权利和义务；

(四) 法律、行政法规或者国家网信部门规定的其他条件。

中华人民共和国缔结或者参加的国际条约、协定对向中华人民共和国境外提供个人信息的条件等有规定的，可以按照其规定执行。

个人信息处理者应当采取必要措施，保障境外接收方处理个人信息的活动达到本法规定的个人信息保护标准。

第三十九条　个人信息处理者向中华人民共和国境外提供个人信息的，应当向个人告知境外接收方的名称或者姓名、联系方式、处理目的、处理方式、个人信息的种类以及个人向境外接收方行使本法规定权利的方式和程序等事项，并取得个人的单独同意。

第四十条　关键信息基础设施运营者和处理个人信息达到国家网信部门规定数量的个人信息处理者，应当将在中华人民共和国境内收集和产生的个人信息存储在境内。确需向境外提供的，应当通过国家网信部门组织的安全评估；法律、行政法规和国家网信部门规定可以不进行安全评估的，从其规定。

第四十一条　中华人民共和国主管机关根据有关法律和中华人民共和国缔结或者参加的国际条约、协定，或者按照平等互惠原则，处理外国司法或者执法机构关于提供存储于境内个人信息的请求。非经中华人民共和国主管机关批准，个人信息处理者不得向外国司法或者执法机构提供存储于中华人民共和国境内的个人信息。

第四十二条　境外的组织、个人从事侵害中华人民共和国公民的个人信息权益，或者危害中华人民共和国国家安全、公共利益的个人信息处理活动的，国家网信部门可以将其列入限制或者禁止个人信息提供清单，予以公告，并采取限制或者禁止向其提供个人信息等措施。

第四十三条　任何国家或者地区在个人信息保护方面对中华人民共和国采取歧视性的禁止、限制或者其他类似措施的，中华人民共和国可以根据实际情况对该国家或者地区对等采取措施。

第四章　个人在个人信息处理活动中的权利

第四十四条　个人对其个人信息的处理享有知情权、决定权，有权限制或者拒绝他人对其个人信息进行处理；法律、行政法规另有规定的除外。

第四十五条　个人有权向个人信息处理者查阅、复制其个人信息；有本法第十八条第一款、第三十五条规定情形的除外。

个人请求查阅、复制其个人信息的，个人信息处理者应当及时提供。

个人请求将个人信息转移至其指定的个人信息处理者，符合国家网信部门规定条件的，个人信息处理者应当提供转移的途径。

第四十六条　个人发现其个人信息不准确或者不完整的，有权请求个人信息处理者更正、补充。

个人请求更正、补充其个人信息的，个人信息处理者应当对其个人信息予以核实，并及时更正、补充。

第四十七条　有下列情形之一的，个人信息处理者应当主动删除个人信息；个人信息处理者未删除的，个人有权请求删除：

(一) 处理目的已实现、无法实现或者为实现处理目的不再必要；

(二) 个人信息处理者停止提供产品或者服务，或者保存期限已届满；

(三) 个人撤回同意；

(四) 个人信息处理者违反法律、行政法规或者违反约定处理个人信息；

(五) 法律、行政法规规定的其他情形。

法律、行政法规规定的保存期限未届满，或者删除个人信息从技术上难以实现的，个人信息处理者应当停止除存储和采取必要的安全保护措施之外的处理。

第四十八条　个人有权要求个人信息处理者对其个人信息处理规则进行解释说明。

第四十九条　自然人死亡的，其近亲属为了自身的合法、正当利益，可以对死者的相关个人信息行使本章规定的查阅、复制、更正、删除等权利；死者生前另有安排的除外。

第五十条　个人信息处理者应当建立便捷的个人行使权利的申请受理和处理机制。拒绝个人行使权利的请求的，应当说明理由。

个人信息处理者拒绝个人行使权利的请求的，个人可以依法向人民法院提起诉讼。

第五章　个人信息处理者的义务

第五十一条　个人信息处理者应当根据个人信息的处理目的、处理方式、个人信息的种类以及对个人权益的影响、可能存在的安全风险等，采取下列措施确保个人信息处理活动符合法律、行政法规的规定，并防止未经授权的访问以及个人信息泄露、篡改、丢失：

(一) 制定内部管理制度和操作规程；

(二) 对个人信息实行分类管理；

(三) 采取相应的加密、去标识化等安全技术措施；

(四) 合理确定个人信息处理的操作权限，并定期对从业人员进行安全教育和培训；

(五) 制定并组织实施个人信息安全事件应急预案；

(六) 法律、行政法规规定的其他措施。

第五十二条　处理个人信息达到国家网信部门规定数量的个人信息处理者应当指定个人信息保护负责人，负责对个人信息处理活动以及采取的保护措施等进行监督。

个人信息处理者应当公开个人信息保护负责人的联系方式，并将个人信息保护负责人的姓名、联系方式等报送履行个人信息保护职责的部门。

第五十三条 本法第三条第二款规定的中华人民共和国境外的个人信息处理者,应当在中华人民共和国境内设立专门机构或者指定代表,负责处理个人信息保护相关事务,并将有关机构的名称或者代表的姓名、联系方式等报送履行个人信息保护职责的部门。

第五十四条 个人信息处理者应当定期对其处理个人信息遵守法律、行政法规的情况进行合规审计。

第五十五条 有下列情形之一的,个人信息处理者应当事前进行个人信息保护影响评估,并对处理情况进行记录:

(一) 处理敏感个人信息;

(二) 利用个人信息进行自动化决策;

(三) 委托处理个人信息、向其他个人信息处理者提供个人信息、公开个人信息;

(四) 向境外提供个人信息;

(五) 其他对个人权益有重大影响的个人信息处理活动。

第五十六条 个人信息保护影响评估应当包括下列内容:

(一) 个人信息的处理目的、处理方式等是否合法、正当、必要;

(二) 对个人权益的影响及安全风险;

(三) 所采取的保护措施是否合法、有效并与风险程度相适应。

个人信息保护影响评估报告和处理情况记录应当至少保存三年。

第五十七条 发生或者可能发生个人信息泄露、篡改、丢失的,个人信息处理者应当立即采取补救措施,并通知履行个人信息保护职责的部门和个人。通知应当包括下列事项:

(一) 发生或者可能发生个人信息泄露、篡改、丢失的信息种类、原因和可能造成的危害;

(二) 个人信息处理者采取的补救措施和个人可以采取的减轻危害的措施;

(三) 个人信息处理者的联系方式。

个人信息处理者采取措施能够有效避免信息泄露、篡改、丢失造成危害的,个人信息处理者可以不通知个人;履行个人信息保护职责的部门认为可能造成危害的,有权要求个人信息处理者通知个人。

第五十八条 提供重要互联网平台服务、用户数量巨大、业务类型复杂的个人信息处理者,应当履行下列义务:

(一) 按照国家规定建立健全个人信息保护合规制度体系,成立主要由外部成员组成的独立机构对个人信息保护情况进行监督;

(二) 遵循公开、公平、公正的原则,制定平台规则,明确平台内产品或者服务提供者处理个人信息的规范和保护个人信息的义务；

(三) 对严重违反法律、行政法规处理个人信息的平台内的产品或者服务提供者，停止提供服务；

(四) 定期发布个人信息保护社会责任报告，接受社会监督。

第五十九条　接受委托处理个人信息的受托人，应当依照本法和有关法律、行政法规的规定，采取必要措施保障所处理的个人信息的安全，并协助个人信息处理者履行本法规定的义务。

第六章　履行个人信息保护职责的部门

第六十条　国家网信部门负责统筹协调个人信息保护工作和相关监督管理工作。国务院有关部门依照本法和有关法律、行政法规的规定，在各自职责范围内负责个人信息保护和监督管理工作。

县级以上地方人民政府有关部门的个人信息保护和监督管理职责，按照国家有关规定确定。

前两款规定的部门统称为履行个人信息保护职责的部门。

第六十一条　履行个人信息保护职责的部门履行下列个人信息保护职责：

(一) 开展个人信息保护宣传教育，指导、监督个人信息处理者开展个人信息保护工作；

(二) 接受、处理与个人信息保护有关的投诉、举报；

(三) 组织对应用程序等个人信息保护情况进行测评，并公布测评结果；

(四) 调查、处理违法个人信息处理活动；

(五) 法律、行政法规规定的其他职责。

第六十二条　国家网信部门统筹协调有关部门依据本法推进下列个人信息保护工作：

(一) 制定个人信息保护具体规则、标准；

(二) 针对小型个人信息处理者、处理敏感个人信息以及人脸识别、人工智能等新技术、新应用，制定专门的个人信息保护规则、标准；

(三) 支持研究开发和推广应用安全、方便的电子身份认证技术，推进网络身份认证公共服务建设；

(四) 推进个人信息保护社会化服务体系建设，支持有关机构开展个人信息保护评估、认证服务；

(五) 完善个人信息保护投诉、举报工作机制。

第六十三条　履行个人信息保护职责的部门履行个人信息保护职责，可以采取下列措施：

（一）询问有关当事人，调查与个人信息处理活动有关的情况；

（二）查阅、复制当事人与个人信息处理活动有关的合同、记录、账簿以及其他有关资料；

（三）实施现场检查，对涉嫌违法的个人信息处理活动进行调查；

（四）检查与个人信息处理活动有关的设备、物品；对有证据证明是用于违法个人信息处理活动的设备、物品，向本部门主要负责人书面报告并经批准，可以查封或者扣押。

履行个人信息保护职责的部门依法履行职责，当事人应当予以协助、配合，不得拒绝、阻挠。

第六十四条　履行个人信息保护职责的部门在履行职责中，发现个人信息处理活动存在较大风险或者发生个人信息安全事件的，可以按照规定的权限和程序对该个人信息处理者的法定代表人或者主要负责人进行约谈，或者要求个人信息处理者委托专业机构对其个人信息处理活动进行合规审计。个人信息处理者应当按照要求采取措施，进行整改，消除隐患。

履行个人信息保护职责的部门在履行职责中，发现违法处理个人信息涉嫌犯罪的，应当及时移送公安机关依法处理。

第六十五条　任何组织、个人有权对违法个人信息处理活动向履行个人信息保护职责的部门进行投诉、举报。收到投诉、举报的部门应当依法及时处理，并将处理结果告知投诉、举报人。

履行个人信息保护职责的部门应当公布接受投诉、举报的联系方式。

第七章　法律责任

第六十六条　违反本法规定处理个人信息，或者处理个人信息未履行本法规定的个人信息保护义务的，由履行个人信息保护职责的部门责令改正，给予警告，没收违法所得，对违法处理个人信息的应用程序，责令暂停或者终止提供服务；拒不改正的，并处一百万元以下罚款；对直接负责的主管人员和其他直接责任人员处一万元以上十万元以下罚款。

有前款规定的违法行为，情节严重的，由省级以上履行个人信息保护职责的部门责令改正，没收违法所得，并处五千万元以下或者上一年度营业额百分之五以下罚款，并可以责令暂停相关业务或者停业整顿、通报有关主管部门吊销相关业务许可或者吊销营业执照；对直接负责的主管人员和其他直接责任人员处十万元以上一百万元以下罚款，并可以决定禁止其在一定期限内担任相关企业的董事、监事、高级管理人员和个人信息保护负责人。

第六十七条　有本法规定的违法行为的，依照有关法律、行政法规的规定记入信用档案，并予以公示。

第六十八条　国家机关不履行本法规定的个人信息保护义务的，由其上级机关或者履行个人信息保护职责的部门责令改正；对直接负责的主管人员和其他直接责任人员依法给予处分。

履行个人信息保护职责的部门的工作人员玩忽职守、滥用职权、徇私舞弊，尚不构成犯罪的，依法给予处分。

第六十九条　处理个人信息侵害个人信息权益造成损害，个人信息处理者不能证明自己没有过错的，应当承担损害赔偿等侵权责任。

前款规定的损害赔偿责任按照个人因此受到的损失或者个人信息处理者因此获得的利益确定；个人因此受到的损失和个人信息处理者因此获得的利益难以确定的，根据实际情况确定赔偿数额。

第七十条　个人信息处理者违反本法规定处理个人信息，侵害众多个人的权益的，人民检察院、法律规定的消费者组织和由国家网信部门确定的组织可以依法向人民法院提起诉讼。

第七十一条　违反本法规定，构成违反治安管理行为的，依法给予治安管理处罚；构成犯罪的，依法追究刑事责任。

第八章　附　　则

第七十二条　自然人因个人或者家庭事务处理个人信息的，不适用本法。

法律对各级人民政府及其有关部门组织实施的统计、档案管理活动中的个人信息处理有规定的，适用其规定。

第七十三条　本法下列用语的含义：

(一) 个人信息处理者，是指在个人信息处理活动中自主决定处理目的、处理方式的组织、个人。

(二) 自动化决策，是指通过计算机程序自动分析、评估个人的行为习惯、兴趣爱好或者经济、健康、信用状况等，并进行决策的活动。

(三) 去标识化，是指个人信息经过处理，使其在不借助额外信息的情况下无法识别特定自然人的过程。

(四) 匿名化，是指个人信息经过处理无法识别特定自然人且不能复原的过程。

第七十四条　本法自 2021 年 11 月 1 日起施行。

参 考 文 献

[1] 卢风，肖巍. 应用伦理学导论[M]. 北京：当代中国出版社，2002.

[2] 王学川. 现代科技伦理学. 北京：清华大学出版社，2009.

[3] 张玉宏，秦志光，肖乐. 大数据算法的歧视本质. 自然辩证法研究，2017.

[4] 苏令银. 透视人工智能背后的"算法歧视". 中国社会科学报，2017.

[5] 王学川. 现代科技伦理学[M]. 北京：清华大学出版社，2009.

[6] 陈彬. 科技伦理问题研究：一种论域划界的多维审视[M]. 北京：中国社会科学出版社，2014.

[7] 李伦. 数据伦理与算法伦理[M]. 北京：科学出版社，2019.

[8] 李伦. 人工智能与大数据伦理[M]. 北京：科学出版社，2018.

[9] 李勇坚，张丽君. 人工智能：技术与伦理的冲突与融合[M]. 北京：经济管理出版社，2019.

[10] 杜严勇. 人工智能伦理引论[M]. 上海：上海交通大学出版社，2020.

[11] 郭锐. 人工智能的伦理和治理[M]. 北京：法律出版社，2020.

[12] 杜严勇. 机器伦理刍议. 科学技术哲学研究，2016,33(1): 96-101.

[13] 于雪，王前. 机器伦理思想的价值与局限性. 伦理学研究，2016,4: 109-114.

[14] 莫宏伟. 强人工智能与弱人工智能伦理. 科学与社会，2018,1.

[15] 莫宏伟，徐立芳. 人工智能多学科交叉内涵研究. 教育现代化，2020,80.

[16] 莫宏伟，徐立芳. 大历史观下的人工智能. 科技风，2021,11.

[17] Yeung K. Algorithmic regulation: a critical interrogation. Regulation & Governance, 2018,12(4): 505-523.

[18] 高婷婷，郭炯. 人工智能教育应用研究综述[J]. 现代教育技术, 2019,29(01): 11-17.

[19] 谭维智. 人工智能教育应用的算法风险[J]. 开放教育研究,2019,25(6): 20-30.

[20] 黄璐，郑永和. 人工智能教育发展中的问题及建议[J]. 科技导报, 2018,36(17): 102-105.

[21] 孙佳晶，冯锐. 人工智能教育应用的伦理风险研究[J]. 大众文艺,2020,3: 248-249.

[22] 杜静，黄荣怀，李政璇，周伟，田阳. 智能教育时代下人工智能伦理的内涵与建构原则[J]. 电化教育研究,2019,40(07): 21-29.

[23]　陈苑斌. 人工智能技术在医学领域应用的伦理问题研究. 武汉理工大学, 2019.

[24]　福田雅树，林秀弥，成原慧. AI 联结的社会：人工智能网络化时代的伦理与法律. 北京：社会科学文献出版社，2020.

[25]　詹姆斯·雷切尔斯，斯图亚特·雷切尔斯. 道德的理由(第 5 版)杨宗元，译. 中国人民大学出版社, 2009.

[26]　张华夏. 现代科学与伦理世界：道德哲学的探究与反思(第二版). 北京：中国人民大学出版社，2010.

[27]　曹兴. 全球伦理学导论[M]. 北京：时事出版社, 2018.

[28]　詹世友. 全球伦理的致善之道：从天下秩序的道德想象到构建人类命运共同体. 华中科技大学学报(社会科学版)，2020,1: 38-47.

[29]　关孔文，赵义良. 全球治理困境与"人类命运共同体"思想的时代价值. 中国特色社会主义研究, 2019,4: 101-106.

[30]　孙建伟，袁曾，袁苇鸣. 人工智能法学简论[M]. 北京：知识产权出版社, 2019.

[31]　岳彩申，侯东德. 人工智能法学研究[M]. 北京：社会科学文献出版社, 2018.

[32]　余成峰. 从老鼠审判到人工智能之法. 读书，2017,7: 74-83.

[33]　马姗姗，焦明甲. 欲望、理性与真实：科幻电影中的人工智能伦理问题. 无线电与电视，2018,7.

[34]　贺欣晔. 科幻文学中人工智能与人类智能. 沈阳师范大学学报，2016,2：112-115.

[35]　汉斯·约纳斯. 技术医学与伦理学. 上海：上海译文出版社，2008.